Reihe: Personal, Organisation und Arbeitsbeziehungen · Band 44
Herausgegeben von Prof. Dr. Fred G. Becker, Bielefeld, und Prof. Dr. Walter A. Oechsler, Mannheim

Dr. Ismail Düzgün

Alter, Erfolg und Innovation in Arbeitsgruppen

Eine empirische Untersuchung in der Fließbandproduktion

Mit einem Geleitwort von Prof. Dr. Walter A. Oechsler, Universität Mannheim

EUL VERLAG

Bibliographische Information der Deutschen Bibliothek

Die Deutsche Bibliothek verzeichnet diese Publikation in der Deutschen Nationalbibliothek; detaillierte bibliographische Daten sind im Internet über <http://dnb.ddb.de> abrufbar.

Dissertation, Universität Mannheim, 2007

ISBN 978-3-89936-661-7
1. Auflage Februar 2008

Printed in Germany
Druck: RSP, Troisdorf

JOSEF EUL VERLAG GmbH
Brandsberg 6
53797 Lohmar
Tel.: 0 22 05 / 90 10 6-6
Fax: 0 22 05 / 90 10 6-88
E-Mail: info@eul-verlag.de
http://www.eul-verlag.de

Bei der Herstellung unserer Bücher möchten wir die Umwelt schonen. Dieses Buch ist daher auf säurefreiem, 100% chlorfrei gebleichtem, alterungsbeständigem Papier nach DIN 6738 gedruckt.

Geleitwort

Die demographische Entwicklung der Bundesrepublik Deutschland wird weit reichende Auswirkungen auf die Struktur der Beschäftigung haben. Die Altersstruktur der Belegschaften wird durch eine Überalterung gekennzeichnet sein, und es wird ein Mangel an jungen Arbeitskräften herrschen. Laut einer Studie der Boston Consulting Group wird von Personalleitern das Problem der demographischen Entwicklung der Beschäftigten als die größte Herausforderung der Zukunft angesehen. Gleichzeitig stufen die Personalleiter dieses Problem als die Herausforderung ein, auf die sie nur unzureichend vorbereitet sind. In dieser Situation fehlen auch wissenschaftliche Erkenntnisse, wie Unternehmen auf die demographische Herausforderung reagieren können, um weiterhin ihre Produktivität und vor allem auch Innovationsfähigkeit zu erhalten.

Herr Düzgün greift diese Problemstellung auf und untersucht in seiner Arbeit Alter, Erfolg und Innovation in Arbeitsgruppen. Die empirische Untersuchung bezieht sich zwar nur auf ein Werk, in dem Lastwagen in Fließbandproduktion gefertigt werden, doch sie kann auf eine breite Datenbasis über drei Jahre zurückgreifen, so dass ca. 750.000 Individualdaten zur Verfügung stehen.

Auf dieser Basis ergeben sich statistisch signifikante Ergebnisse, die auch nicht ohne Überraschungen sind. Mit diesen Ergebnissen wurden erste wichtige Schritte gemacht, empirisch gestützte Erkenntnisse vor allem zu altersgemischten Arbeitsgruppen, deren Produktionsqualität und Innovationsfähigkeit zu gewinnen. Die Arbeit bereichert substantiell die Diskussion zur Bewältigung der Probleme demographischen Wandels.

Mannheim, im Dezember 2007 Prof. Dr. Walter A. Oechsler

Vorwort

Diese Arbeit entstand während meiner Zeit als wissenschaftlicher Mitarbeiter am Mannheim Research Institute for the Economics of Aging (MEA) an der Universität Mannheim. Ich danke allen, die mich dabei unterstützt haben.

Besonderer Dank gilt meinem Doktorvater Prof. Dr. Walter A. Oechsler. Seine Anregungen und Hinweise sowie die Möglichkeiten zum regen Gedankenaustausch haben diese Arbeit entscheidend gelenkt. Zu großem Dank bin ich auch Herrn Prof. Axel Börsch-Supan, Ph.D. verpflichtet, der das Korreferat übernahm. Er ermöglichte mir den Zugang zu dem für diese Arbeit essentiellen Datensatz und gab mir jederzeit die für die Forschungsarbeit notwendigen Freiräume.

Danken möchte ich auch Dr. Matthias Weiss, der mich in allen Phasen der Arbeit unterstützte. Für die Aufbereitung der enormen Datenmengen danke ich den wissenschaftlichen Hilfskräften Simon Hilpert, Melanie Gräsle und Verena Arendt.

Ein weiterer Dank geht an alle Projektbeteiligte der Daimler AG in Wörth, deren enge und intensive Kooperation ich sehr zu schätzen wusste. Auch danke ich der Hans-Böckler-Stiftung für die Teilfinanzierung des Gesamtprojekts am MEA, im Rahmen dessen diese Arbeit entstand.

Zum Erfolg meines Vorhabens trug ganz besonders meine Familie bei. Ich danke meinen Eltern für Ihre unermüdliche Unterstützung. Ihnen widme ich dieses Buch.

Mannheim, im Dezember 2007 Ismail Düzgün

Inhaltsverzeichnis

Abbildungsverzeichnis

Tabellenverzeichnis

1 Einleitung und Zielsetzung der Arbeit

Die Altersstruktur der Bevölkerung in Deutschland und vielen anderen industrialisierten Ländern wird sich in den nächsten drei Jahrzehnten dramatisch verschieben. Dieser Alterungsprozess wird weit reichende ökonomische Auswirkungen haben. Am prominentesten in der öffentlichen Diskussion sind die Konsequenzen für die umlagefinanzierten sozialen Sicherungssysteme. Dabei wird oft vergessen, welche gravierenden Umwälzungen auf den Arbeitsmärkten und in der Produktion zu erwarten sind. Die meisten Berechnungen gehen von ähnlichen Szenarien aus: Der Anteil der Erwerbstätigen, die 55 Jahre oder älter sind, wird sich von heute bis zum Jahr 2035 von ca. 12% auf fast ein Viertel aller Arbeitnehmer mehr als verdoppeln, selbst wenn das Rentenalter nicht durch neue Gesetze weiter angehoben wird (vgl. Börsch-Supan, 2002). Die Zahl der über 60-jährigen nimmt bis 2050 um rund zehn Millionen zu. Die Zahl der unter 20-jährigen nimmt um acht Millionen ab (vgl. Birg, 2005).

Die gängige Personalpolitik in den Unternehmen steht bislang im krassen Widerspruch zu dieser Entwicklung: Viele Unternehmen betreiben – unterstützt durch gesetzliche Regelungen – eine Verjüngung der Belegschaft durch so genannte Frühverrentungsmodelle. Nicht immer findet dies bei den entlassenen Mitarbeitern[1] Zustimmung, da sie sich überflüssig und in ihrer Wertschätzung geschmälert finden.

Die Sicht, dass ältere Mitarbeiter den Wertschöpfungsprozess und die Innovationsfähigkeit eines Unternehmens eher bremsen als produktiv zur Wertschöpfung beizutragen, ist derzeit weit verbreitet. Auf der anderen Seite beziehen jedoch viele Menschen ihr Selbstwertgefühl und ihren Lebenssinn nicht zuletzt aus der Wahrnehmung, am Arbeitsplatz gebraucht zu werden und einen Anteil an der Wertschöpfung zu haben. Eine Beeinträchtigung derselben durch in ihrer Allgemeinheit unter Umständen nicht gerechtfertigte Vorurteile wäre fatal.

Aus unterschiedlichen Forschungsdisziplinen ist bekannt, wie sich die individuelle physische und kognitive Leistung sowie die Kreativität im Verlauf eines Menschenlebens verhalten. Worüber aber wenig bekannt ist, sind die Umstände, von welchen die Leis-

[1] In dieser Arbeit wird vorwiegend die männliche Sprachform verwendet. Bei allen männlichen Funktionsbezeichnungen sind stets auch Frauen gemeint, bei allen weiblichen stets auch Männer.

tung und die Kreativität beeinflusst werden und wie sie sich unter Arbeitskollegen in Gruppen[2] entwickeln.

Diese Arbeit soll dazu beitragen, ein aktuelles Bild der Leistungs- und Innovationsfähigkeit älterer Menschen zu zeichnen. Das Gesellschaftsbild älterer Menschen – auch älterer Arbeitskollegen – ist von den Erfahrungen geprägt, die vor Generationen entstanden sind. Deutlich zu beobachten ist aber, dass nicht nur die Lebenserwartung der Menschen gestiegen ist, sondern auch die Gesundheit. Das Bild der älteren Arbeitskollegen ist daher möglicherweise anpassungsbedürftig.

Zielsetzung und Fragestellungen

Das Ziel dieser Arbeit ist es, den Zusammenhang zwischen dem Erfolg einer Arbeitsgruppe und dem Alter der Gruppenmitglieder sowie den Zusammenhang zwischen der Innovationsfähigkeit einer Gruppe und dem Alter der Gruppenmitglieder explorativ zu untersuchen. Daneben werden weitere mögliche Einflussfaktoren betrachtet. Hierzu werden Daten aus der Fließbandproduktion in dem Lkw-Montagewerk Wörth der DaimlerChrysler AG[3] ausgewertet.

Zentral und innovativ an diesem Ansatz ist, diese Fragestellung auf Arbeitsgruppenebene zu untersuchen. Dahinter steht die Überzeugung, dass sich Erfolg und Innovation nicht in der Einzelperson, sondern im Zusammenwirken mit den Arbeitskollegen realisieren. In teamorientierten Produktionsformen nehmen Interaktion und Partizipation Schlüsselfaktoren ein (vgl. Oechsler, 2007). Gerade der Beitrag älterer Mitarbeiter zur Wertschöpfung (Erfahrung, Ausgeglichenheit bei Konflikten, Beitrag zum Betriebsklima, usw.) manifestiert sich eher in dem Gesamtergebnis einer Arbeitsgruppe als in der isolierten Messung der individuellen Kognition, der individuellen Belastungsfähigkeit oder der individuellen Kreativität.

---

[2] Die vorliegende Arbeit verwendet die Begriffe Gruppe und Team gleichbedeutend, da eine Abgrenzung der Begriffe in der Literatur nicht immer eindeutig gelingt. Oechsler (2006, 510) unterscheidet Teams jedoch durch Eigenschaften, die Gruppen nicht besitzen. Neben gemeinsamen Werten und Zielen, tragen Teams die gemeinsame Verantwortung für ihre Arbeitsergebnisse, nehmen nahezu alle Planungen innerhalb des Teams gemeinsam vor und setzen sich aus Spezialisten zusammen, die sich gegenseitig ergänzen und nicht wie Gruppenmitglieder multifunktional einsetzbar sind. Teamarbeit wird in Unternehmen als Erfolgskonzept angesehen.

[3] Die DaimlerChrysler AG wurde im Oktober 2007 zur Daimler AG umbenannt. Im Untersuchungszeitraum wurde das Unternehmen noch unter dem alten Namen geführt.

Im Kern der Arbeit steht neben der empirischen Untersuchung selbst, die Diskussion der eigenen Untersuchungsergebnisse mit den Erkenntnissen der Forschung zur Leistungs- und Innovationsentwicklung im Alter und in Gruppen. Hierbei werden potentielle Einflussfaktoren betrachtet, die diese beiden Erfolgsgrößen beeinflussen können.

Die Produktionsmenge am Fließband hängt von der Geschwindigkeit des Fließbandes ab und kann nicht von den Beschäftigten beeinflusst werden. Um den Gruppenerfolg zu messen, wird daher in der Untersuchung die Variation in der Produktionsqualität genutzt. Die Idee ist zu analysieren, ob und inwieweit ein Zusammenhang zwischen der Anzahl der produzierten Fehler einer Arbeitsgruppe und der Alterzusammensetzung dieser Gruppe besteht. Die während des Produktionsprozesses in den Arbeitsgruppen entstandenen Fehler werden elektronisch dokumentiert.

Um die Innovationsfähigkeit von Gruppen zu messen, werden Verbesserungsvorschläge herangezogen. Die Idee entspricht der Idee des Gruppenerfolgs. Besteht ein Zusammenhang zwischen den eingereichten und umgesetzten Verbesserungsvorschlägen einer Arbeitsgruppe und der Alterszusammensetzung dieser Gruppe? Alle eingereichten Verbesserungsvorschläge der Beschäftigten werden ebenso elektronisch dokumentiert.

Das Ziel ist es, Daten über Fehler und Verbesserungsvorschläge, die einzelnen Arbeitsgruppen zugeordnet werden können, mit den verfügbaren Daten der Gruppenmitglieder (Alter, Geschlecht, Ausbildung, Beruf, Nationalität, Zugehörigkeitsdauer zur Arbeitsgruppe und zum Unternehmen) sowie dem Schweregrad der Produktion (Arbeitsauslastung) zu vereinen, um den Zusammenhang zwischen Alter und Gruppenerfolg sowie Alter und Innovationsfähigkeit unter Berücksichtigung dieser weiteren Einflussfaktoren zu untersuchen[4].

Die Untersuchung wird von den folgenden drei wesentlichen Fragestellungen geleitet.

Fragestellung 1

„Wie entwickelt sich der Gruppenerfolg in Abhängigkeit vom Alter ihrer Gruppenmitglieder?“

---

[4] Möglicherweise wird der Zusammenhang von weiteren Faktoren beeinflusst. Die Untersuchung muss sich jedoch auf die im Unternehmen verfügbaren Daten beschränken.

Fragestellung 2

„Sind altersgemischte Arbeitsgruppen erfolgreicher als altershomogene Arbeitsgruppen?“

Fragestellung 3

„Wie entwickelt sich die Innovationsfähigkeit einer Gruppe in Abhängigkeit vom Alter und der Zusammensetzung ihrer Gruppenmitglieder?“

2 Die Bedeutung alternder Belegschaften für Arbeitsgruppen in der Industrie

Die Bedeutung alternder Belegschaften für Arbeitsgruppen in der Industrie lässt sich aus der Praxis, hier aus dem Lkw-Montagewerk der DaimlerChrysler AG in Wörth sowie den bisherigen Erkenntnissen aus der Alterns-, Gruppen- und Innovationsforschung ableiten.

Die Betrachtung der Unternehmensstruktur, der Zielsetzung des Unternehmens und der Rolle von altersgemischten Arbeitsgruppen in der Fließbandmontage macht deutlich, dass Humanressourcen und die sich mit dem Alter ändernden Persönlichkeitseigenschaften der Beschäftigten den Unternehmenserfolg und die Innovationsfähigkeit entscheidend mitbestimmen.

Bisherige Erkenntnisse aus der Alterns-, Gruppen- und Innovationsforschung zeigen, welchen Einfluss das Altern auf die Leistungsentwicklung hat, von welchen Größen der Gruppenerfolg abhängt und welche Faktoren die Innovationsfähigkeit von Arbeitsgruppen steuern. Zwischen diesen Größen existieren komplexe Wirkungsmechanismen.

Hieraus wird die Relevanz alternder Belegschaften und der dadurch entstehenden Auswirkungen auf die Gruppenarbeit deutlich.

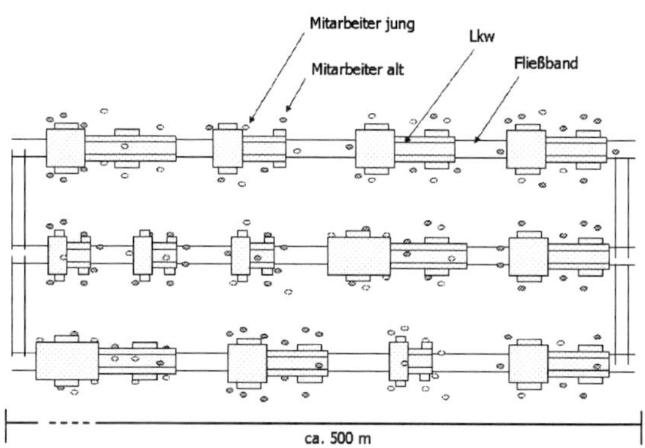

Abb. 1: Produktionsablauf DaimlerChrysler AG Wörth

Die schematische Darstellung des Produktionsablaufs bei der DaimlerChrysler AG in Wörth in Abb. 1 und die Photos in Abb. 2 geben einen kleinen Eindruck über die Zusammenarbeit in Gruppen in der Fließbandproduktion. Dabei wird ganz besonders auf die Punkte mit unterschiedlichem Farbton in Abb. 1 hingewiesen, die alte und junge Mitarbeiter kennzeichnen und ihre Durchmischung verdeutlichen. Die unterschiedlich großen Lkw deuten auf starke Variation des Produktionsprogramms hin. Ein wesentliches Merkmal der Produktion ist daher die Kooperation und die Kommunikation von unterschiedlichen Persönlichkeiten und Generationen bei sich ändernden Arbeitsanforderungen.

Abb. 2: Gruppenarbeit in der Fließbandproduktion

2.1 Alternde Belegschaften in der Praxis: Das Lkw-Montagewerk der DaimlerChrysler AG

2.1.1 Die Unternehmensstruktur

Das Lkw-Montagewerk der DaimlerChrysler AG in Wörth ist in unterschiedliche Bereiche aufgeteilt. Hierzu gehören bspw. die Bereiche Personal, Arbeitsvorbereitung und die Produktion. Die einzelnen Bereiche haben alle eine ähnliche Hierarchiestruktur, deren Leiter alle der Werksleitung unterstellt sind. Da sich die vorliegende Arbeit auf den Produktionsbereich konzentriert, wird die Hierarchiestruktur für diesen Bereich dargestellt. Jede Arbeitsgruppe ist einem Meister unterstellt. Ein Meister leitet in der Regel zwei bis drei Gruppen, der wiederum einem Teamleiter unterstellt ist. Ein Teamleiter ist für mehrere Meister zuständig. Einem Abteilungsleiter sind die Teamleiter einer Abteilung untergeordnet. Der Produktionsleitung sind alle Abteilungsleiter in der Produktion unterstellt. Folgende Abbildung veranschaulicht diese Hierarchiestruktur.

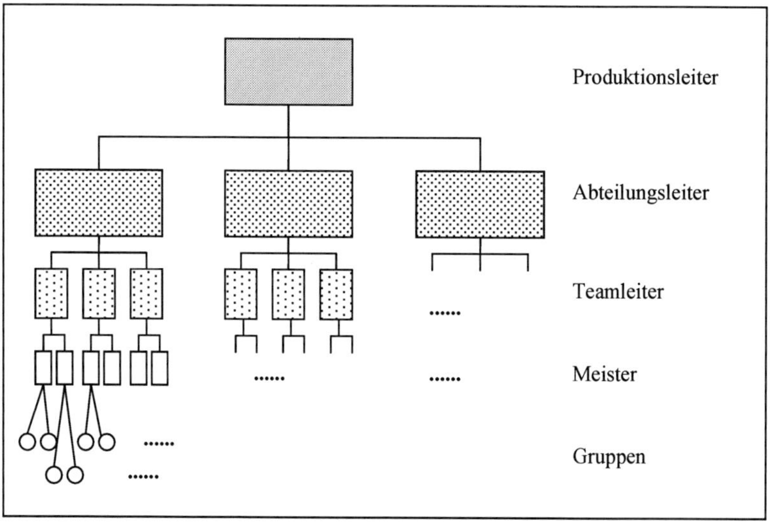

Abb. 3: Hierarchiestruktur in der Produktion

Die von der Werksleitung beschlossenen Unternehmensziele werden über die bereits erwähnten Strukturen bis hin zu den einzelnen Arbeitgruppen kommuniziert. Dabei steht die eigenverantwortliche Produktion auf allen Ebenen im Vordergrund. Das bedeutet, dass jede Einheit zur Erreichung der vorgegebenen Ziele selbst verantwortlich ist.

Die Arbeitsorganisation wird von den Beschäftigten in den Arbeitsgruppen zum Großteil selbst übernommen. Dabei haben die Meister überwiegend Kontrollfunktionen. Sie wiederum sind zur Erfüllung der vom Teamleiter vorgegebenen Ziele selbständig verantwortlich. Diese Unternehmenspolitik zieht sich durch die gesamte Unternehmensstruktur.

2.1.2 Zielsetzung des Unternehmens

Rund 40% der in Deutschland neu zugelassenen Lkw in der Gewichtsklasse ab 6,5 Tonnen stammen aus dem Lkw-Werk der DaimlerChrysler AG in Wörth (vgl. DaimlerChrysler AG, 2007). Eine just in time-Produktion ermöglicht hoch optimierte und sehr kurze Produktionszeiten. Insgesamt dauert es drei Tage, bis ein Lkw fahrbereit vom Fließband genommen wird. Flexible Produktionslinien ermöglichen es, zwischen unterschiedlichen Lkw-Varianten Fahrzeuge in nahezu allen vom Kunden gewünschten Ausstattungen zu fertigen.

Neben Wirtschaftlichkeit, Innovationsfähigkeit, Produktqualität stehen Mitarbeiterzufriedenheit, -qualifizierung, -gesundheit, -führung, Kundenzufriedenheit, Umweltschutz und der kontinuierliche Verbesserungsprozess im Mittelpunkt der Unternehmenspolitik.

Die Produktqualität sowie die Innovationsfähigkeit der Beschäftigten und somit des Unternehmens stehen dabei besonders im Zentrum der vorliegenden Arbeit und werden daher für die empirische Untersuchung herangezogen. Die Aufrechterhaltung und der Ausbau des hohen Marktanteils, des Erfolgs und der Innovativität verlangen hohe Anforderungen vom Unternehmen und ihren Mitarbeitern. Neben dem Ziel einer fehlerfreien Produktion nimmt die kontinuierliche Optimierung des Produktionsprozesses einen hohen Stellenwert in der Unternehmensstrategie ein.

Ziel ist es, eine Null-Fehler-Produktion zu erreichen. Die eigenverantwortliche Produktionsphilosophie hält die Beschäftigten am Fließband dazu an, ihre Arbeiten innerhalb der eigenen Arbeitsgruppe selbständig zu überprüfen und ggf. Fehler zu verbessern. Sie entsprechen teilautonomen Arbeitsgruppen, zu deren Aufgaben die Übernahme von typischen Aufgaben wie die Arbeitsplanung, Aufgabenteilung und die Qualitätssicherung gehören (vgl. Oechsler, 2000, 356). Die in regelmäßigen Abständen positionierten Quality-Gates in den Produktionslinien ermöglichen es, nicht erkannte Fehler auf unterschiedlichen Ebenen (Qualitäts-Regelkreisen) zu erfassen, die dafür verantwortlichen Arbeitgruppen zu dokumentieren und sie zu beheben.

Ein Vergleich der Gesamtfehlerzahlen über die Jahre 2003 und 2004 zeigt, dass die Fehler in den Qualitäts-Regelkreisen und Produktionsbereichen, die für diese Arbeit relevant sind, von 171 auf 121 zurückgegangen sind (vgl. Abb. 4).

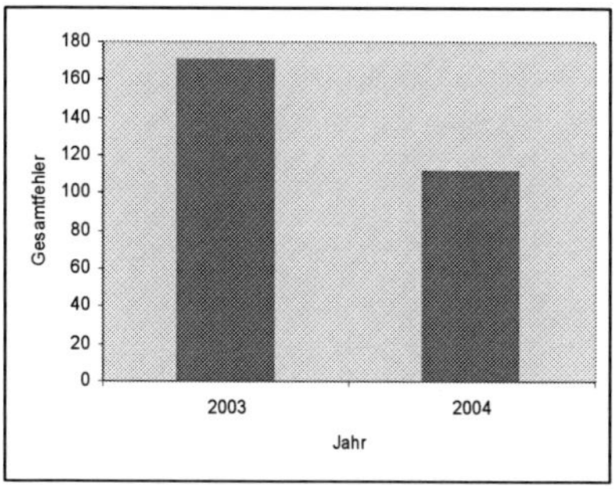

Abb. 4: Fehlerzahlen in der Produktion

Der kontinuierlichen Optimierung des Produktionsprozesses wird ebenso eine hohe Bedeutung eingeräumt. Hierfür existiert im Unternehmen ein Verbesserungsmanagementkonzept. Alle Beschäftigten haben die Möglichkeit, ihre Ideen und Verbesserungsvorschläge in Innovationen umzusetzen. Neue Ideen und Verbesserungsvorschläge können im Vorschlagswesen eingereicht werden. Nach einer Prüfung des Vorschlags erfolgt eine Ablehnung oder Annahme mit Begründung, die innerhalb einer fest vorgeschriebenen Frist erfolgen muss. Bei Annahe wird der Vorschlag prämiert.

Ein Vergleich der Gesamteinsparungen über die Jahre 2003 und 2004 zeigt, dass die jährlichen Einsparungen des Unternehmens, die durch Verbesserungsvorschläge der Beschäftigten realisiert werden konnten, von 225 000 Euro auf 330 000 Euro gestiegen ist (vgl. Abb. 5).

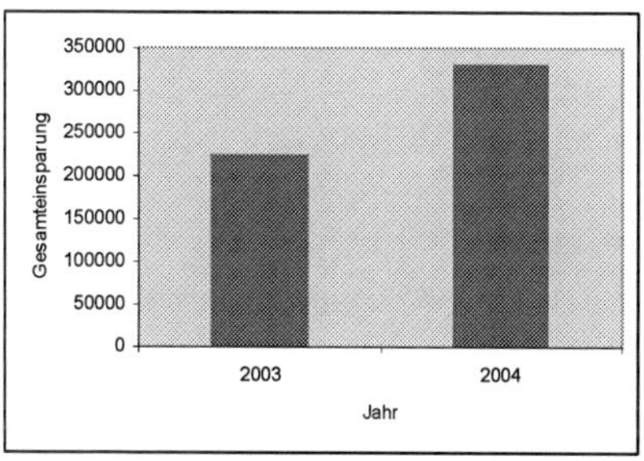

Abb. 5: Gesamteinsparungen durch Verbesserungsvorschläge

2.1.3 Die Rolle von altersgemischten Arbeitsgruppen in der Fließbandmontage

Die moderne Fließbandproduktion im Lkw-Werk Wörth ist keineswegs so monoton wie in Zeiten der Industrialisierung. Überwiegend kommen Arbeitsgruppen zum Einsatz, in denen Methoden wie Job-Rotation, -Enlargement, -Enrichment u.a. Anwendung finden. Flexible Produktionslinien und stark variierende Produktionsprogramme führen zu komplexen Tätigkeitsfeldern. Der Erfolg und die Innovationsfähigkeit von Gruppen erfordern von seinen Mitgliedern unterschiedliche Eigenschaften.

Für den Erfolg von Arbeitsgruppen sind physische Fitness, Belastungsfähigkeit, Erfahrung und Feingefühl und der damit verbundene Einsatz von jungen und gleichzeitig älteren Beschäftigten unumgänglich. So erfordert das Verlegen von Kabeln unter einem Fahrzeug Kraft und körperliche Wendigkeit. Die Feineinstellung von Türen dagegen erfordert Geschicklichkeit und Feingefühl aus jahrelanger Erfahrung.

Die Optimierung von Produktionsprozessen verlangt unterschiedliche Fähigkeiten und Kenntnisse. Dabei ist neues Wissen ebenso wie Erfahrung und die Sensibilität für Optimierungspotentiale erforderlich. Innovationen verlangen kreative Ideen. Für deren Umsetzung ist es jedoch notwendig, organisationale Prozesse zu verstehen und zu gestalten.

Es ist offensichtlich, dass Jung und Alt voneinander profitieren. In altersgemischten Arbeitsgruppen werden unter optimalen Bedingungen Schwächen gegenseitig ausgeglichen und Stärken ergänzt.

2.2 Erkenntnisstand der Forschung

2.2.1 Erkenntnisse aus der Alternsforschung

Die kognitiven Fähigkeiten eines Menschen werden von unterschiedlichen Intelligenzfaktoren bestimmt, die allerdings vom Gesundheitszustand, sozioökonomischen Status, Bildungsstand/-bedingungen sowie sozialen und räumlichen Umfeld beeinflusst werden und sich im Alter unterschiedlich entwickeln. Die körperliche Kompetenz wird maßgeblich vom natürlichen Alterungsprozess bestimmt. Allerdings existieren starke intraindividuelle Unterschiede, die vom Grad der körperlichen Aktivität oder genetischen Einflüssen abhängen (vgl. Weinert, 1992; Lehr, 1996; Ilmarinen, 1999).

Viele Studien können jedoch keine Unterschiede zwischen der Arbeitsleistung von Alt und Jung feststellen, da in den meisten beruflichen Feldern alterssensible Fähigkeiten nicht zum Tragen kommen (vgl. Staudinger & Baltes, 1996; Staudinger, 1999).

Arbeitswissenschaftliche Untersuchungen zeigen, dass die von Unternehmen häufig vertretene und selbst von Belegschaften teilweise akzeptierte so genannte Defizit-Hypothese des Alterns, die Vermutung eines „natürlichen" altersbedingten Abbaus von Befähigungen empirisch nicht belegt ist (vgl. Morschhäuser, 2002; Ell, 1995; Nickel, 2003).

Ökonomen konzentrieren sich auf Alter-Produktivitäts-Profile, die sie auf unterschiedlichen Ebenen messen. Neben der Betriebsebene werden Löhne als Maß für die Produktivität herangezogen oder die Leistungen von Wissenschaftlern untersucht. Die Ergebnisse über die Produktivität im Alter haben je nach Annahme ein breites Spektrum, teilweise gehen sie in unterschiedliche Richtungen (vgl. Ilmakunnas & Maliranta, 2005; Kotlikoff & Wise, 1989; Weinberg & Galenson, 2005).

2.2.2 Erkenntnisse aus der Gruppenforschung

Bisherige Erkenntnisse aus der Gruppenforschung zeigen, dass es je nach Kontext eine komplexe Aufgabe ist, die „richtige" Verteilungsform einer Gruppe zu bestimmen. Eine pauschale Festlegung der Gruppenzusammensetzung ohne die Berücksichtigung von Rahmenbedingungen sowie auftretenden Effekten und Prozessen innerhalb der Gruppe ist nicht erfolgswirksam.

Die Einhaltung von Rahmenbedingungen wie z.B. alternsgerechter Einsatz von Mitarbeitern, Bildung und Weiterqualifizierung sowie die Integration aller Gruppenmitglieder entscheidet wesentlich über die Gruppenleistung und den Gruppenerfolg (vgl. Clemens, 2001; Köchling, 2000; Huber, 2002b).

Innerhalb von Gruppen auftretende Effekte und Prozesse moderieren zwischen den gegebenen Leistungsressourcen und dem Gruppenerfolg, indem sie die individuellen Leistungsressourcen und die Art und Weise ihrer Nutzung beim kollektiven Handeln ändern. Z.B. entstehen durch den Pooling- und Lerneffekt positive Verbundeffekte, die zu einer ausgeglichenen Verteilung von Fähigkeiten der Gruppenmitglieder führen. Dies wiederum hat eine Verbesserung des Fähigkeitsniveaus durch eine gegenseitige

Vermittlung von Kenntnissen und dadurch eine höhere Leistungsfähigkeit der Gruppe zur Folge (vgl. Gebert, 1992; Bürkle, 2004; Brodbeck, 2004).

Andererseits führen Selbstkategorisierungsprozesse, ausgelöst durch unterschiedliche Persönlichkeitsmerkmale wie Alter, Nationalität oder Beruf z.B. dazu, dass es je nach bestimmten Situationen zur Abnahme der Gruppenkohäsion, des Vertrauens, der Kommunikation und der Zunahme von sozialen Konflikten zwischen Gruppenmitgliedern kommt. Dies hat eine geringere Zufriedenheit sowie geringere Leistung der Mitglieder innerhalb der Gruppe zur Folge (vgl. Wegge, 2003; Haslam, 2001; Turner, 1999). Kooperation und Kommunikation sind grundlegende Mechanismen in Unternehmen, die durch die Aufgaben- und Rollenstruktur von Individuen wirtschaftliche Handlungsorientierungen vermitteln (vgl. Oechsler, 1979, 60).

2.2.3 Erkenntnisse aus der Innovationsforschung

Die Innovationsforschung beschäftigt sich mit der individuellen Kreativität, die erst dann wirksam werden kann, wenn Fördermaßnahmen bei Arbeitsbedingungen und der Führung sowie auf der Ebene der Gruppe und Organisation ansetzen, um ein innovationsförderndes Organisationsklima zu schaffen (vgl. Guldin, 2006; Lapierre & Giroux, 2003). Denn Innovationen erfordern kreative Ideen.

Eine Erkenntnis ist, dass die wichtigsten kreativen Leistungen im jungen Erwachsenenalter zu Stande kommen. Kreative Leistungen in Innovationen umzusetzen erfordert jedoch Erfahrung und Weitsicht, die allerdings erst mit zunehmendem Alter in Erscheinung treten (vgl. Schuler & Görlich, 2007).

Die Bedingungen für Kreativität in Gruppen sind gut, wenn ihre Mitglieder unterschiedlichen Erfahrungshintergrund mitbringen, deren kognitives Niveau jedoch ähnlich ist und wenn Gruppendenken (groupthink) vermieden wird. Darüber hinaus wird Innovativität in Teams durch gegenläufige Synergie- und negative Sekundäreffekte beeinflusst, die durch Gruppenprozesse ausgelöst werden und sich oft gegenseitig neutralisieren (vgl. Gebert, 2004a; Brodbeck, 2001; Nijstad & Paulus, 2003).

Leichter Zugang zu Informationsquellen, offenes und lebhaftes Klima, individuelle Freiräume sowie kreativitätsfördernde Führung durch Inspiration und Ansporn sprechen für gute Umweltbedingung (vgl. Schuler, 2006; Guzzo, 1996).

Erfolgsentscheidend für innovative Unternehmen sind ausgeprägte Innovationssysteme auf allen Ebenen der Organisation, verbunden mit koordinierten Maßnahmen, die Ideenproduktion fördern, unterstützen und in innovative Produkte und Prozesse umsetzen.

3 Aufbau und methodisches Vorgehen der Arbeit

Sowohl die Theorie, als auch die Praxis in dem Lkw-Werk der DaimlerChrysler AG in Wörth zeigen, dass für den Erfolg und die Innovationsfähigkeit eines Unternehmens eine der wichtigsten Ressourcen seine Humanressourcen sind. Der unaufhaltbare Anstieg des Anteils der älteren Erwerbstätigen wird in Zukunft die Zusammenarbeit von unterschiedlich alten Beschäftigten und damit unterschiedlichen Persönlichkeiten mit unterschiedlichen Fähigkeiten und Kenntnissen erzwingen.

Hieraus lässt sich die hohe Relevanz für das Thema Erfolg und Innovationen in Arbeitsgruppen unter demographischen Gesichtspunkten ableiten. Bisherige Theorien und Arbeiten legen zum Großteil nahe, dass es einen Zusammenhang zwischen Alter und Leistungsentwicklung, Gruppenzusammensetzung und Erfolg sowie Gruppenzusammensetzung und Innovationen gibt. Die Ergebnisse gehen zum Teil in unterschiedliche Richtungen. Jedoch existieren kaum empirische Erkenntnisse zu Arbeitsgruppen in der Fließbandproduktion unter dem Aspekt des Alterns.

Die vorliegende Arbeit versucht daher, neue empirische Erkenntnisse auf dem Gebiet der Alterns-, Gruppen- und Innovationsforschung zu gewinnen. Sie ist in drei Themenbereiche geteilt:

- Alter und Leistungsentwicklung
- Gruppenzusammensetzung und Gruppenerfolg
- Gruppenzusammensetzung und Gruppeninnovationen

Zunächst werden das Untersuchungsfeld, das Lkw-Montagewerk der DaimlerChrysler AG in Wörth vorgestellt, die Datengrundlage erläutert, die Datenaufbereitung beschrieben und eine Variablenübersicht der Variablen gegeben, die in die empirische Analyse einfließen.

Eine empirische Untersuchung der drei oben genannten Themenblöcke in dem Lkw-Werk der DaimlerChrysler AG ist besonders gut geeignet, da die Fließbandproduktion nahezu vollständig in Gruppenarbeit realisiert wird und eine breite Altersverteilung der Beschäftigten vorliegt.

Der Aufbau und die explorative Vorgehensweise der drei Abschnitte sind identisch:

1. Skizzierung der Wirkungszusammenhänge
2. Vorstellung der eigenen empirischen Ergebnisse
3. Darstellung des bisherigen Forschungsstandes
4. Diskussion der eigenen empirischen Ergebnisse mit dem bisherigen Erkenntnisstand der Forschung
5. Resümee

Für die eigene empirische Untersuchung werden als Erfolgsmaß für Arbeitsgruppen die Produktionsqualität, in diesem Fall die Anzahl der Fehler, die in Arbeitsgruppen entstehen, herangezogen. Als Innovationsmaß dienen die Verbesserungsvorschläge, die durch Gruppenmitglieder im Unternehmen eingereicht werden können.

In allen drei oben erwähnten Themenblöcken erfolgt zunächst die Vorstellung der eigenen empirischen Ergebnisse. Anschließend werden die bisherigen Erkenntnisse aus der Forschung zum jeweiligen Themengebiet beleuchtet, um sie dann in das Erklärungsmuster der neuen empirischen Ergebnisse einzubeziehen. Der Schwerpunkt dabei liegt in der Diskussion der eigenen Untersuchungsergebnisse mit den Erkenntnissen der Forschung zur Leistungs- und Innovationsentwicklung im Alter und in Gruppen.

Statistische Auswertung

Da Gruppenerfolg und -innovationen einer Produktionseinheit von vielen Einflussfaktoren abhängen, werden multivariate statistische Methoden (ordinary least squares-Regressionen) angewandt. Ein Beispiel für den Gruppenerfolg gibt folgende, vereinfachte Regressionsgleichung:

$$Gruppenerfolg_{it} = \beta_i + \beta_{Alter} \cdot Alter_{it} + \beta_{Bildung} \cdot Bildung_{it} + \beta_{BildungAlter} \cdot Alter_{it} \cdot Bildung_{it} + \varepsilon$$

Der Gruppenerfolg von Gruppe i zum Zeitpunkt t, $Gruppenerfolg_{it}$, ist unter anderem eine Funktion vom Durchschnittsalter der Gruppe i zum Zeitpunkt t, $Alter_{it}$ und von der durchschnittlichen Bildung (in Jahren) der Beschäftigten dieser Gruppe, $Bildung_{it}$.

Um bspw. den Einfluss der Bildung der Beschäftigten auf den Zusammenhang zwischen Alter und Gruppenerfolg zu schätzen, werden Interaktionsterme in die Regressionen integriert.

Der Interaktionsterm $Alter_{it} \cdot Bildung_{it}$ trägt der Tatsache Rechnung, dass die Bildung der Beschäftigten möglicherweise einen Einfluss darauf hat, wie der Gruppenerfolg mit dem Alter variiert. Der Koeffizient $\beta_{AlterBildung}$ gibt an, um wie viel sich die Veränderung des Gruppenerfolgs, der aus einer Variation des Durchschnittsalters resultiert, ändert, wenn die durchschnittliche Bildung der Beschäftigten um ein Bildungsjahr steigt.

ε ist der Fehlerterm (das Residuum), der die unbeobachtbaren Einflussfaktoren enthält.

4 UNTERSUCHUNGSFELD UND DATENGRUNDLAGE: DIE DAIMLERCHRYSLER AG

4.1 Das Untersuchungsfeld

Das Untersuchungsfeld ist das Lkw-Montagewerk der DaimlerChrysler AG in Wörth. Insgesamt sind am Standort ca. 9300 Mitarbeiter beschäftigt, von denen ca. 3800 als Fließbandarbeiter angestellt sind. Die durchschnittliche Tagesproduktion beträgt 380 Lkw.[5] Hergestellt werden fünf verschiedene Lkw-Typen, die allerdings in unterschiedlichen Varianten und Ausstattungen montiert werden.

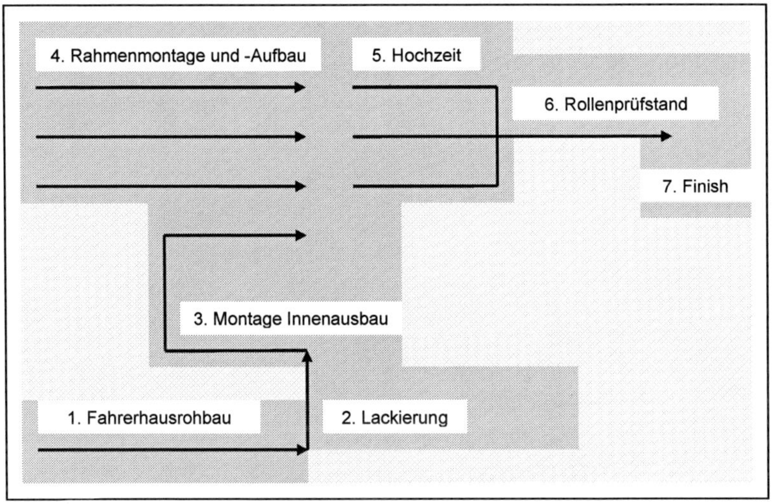

Abb. 6: Schematische Darstellung des Produktionsablaufs (DaimlerChrysler AG, 2007)

Die Produktion entspricht einer typischen Fließbandfertigung. Sie ist in sieben Bereiche aufgeteilt: Fahrerhausrohbau, Lackierung, Montage Innenausbau, Rahmenmontage- und Aufbau, Hochzeit (Montage des Fahrerhauses mit dem Rahmen), Rollenprüfstand sowie Finish. Aus Gründen der Datenverfügbarkeit konzentriert sich die Untersuchung auf

[5] Die Angaben zu Produktion und Mitarbeitern beziehen sich auf das Geschäftsjahr 2002.

zwei Produktionsbereiche, in denen insgesamt ca. 1000 Arbeiter, etwa 27 % aller am Fließband Tätigen beschäftigt sind: Montage Innenausbau sowie Rahmenmontage- und Aufbau.

In beiden Bereichen erfolgt die Lkw-Montage durch Teamarbeit. Jede Arbeitsgruppe besteht aus drei bis 28, im Durchschnitt neun Beschäftigten. Das Unternehmen produziert im Zweischichtbetrieb. Pro Schicht sind in beiden Bereichen insgesamt ca. 500 Mitarbeiter in 50 Gruppen beschäftigt. Für die Untersuchung ergeben sich damit aus ca. 1000 Beschäftigten 100 Arbeitsgruppen als Beobachtungseinheiten pro Tag.

Das Montagewerk Wörth ist für die Untersuchung besonders geeignet, da die Fließbandproduktion am Standort der weit verbreiteten, typischen Industrieproduktion in Gruppenarbeit entspricht. Die Verfügbarkeit und Qualität der Daten sind hervorragend.

Der Anteil der über 50-jährigen im Werk beträgt ca. 19 % (vgl. Tab. 1). Der Anteil der über 50-jährigen beträgt am Fließband ca. 23 % (mehr als im Werksdurchschnitt) und der Anteil der über 55-jährigen immerhin noch ca. 5 %. Der Anteil der über 50-jährigen in den in dieser Untersuchung betrachteten Produktionsbereichen beträgt ca. 15 %; der über 55-jährigen 5 %.

Tab. 1: Altersverteilung: Montagewerk, Fließband, Untersuchungsbereich

		Werk gesamt	**Fließband**	**Unters.bereich**
# Beschäftigte		9300	3800	1000
Anteil der über	45–jährigen	34 % (3162)	47 % (1786)	29 % (290)
	50–jährigen	19 % (1767)	23 % (874)	15 % (150)
	55–jährigen	4 % (372)	5 % (190)	5 % (50)
	60–jährigen	0.7 % (65)	0.6 % (23)	0.6 % (6)

Die Untersuchung lässt sich durch die im Werk praktizierte Gruppenarbeit sehr gut umsetzen. Da die Produktion am Fließband in Gruppenarbeit nach wie vor sehr üblich in der Industrie ist, lassen sich von dieser Fallstudie interessante und für die Arbeitswelt insgesamt hoch relevante Erkenntnisse ableiten.

Die Lkw-Montage am Fließband ist keineswegs so monoton, wie gemeinhin vermutet wird. Das Werk stellt leichte und schwere Lastwagen neben Spezialfahrzeugen auf dem gleichen Band her, so dass nahezu kein Fahrzeug identisch mit nächsten montierten

Fahrzeugen ist. Dies erfordert ein stetiges Anpassen der Tätigkeit auf den nächsten Fahrzeugtyp, die permanent Koordination und intelligente Teamarbeit verlangt.

Charakteristisch für alle Teams in der Produktion ist die vorgegebene Produktionsmenge der Gruppen durch die vorgegebene Fließbandgeschwindigkeit. Variationen im Gruppenerfolg spiegeln sich daher ausschließlich in Variationen in der Produktionsqualität wieder.

Das im Verbesserungsmanagement angesiedelte Vorschlagswesen ermöglicht allen Beschäftigten das Einreichen von Verbesserungsvorschlägen aus allen Bereichen des Unternehmens.

Eine andere Besonderheit in der Produktion ist die starke Variation der Gruppenzusammensetzung und somit der Alterszusammensetzung, die zur Erklärung des Gruppenerfolgs und der -innovativität genutzt wird. Durch die Differenz der tariflichen (7.5 h/Tag) und tatsächlichen Arbeitszeit (8h/Tag) bauen die Beschäftigten täglich ihr Überstundenkonto auf. Diese Überstunden werden nicht ausbezahlt, sondern müssen in unregelmäßigen Abständen „abgefeiert" werden. Dies bedeutet, dass im Durchschnitt an jedem Arbeitstag ein Mitarbeiter der Gruppe fehlt, weil er Überstunden abfeiert. Darüber hinaus existiert Variation durch krankheitsbedingte Fälle. Für den Ausgleich werden z.T. Mitglieder aus anderen Gruppen ausgeliehen. Durch die Variation der Zusammensetzung ergibt sich ebenso eine starke Variation in der Geschlechter-, Bildungs-, Nationalitätsstruktur sowie der Berufserfahrung innerhalb der Gruppen.

4.2 Datengrundlage

Um die Gruppenleistung und die Innovativität von Arbeitsgruppen am Fließband untersuchen zu können, werden Daten aus vier Unternehmensbereichen zu einem einzigartigen Datensatz zusammengespielt. Die einzelnen Daten stammen aus der Personalabteilung, der Produktion, dem Qualitäts- sowie dem Verbesserungsmanagement. Die Personalabteilung stellt sämtliche personenbezogene Daten zur Verfügung, die Produktion das Produktionsprogramm, somit den Schweregrad der Produktion, das Qualitätsmanagement die Produktionsfehler in den Arbeitsgruppen, das Verbesserungsmanagement die eingereichten Verbesserungsvorschläge der Beschäftigten.

Ziel ist es, Daten über Produktionsfehler und Verbesserungsvorschläge mit der Altersstruktur von Gruppen unter Einbezug von weiteren Kontrollvariablen (wie z.B. Geschlecht, Berufsausbildung, Nationalität, Zugehörigkeitsdauer zum Unternehmen) und dem Schweregrad der Produktion auf aggregierter Gruppenebene zu vereinen. Damit lassen sich Zusammenhänge zwischen Gruppenerfolg, Altersstruktur und Innovativität von Gruppen unter Berücksichtigung weiterer Einflussfaktoren untersuchen.

Hierfür werden über drei Jahre, von 2003 bis 2005 Tagesdaten von Arbeitsgruppen mit unterschiedlicher Altersstruktur in einer multivariaten Analyse ausgewertet. Der Gruppenerfolg und die Innovativität werden auf Arbeitsgruppenebene untersucht, da die Alterstruktur bzw. -mischung der Arbeitsgruppen die relevante Erklärungsgröße ist.

Insgesamt arbeiten in den für diese Untersuchung relevanten Produktionsbereichen ca. 1000 Beschäftigte. Das bedeutet 100 Arbeitsgruppen pro Tag, so dass über die gesamte Beobachtungsdauer von drei Jahren, bei rund 250 Arbeitstagen pro Jahr, rund 750 000 Beobachtungen auf Individualebene zu 75 000 Beobachtungen auf Gruppenebene aggregiert und ausgewertet werden können. Diese große Anzahl von Beobachtungspunkten ist ein wesentlicher Vorzug dieser Vorgehensweise, da sie erlaubt, statistische Signifikanz z.B. des Alterseffektes auch dann zu finden, wenn viele andere Einflussgrößen ebenfalls eine wichtige Rolle spielen.

Individualdaten von Gruppenmitgliedern liegen mit verschlüsselten Personalnummern vor. Diese werden mit Hilfe der Verschlüsselung und der Gruppennummern/Kostenstellennummern auf Gruppenebene aggregiert. Hieraus ergeben sich die Beobachtungseinheiten auf Gruppenebene, die mit den Produktions-, Qualitätsdaten (Fehlerdaten) und Innovationsdaten (Verbesserungsvorschlägen) verknüpft werden. Die Verbindung findet über das Datum, die verschlüsselte Personalnummer, die Schicht und die Kostenstellennummer statt, die in den Datensätzen als Identifikationsvariablen vorhanden sind. Folgende Darstellung veranschaulicht dies graphisch.

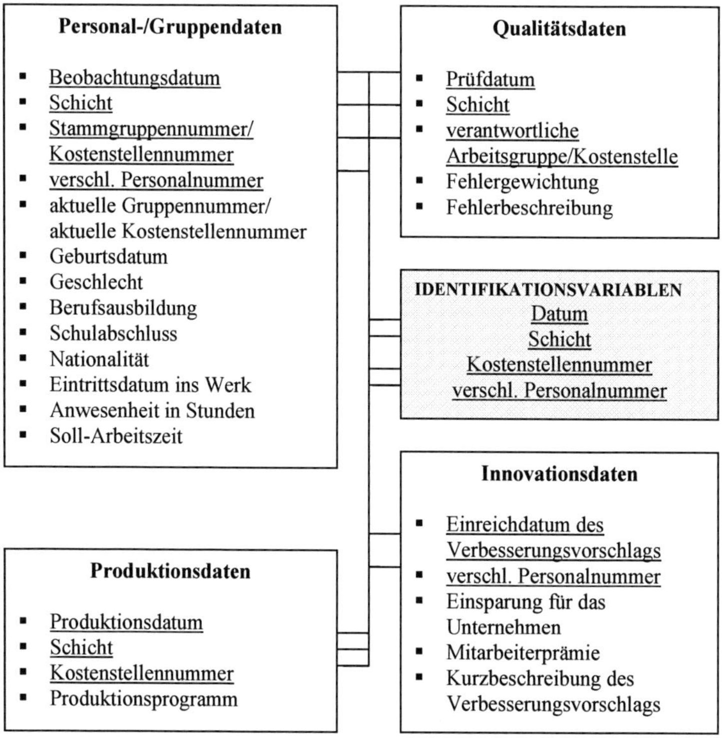

Abb. 7: Datenverknüpfung

4.2.1 Personal-/Gruppendaten

Pro Jahr existieren im Werk ca. 250 Arbeitstage. Für diese enthalten die Personaldaten tägliche Informationen über 1 000 Beschäftigte, so dass über drei Jahre ca. 750 000 Individualdaten zur Verfügung stehen. Für jeden Mitarbeiter werden aus der Personalabteilung Beobachtungsdatum, verschlüsselte Personalnummer, Schicht, Stammgruppennummer/Kostenstellennummer, aktuelle Gruppennummer/ aktuelle Kostenstellennummer,[6] Geburtsdatum, Geschlecht, Berufsausbildung, Schulabschluss, Nationali-

[6] Jedem Mitarbeiter ist eine Stammgruppe zugewiesen. In dieser Gruppe arbeitet er normalerweise. Um krankheits- und überstundenbedingte Fluktuationen abzufedern, werden Mitarbeiter allerdings häufig an

tät, Eintrittsdatum ins Werk, Anwesenheit in Stunden sowie die Soll-Arbeitszeit bereitgestellt.

4.2.2 Produktionsdaten

Die Produktionsplanung erstellt das Produktionsprogramm und bestimmt damit die Reihenfolge der zu montierenden Lkws und somit den Schweregrad der Produktion (die Arbeitsauslastung). Sie legt fest, wieviele Lkws von welchem Typ in welcher Variante an einem Tag produziert werden müssen. Die Produktionsdaten stellen für alle Arbeitsgruppen über drei Jahre insgesamt rund 75 000 Tages-Produktionspläne zur Verfügung, die Produktionsdatum, Schicht, Kostenstellennummer sowie Produktionsprogramm beinhalten.

4.2.3 Qualitätsdaten

Das in der Fließbandfertigung existierende Fehlererfassungssystem ermöglicht die in Quality-Gates erfassten Fehler auf die dafür verantwortlichen Arbeitsgruppen zurückzuführen. Ein Rückschluss auf Individuen ist nicht möglich. Die Qualitätsdaten liefern über drei Jahre die Produktionsfehler, die in 100 Arbeitsgruppen täglich entstanden sind, so dass insgesamt ca. 75 000 Beobachtungsdaten auf Gruppenebene zur Verfügung stehen. Für jeden Fehler werden Prüfdatum, Schicht, verantwortliche Arbeitsgruppe/Kostenstelle, Fehlergewichtung sowie Fehlerbeschreibung dokumentiert. Die Fehlergewichtung dient zur Einstufung des Schweregrads der Fehler und wird auf einer Skala zwischen 5 (Lackfehler) bis 95 (Gefahr für Personen) geführt.

4.2.4 Innovationsdaten

Unter Innovationsdaten sind die eingereichten Verbesserungsvorschläge der Mitarbeiter zu verstehen. Das Verbesserungsmanagement dokumentiert und bewertet alle eingereichten Verbesserungsvorschläge auf ihre Umsetzbarkeit. Bei umsetzbaren Vorschlägen errechnet es die jährliche Einsparung für das Unternehmen sowie die Prämie für den Einreicher. Aus dem Verbesserungsmanagement werden Daten über drei Jahre zur

andere Gruppen verliehen. Es existieren Informationen über die Stammgruppe jedes Mitarbeiters und über die Gruppe, in der er an jedem betreffenden Tag tatsächlich arbeitet.

Verfügung gestellt. Insgesamt stehen ca. 75 000 Beobachtungen auf Gruppenebene zur Verfügung. Für jeden eingereichten und umgesetzten Verbesserungsvorschlag beinhalten die Daten Informationen über Datum der Einreichung, verschlüsselte Personalnummer, jährliche Einsparung für das Unternehmen, Betrag der Mitarbeiterprämie sowie Kurzbeschreibung des Verbesserungsvorschlags. Die jährlichen Einsparungen pro Verbesserungsvorschlag liegen zwischen 1 und 25 600 Euro.

4.3 Datenaufbereitung und Variablenübersicht

Die sehr großen Datenmengen werden mit Hilfe der Statistiksoftware STATA aufbereitet und nach dem in Abb. 7 dargestellten Schema zusammengespielt. Für die Regressionsanalysen werden die Daten bereinigt. Dies führt zu einer geringfügigen Korrektur der Anzahl der Beobachtungen.

Die in die Untersuchung eingehenden Variablen werden in der folgenden Übersichtstabelle wiedergegeben. Neben der Beschreibung werden das Minimum, Maximum sowie der Durchschnitt der einzelnen Variablen ausgewiesen.

Tab. 2: Variablenübersicht

Variable	**Beschreibung**		
	Min.	**Max.**	**Durchschnitt**
Gewichtete Fehlerzahl pro Person	Tägliche Summe der Fehler einer Arbeitsgruppe gewichtet mit dem Indikator der Fehlerschwere, geteilt durch die Anzahl der an diesem Tag in dieser Gruppe arbeitenden Personen		
	0	12.5	0.08
Einsparungen pro Person	Tägliche Summe der jährlichen Einsparungen einer Arbeitsgruppe, geteilt durch die Anzahl der an diesem Tag in dieser Gruppe arbeitenden Personen		
	0	2132.25	0.81
Alter	Durchschnittsalter einer Gruppe		
	20.76	56.20	37.65
XX – YY Jahre (Anteil Alter)	Anteil der Personen zwischen XX und YY Jahren in einer Gruppe		
Betriebserfahrung	Durchschnittliche Betriebszugehörigkeit der Personen in einer Gruppe in Jahren		
	0.11	32.29	11.96
XX – YY Jahre: (Anteil Betriebserfahrung)	Anteil der Personen zwischen XX und YY Jahren Betriebszugehörigkeit in einer Gruppe		

Fortsetzung nächste Seite...

Schulbildung	Durchschnittliche Ausbildungszeit einer Gruppe (eine 20 jährige Ausbildungszeit für eine Person ergibt sich aus 9 Jahren Hauptschule, plus 1 Jahr Mittlere Reife, plus 3 Jahre Abitur, plus 2 Jahre Berufsausbildung, plus 5 Jahre Studium)	9	14.33	11.37
Arbeitsauslastung	Unter-/Überauslastung einer Gruppe in Prozent (%) (- Unterauslastung, + Überauslastung)	-140.72	240.00	0.53
Frühschicht	Dummyvariable: 1 = Frühschicht, 0 = Spätschicht			
Gruppengröße	Anzahl der Personen in einer Gruppe (gewichtet mit der Anwesenheit in Stunden)	3	28	9
Unveränderte Gruppenzusammensetzung	Dauer der unveränderten und ununterbrochenen Zusammensetzung einer Gruppe (in Tagen)	1	270	14.57
Anteil „Springer"	Anteil der aus anderen Gruppen stammenden Personen (wegen Urlaubs- bzw. Krankheitsvertretung)	0	1	0.0686
Frauenanteil	Anteil der Frauen in einer Gruppe	0	0,75	0.0366
Anteil Franzosen	Anteil der Personen mit französischer Nationalität in einer Gruppe	0	1	0.2449
Anteil Türken	Anteil der Personen mit türkischer Nationalität in einer Gruppe	0	0.75	0.0382
Anteil Deutsche	Anteil der Personen mit deutscher Nationalität in einer Gruppe	0	1	0.6700
Gemischtheit hinsichtlich Alter	Grad der Altersmischung in einer Gruppe (0 = vollkommen homogen, 1 = vollkommen heterogen)	0	1	0.5625
Gemischtheit hinsichtlich Betriebserfahrung	Grad der Betriebszugehörigkeitsmischung in einer Gruppe (0 = vollkommen homogen, 1 = vollkommen heterogen)	0	1	0.4641
Gemischtheit hinsichtlich Nationalität	Grad der Nationalitätsmischung in einer Gruppe (0 = vollkommen homogen, 1 = vollkommen heterogen)	0	1	0.3603
Gemischtheit hinsichtlich Beruf	Grad der Berufsmischung in einer Gruppe (0 = vollkommen homogen, 1 = vollkommen heterogen)	0	1	0.6527
Gemischtheit hinsichtlich Schulbildung	Grad der Heterogenität hinsichtlich der Bildung (in Jahren) in einer Gruppe (0 = vollkommen homogen, 1 = vollkommen heterogen)	0	1	0.5162

5 Die Wirkungszusammenhänge zwischen dem Alter und der Leistungsentwicklung

Bisherige Erkenntnisse über die Leistungsentwicklung im Alter sind noch nicht zufriedenstellend. Einerseits ist aus entsprechenden Studien der Medizin, Psychologie und Gerontologie bekannt, dass mit steigendem Alter die physischen und kognitiven Fähigkeiten nachlassen. Andererseits spricht einiges dafür, dass die mit dem Alter zunehmende Erfahrung zu einem Anstieg der Gesamtleistung bis zu einem gewissen Alter führt. Wann ist dieses Alter? Von welchen Umständen hängt es ab? Abb. 8, die zunächst nicht empirisch, sondern rein schematisch zu verstehen ist, verdeutlicht diese Vorstellung. Für die Beschäftigungspolitik ist es ganz offensichtlich sehr wichtig zu wissen, ob dieses Alter im Durchschnitt eher bei 45 Jahren oder eher bei 60 Jahren liegt.

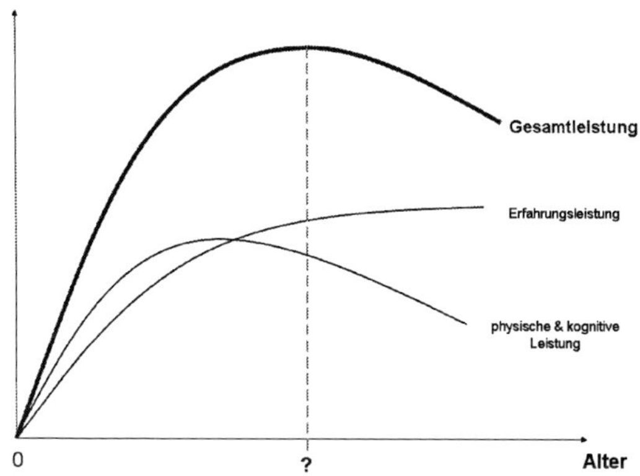

Abb. 8: Entwicklung der Gesamtleistung im Alter (schematisch)

In einer modernen arbeitsteiligen Gesellschaft dürfte sich die Arbeitsleistung allerdings weniger in der Einzelperson, sondern eher im Zusammenwirken mit den Arbeitskollegen realisieren. Die Komplexität von Aufgaben in Organisationen erfordert immer mehr den Einsatz von Gruppen und Teamarbeit (vgl. Oechsler, 2006, 510). Gerade der Beitrag älterer Mitarbeiter zur Wertschöpfung (Erfahrung, Ausgeglichenheit bei

Konflikten, Beitrag zum Betriebsklima, usw.) sollte sich eher in dem Gesamtergebnis einer Arbeitsgruppe manifestieren als in der isolierten Messung der individuellen Kognition oder der individuellen Belastungsfähigkeit.

Der sich in der Gruppe manifestierende Beitrag zur Wertschöpfung wurde in bestehenden Studien bislang kaum berücksichtigt, was die Schätzungen der Leistung zu Ungunsten der älteren Mitarbeiter verzerren könnte. Eine solche Verzerrung ist problematisch, weil sie das „Defizitmodell" des Alterns verstärkt, besonders aber, weil sie Personalabbau entgegen den Wünschen der Arbeitskollegen rechtfertigen kann.

Faktoren des Zusammenhangs zwischen Leistung und Alter sind komplex und beeinflussen sich gegenseitig. Einer der in der politischen Diskussion prominentesten Faktoren ist das „lebenslange Lernen", also die Aus- und Weiterbildung der Beschäftigten. Hinzu kommen die Art der Arbeit (Produktion versus Verwaltung) sowie die Arbeitsorganisation. Abb. 9 gibt eine grafische Veranschaulichung der verschieden Einflussbeziehungen.

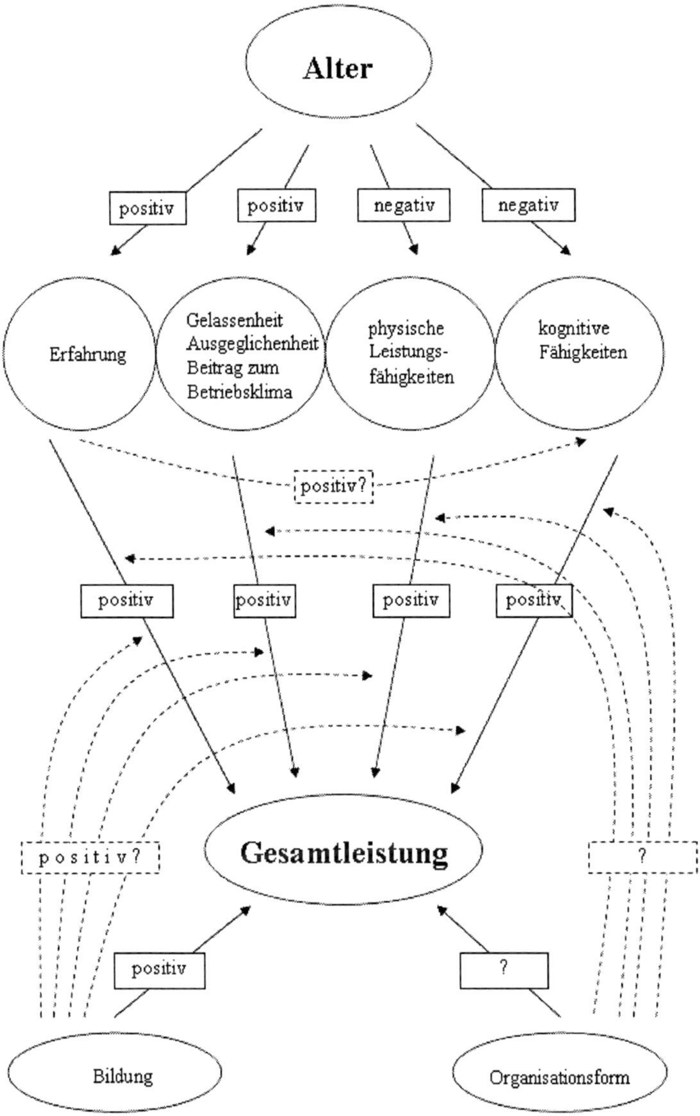

Abb. 9: Zusammenhang zwischen Alter und Gesamtleistung
(Die Pfeile zeigen Einflussbeziehungen in Richtung der Kausalität an)

In Anbetracht dieser komplexen Wirkungsmechanismen ist es wichtig, ein besseres Verständnis über die Leistungsentwicklung im Alter zu bekommen. In den Folgekapiteln werden die eigenen empirischen Untersuchungsergebnisse vorgestellt und mit den Erkenntnissen der Alternsforschung aus unterschiedlichen Disziplinen diskutiert. Dabei wird besonders auf Forschungsergebnisse aus der Gerontologie und Soziologie, aus Untersuchungen zur physischen und psychischen Leistungsentwicklung, aus der Arbeitswissenschaft sowie aus Untersuchungen von Ökonomen eingegangen.

6 EMPIRISCHE UNTERSUCHUNGEN BEI DER DAIMLERCHRYSLER AG

In diesem Untersuchungsabschnitt geht es um die Fragestellung, welchen Einfluss das Alter und die Erfahrung sowie weitere Faktoren auf den Gruppenerfolg haben. Als Erfolgsmaß werden hier die in der Produktion in Arbeitsgruppen entstandenen Fehler herangezogen.

6.1 Deskriptives

Folgende Abbildungen geben einen ersten Eindruck über die Mitarbeiter-/Gruppenstruktur, Qualitätsdaten sowie den Produktionsplan.

Die Altersverteilung der Mitarbeiter zeigt ein typisches Bild. Der Anteil der über 55-jährigen ist im Vergleich zur Bevölkerung sehr gering.

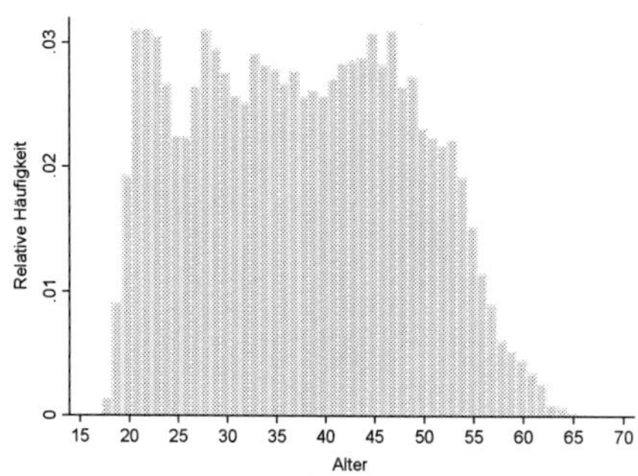

Abb. 10: Altersverteilung der Mitarbeiter

Dank der großen Beobachtungszahl ist die absolute Zahl der Beobachtungen mit über 55-jährigen Mitarbeitern jedoch sehr hoch (ca. 35 000), und selbst die über 60-jährigen Mitarbeiter sind mit ca. 6 500 Beobachtungen vertreten, so dass eine statistisch ausreichende Basis vorhanden ist, um präzise Aussagen über den Alterseffekt auf die Leistung auch im fortgeschrittenen Alter zu machen.

Die Verteilung des Durchschnittsalters der Arbeitsgruppen zeigt einen glockenförmigen

Verlauf und hat die höchste Häufigkeit bei einem Durchschnittsalter von 37 Jahren.

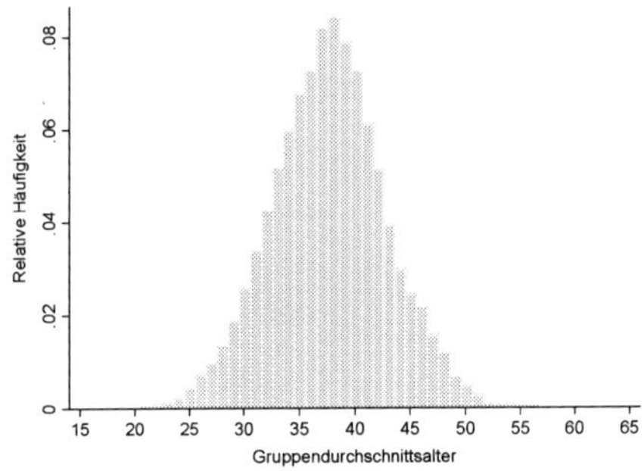

Abb. 11: Altersverteilung (Durchschnittsalter) der Arbeitsgruppen

Wegen Variation des Produktionsprogramms und damit der Auslastung der Arbeitsgruppen und der unterschiedlichen Gruppenarbeitsplätze variiert die Gruppengröße. Die meisten Gruppen bestehen aus fünf bis 15 Mitarbeitern.

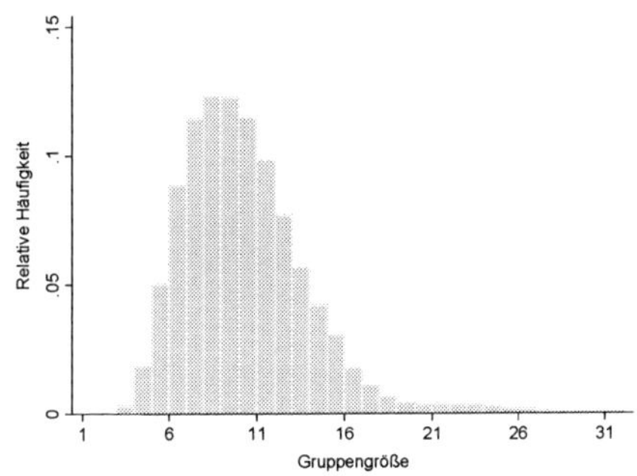

Abb. 12: Verteilung der Gruppengröße

Auch die Zusammensetzung der Gruppen variiert von Tag zu Tag, da die Schichtlänge von 8 Stunden länger ist als die tarifliche Arbeitszeit von 7,5 Stunden, so dass immer einige der Arbeitsgruppenmitglieder Freizeitausgleich haben. Diese wechselnde Gruppenzusammensetzung ist ein wesentliches Element der später folgenden statistischen Analyse, da sie eine Variation der Gruppenmerkmale (wie Alter und Erfahrung) generiert, die hinreichend ist, um Alters- und Erfahrungseffekte zu schätzen.

Die Dauer der Ausbildung, gemessen an den Schul-/Studien- und Berufsausbildungsjahren variiert zwischen neun und 20 Jahren. Das Minimum für die Schuljahre beträgt neun Jahre, zusätzlich kommt die Dauer der Berufsausbildung hinzu. Studierte Personen erhalten eine Ausbildungsdauer von 18 Jahren, bei zusätzlicher Berufsausbildung kommen zwei Jahre hinzu. Maximal sind somit 20 Jahre möglich. Die große Masse der Verteilung liegt zwischen neun und 15 Jahren.

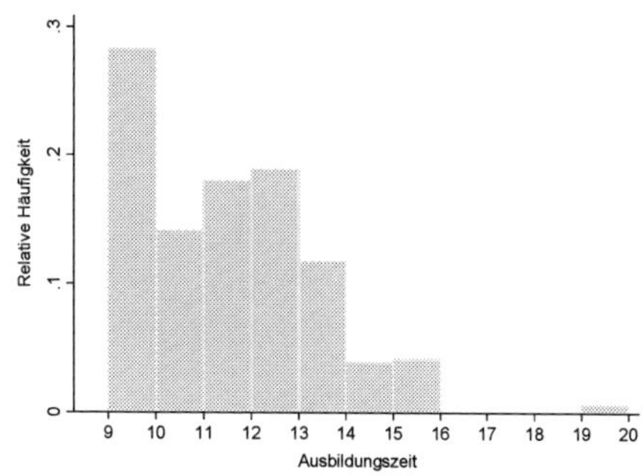

Abb. 13: Verteilung der Bildungsjahre

Die Betriebserfahrung der einzelnen Mitarbeiter, gemessen an der Zugehörigkeit zum Unternehmen, erstreckt sich zwischen 0 und 40 Jahren. Sie steigt mit dem Alter an. Da das Lebensalter der Beschäftigten bei Einstellung unterschiedlich ist, sind Erfahrung und Alter in der Gesamtstichprobe nicht so stark korreliert, wie man es vielleicht erwarten würde, da für jede Einzelperson natürlich jedes Jahr zusätzliche Erfahrung auch ein Jahr der Alterung bedeutet.

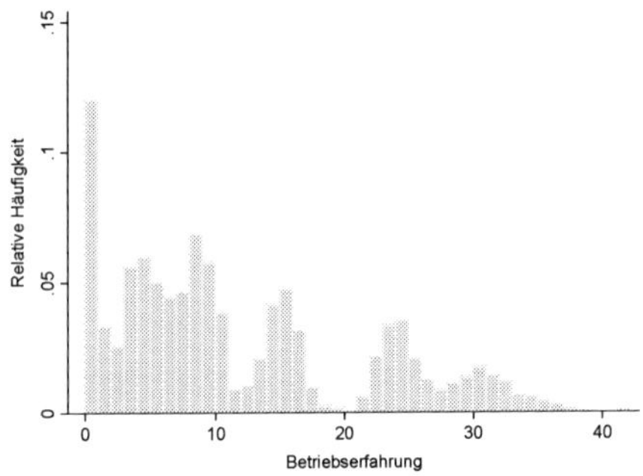

Abb. 14: Verteilung der Betriebserfahrung im Unternehmen

Die Verteilung der durchschnittlichen Erfahrung der Arbeitsgruppen hat die höchste Häufigkeit bei 12 Jahren und verläuft von einem Jahr bis 33 Jahren.

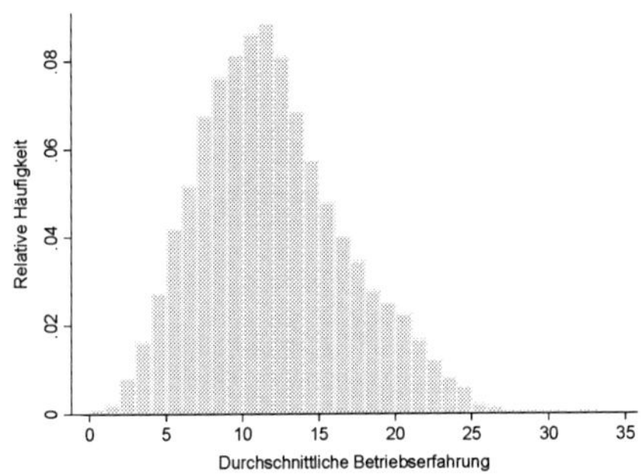

Abb. 15: Verteilung der durchschnittlichen Betriebserfahrung der Arbeitsgruppen

Abb. 16 zeigt, dass auf Mitarbeiterebene die Berufserfahrung perfekt mit dem Alter korreliert ist. Der Zusammenhang zwischen der durchschnittlichen Berufserfahrung und dem Durchschnittsalter der Arbeitsgruppen ist dagegen schwächer (Abb. 17).

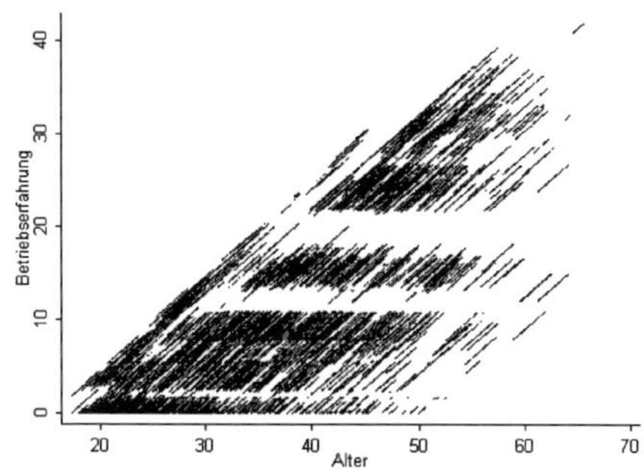

Abb. 16: Abhängigkeit der individuellen Betriebserfahrung vom Alter

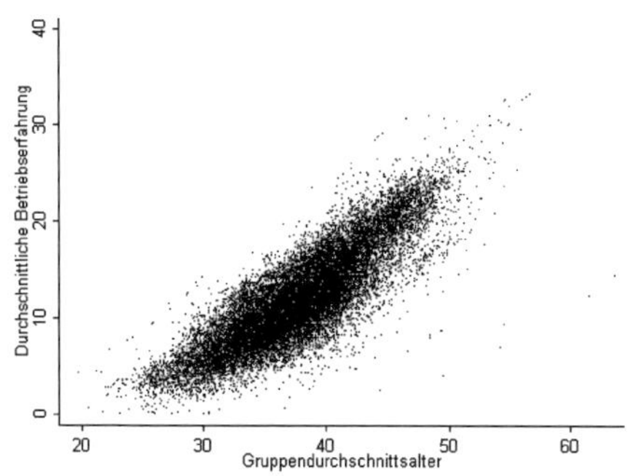

Abb. 17: Abhängigkeit der durchschnittlichen Gruppenerfahrung vom Durchschnittsalter der Gruppen

Die Verteilung der gewichteten Fehler, die innerhalb von Arbeitsgruppen geschehen, variiert zwischen fünf und 95. Die Gewichtung gibt den Schweregrad des Fehlers an. Die Hauptmasse liegt zwischen fünf und 20. Insgesamt liegen 4 651 Einzelfehler vor.

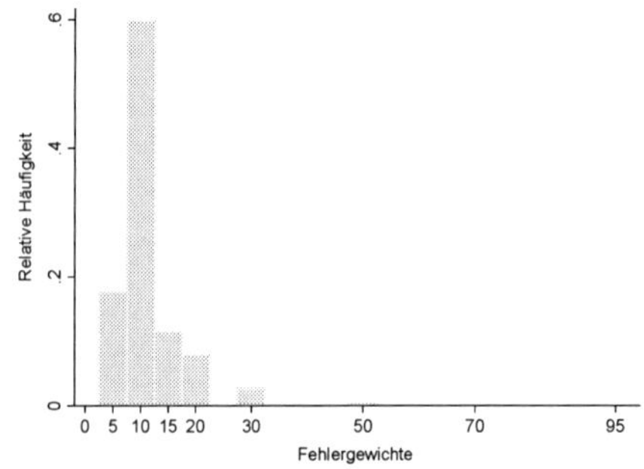

Abb. 18: Verteilung der gewichteten Fehler

Wegen Variation des Produktionsprogramms und wegen urlaubs- und krankheitsbedingter Fluktuation variiert die Auslastung der Arbeitsgruppen. Abb. 19 zeigt die Verteilung der prozentualen Über- bzw. Unterauslastung der Arbeitsgruppen. Im Durchschnitt ist die Ist-Arbeitsbelastung 0,53 % höher als die durch die Gruppengröße vorgegebene Soll-Arbeitsbelastung. 90 % der Beobachtungen liegen zwischen einer Unterauslastung von -88 % und einer Überauslastung von +108 %.

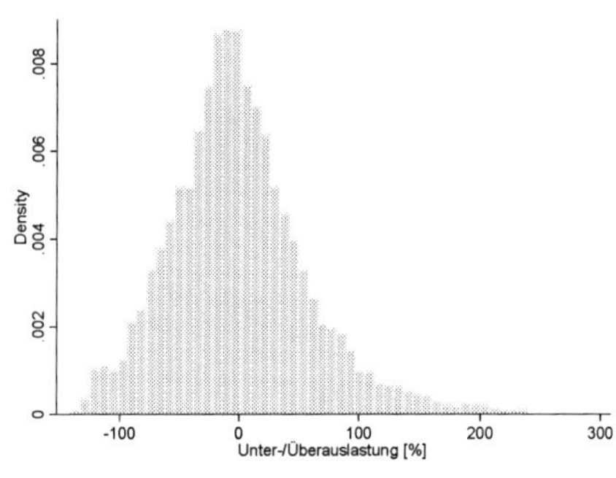

Abb. 19: Belastung der Arbeitsgruppen

6.2 Multivariate Ergebnisse

Dieses Kapitel stellt die Ergebnisse der eigenen empirischen Untersuchung von Arbeitsgruppen in der Fließbandproduktion vor. Eine Diskussion der Ergebnisse mit den bisherigen Erkenntnissen der Alternsforschung findet in Kapitel 8 statt. Hier steht der Zusammenhang zwischen Alter, Erfahrung und Gruppenerfolg im Vordergrund, während in Kapitel 13 die Gruppenzusammensetzung und in Kapitel 18 die Innovativität von Gruppen diskutiert wird.

Das Vorgehen ist einheitlich: Es wird die Methode der multiplen Regressionsanalyse verwendet, die als abhängige Variable die gewichtete Fehlerzahl pro Person auf ein breites Spektrum möglicher Erklärungsgrößen bezieht. Im Vordergrund stehen dabei zunächst das Alter und die Betriebserfahrung, die jeweils in Jahren gemessen werden. Diese beiden Größen haben mit großer Wahrscheinlichkeit unterschiedliche und komplexe Einflüsse auf die Fehlerzahl.

Erfahrung nimmt mit dem Alter zu und wirkt sich möglicherweise positiv auf die Leistung aus. Im Gegensatz dazu nehmen die physische und die kognitive Leistungsfähigkeit mit dem Alter ab. Daher werden verschiedene Spezifikationen geschätzt, in die, neben weiteren Einflussgrößen, erst die Altersstruktur und danach die Betriebserfahrung als Maß für die betriebliche Erfahrung der Gruppenmitglieder eingehen. Der Gruppenerfolg wird als gewichtete Fehlerzahl gemessen.

90 % der Gruppen haben ein Durchschnittsalter zwischen 30 und 46 Jahren. Lediglich 0,5 % haben ein Durchschnittsalter über 50 Jahren und die älteste Gruppe ist durchschnittlich 56 Jahre alt. Als Altersvariablen werden daher die Anteile der 15-25-jährigen, der 25-35-jährigen, der 45-55-jährigen und der 55-65-jährigen verwendet. Im Gegensatz zum Durchschnittsalter lassen sich in dieser Form auch Aussagen über den Beitrag der 55-65-jährigen zum Gruppenerfolg treffen.

Aus dem selben Grund werden für die betriebliche Erfahrung Anteile verwendet: 0-8 jährige Betriebserfahrung, 8-16 jährige Betriebserfahrung, 24-32 jährige Betriebserfahrung und 32-40 jährige Betriebserfahrung.[7]

In allen Spezifikationen ist die abhängige Variable die gewichtete Summe der Fehler pro Person an einem Tag in einer Gruppe. Als Gewichte werden Kennzahlen aus dem Qualitätsmanagement verwendet, die für jeden Fehler angeben, wie gravierend er ist. Diese Kennzahlen werden pro Gruppe pro Tag aufaddiert und die Summe anschließend durch die Gruppengröße geteilt. Letzterem liegt der Umstand zu Grunde, dass die Gruppengröße mit dem Arbeitsanfall variiert und bei größerem Arbeitsanfall auch mehr Fehler entstehen können. Wenn also beispielsweise eine Gruppe an einem Tag einen Fehler mit Gewicht 5 und einen weiteren Fehler mit Gewicht 30 macht, ergibt sich eine gewichtete Fehlersumme von 35. Wenn an diesem Tag 7 Personen in der Gruppe arbeiteten, ergibt sich eine gewichtete Fehlerzahl pro Person von 5.

Die Regressionsergebnisse werden zunächst in Tabelle 3 ausgewiesen und anschließend im einzelnen erläutert. Um die Robustheit der Ergebnisse zu überprüfen, wurde eine Reihe von alternativen Spezifikationen verwendet, die alle zu sehr ähnlichen Ergebnissen führen. In Tabelle 3 werden zwei Spezifikationen aufgeführt. Im Gegensatz zu Spezifikation 2 geht in Spezifikation 1 die betriebliche Erfahrung nicht ein. Spezifikation 1 ermöglicht eine Betrachtung des Gesamteffekts des Alters auf die Fehlerzahl, Spezifikation 2 eine Aufspaltung des Gesamteffekts in Alters- und Erfahrungseffekte. Da in Spezifikation 1 die Betriebserfahrung nicht in der Regression berücksichtigt wird, fangen die Altersvariablen den Effekt der Betriebserfahrung mit auf.

Die Arbeitsplätze der Arbeitsgruppen sind unterschiedlich. Einige verlangen mehr körperliche Leistung, andere mehr geistige. Um den Einfluss der unterschiedlichen Arbeitsplätze zu berücksichtigen, werden in beiden Spezifikationen für Arbeitsplatz fixed effects kontrolliert.

[7] Die Grenzen der Altersklassen und der Klassen der Betriebserfahrung sind eindeutig definiert. Die gewählte Darstellung dient der Übersichtlichkeit. Bspw. entspricht die Altersklasse 15-25 Jahren der Altersklasse >15 und <=25 Jahren. Die übrigen Klassengrenzen werden analog definiert.

Neben der gewichteten Fehlersumme pro Person wurden zwei weitere Maße für den Gruppenerfolg verwendet: Erstens die gewichtete Fehlersumme insgesamt pro Arbeitsgruppe und zweitens eine Null/Eins-Variable, die angibt, ob in einer Gruppe an einem Tag ein Fehler passiert. Beide alternativen Erfolgsmaße ergaben sehr ähnliche Ergebnisse. In den Folgeausführungen wird die gewichtete Fehlersumme herangezogen, da sie das genauere Erfolgsmaß wiedergibt.

Die Referenzkategorie für die Altersanteile ist 35-45 Jahre, für die Anteile der Betriebserfahrung 16-24 Jahre. Zur Erklärung ein Beispiel: Eine Zunahme (Abnahme) des Anteils der Gruppenmitglieder zwischen 15-25 Jahren bedeutet gleichzeitig eine Abnahme (Zunahme) des Anteils der Gruppenmitglieder zwischen 35-45 Jahren. Eine Zunahme (Abnahme) des Anteils der Gruppenmitglieder zwischen 0-8 Jahren Betriebserfahrung bedeutet gleichzeitig eine Abnahme (Zunahme) des Anteils der Gruppenmitglieder zwischen 16-24 Jahren Betriebserfahrung. Die Ergebnisse zu den einzelnen Alters-/Erfahrungsklassen sind in Bezug zu den jeweiligen Referenzkategorien zu betrachten.

Die Regressionsergebnisse befinden sich in den folgenden Tabellen.

Tab. 3: Regressionsergebnisse

Abhängige Variable: gewichtete Fehlerzahl pro Person (gemessen als tägliche Summe der Fehler einer Arbeitsgruppe gewichtet mit dem Indikator der Fehlerschwere geteilt durch die Anzahl der an diesem Tag in dieser Gruppe arbeitenden Personen)

	Spezifikation 1		Spezifikation 2	
Anteil der Gruppenmitglieder zwischen...				
15 - 25 Jahren	0.0596974	(0.103)	0.0771446	(0.040)
25 - 35 Jahren	-0.0578867	(0.014)	-0.0577926	(0.016)
35 - 45 Jahren	- -	- -	- -	- -
45 - 55 Jahren	-0.0272038	(0.243)	-0.0149381	(0.542)
55 - 65 Jahren	-0.0752771	(0.077)	-0.0675895	(0.127)
Interaktion des durchschnittlichen Gruppenalters mit...				
Bildung in Jahren	-0.0009339	(0.000)	-0.0005101	(0.166)
Anteil der Frauen	-0.0131243	(0.007)	-0.0106397	(0.272)
Anteil der Springer	0.0062845	(0.029)	-0.0079514	(0.149)
Gruppengröße	0.0007784	(0.000)	0.0010379	(0.000)
Frühschicht	0.0021459	(0.000)	-0.0011389	(0.353)
Unveränderte Gruppenzusammensetzung in Tagen	0.0000456	(0.000)	0.0000347	(0.120)
Arbeitsauslastung	-0.0004255	(0.511)	0.0030591	(0.012)
Altersheterogenität	0.0043308	(0.075)	-0.0016082	(0.737)
Nationalitätsheterogenität	0.0038831	(0.089)	-0.0051462	(0.246)
Heterogenität in Bezug auf...				
Alter	-0.1228207	(0.185)	0.0082368	(0.950)
Bildung in Jahren	0.0404948	(0.011)	0.0405835	(0.011)
Nationalität	-0.1729732	(0.048)	0.0254529	(0.837)
Beruf	0.0063031	(0.544)	0.0016527	(0.874)
Betriebserfahrung	- -	- -	-0.014368	(0.382)
Kontrollvariablen				
Bildung in Jahren	0.0545218	(0.000)	0.0453188	(0.000)
Anteil der Frauen	0.4403974	(0.014)	0.3629637	(0.161)
Anteil der Springer	-0.2646904	(0.017)	0.053202	(0.730)
Gruppengröße	-0.040691	(0.000)	-0.0463209	(0.000)
Frühschicht	-0.092595	(0.000)	-0.0164416	(0.627)
Unveränderte Gruppenzusammensetzung in Tagen	-0.0017864	(0.000)	-0.0014944	(0.012)
Arbeitsauslastung	0.0669627	(0.015)	-0.0111799	(0.756)
Anteil der Deutschen	-0.0280367	(0.475)	-0.0427401	(0.280)
Anteil der Franzosen	0.0156383	(0.624)	0.0048408	(0.883)
Anteil der Türken	-0.0279204	(0.491)	-0.0392131	(0.337)
Arb.ausl. x Altersheterogenität	-0.0631576	(0.001)	-0.0652698	(0.000)
Anteil der Gruppenmitglieder mit Betriebserfahrung zwischen...				
0 - 8 Jahren	- -	- -	0.0062469	(0.856)
8 - 16 Jahren	- -	- -	0.0799632	(0.001)
16 - 24 Jahren	- -	- -	- -	- -
24 - 32 Jahren	- -	- -	0.0482516	(0.039)
32 - 40 Jahren	- -	- -	0.0949098	(0.024)
Interaktion der durchschnittlichen Betriebserfahrung mit...				
Bildung in Jahren	- -	- -	-0.0007049	(0.074)
Anteil der Frauen	- -	- -	-0.0011388	(0.916)
Anteil der Springer	- -	- -	0.0188331	(0.001)

Fortsetzung nächste Seite...

Gruppengröße	--	--	-0.0003328	(0.312)
Frühschicht	--	--	0.0040892	(0.002)
Unveränderte Gruppenzusammensetzung in Tagen	--	--	0.00000795	(0.744)
Arbeitsauslastung	--	--	-0.0043554	(0.001)
Altersheterogenität	--	--	0.0077621	(0.127)
Nationalitätsheterogenität	--	--	0.0123403	(0.013)
R^2 within	0.0089		0.0101	
R^2 between	0.0983		0.0794	
R^2 overall	0.0120		0.0120	

Anzahl Beobachtungen: 70 476 (100 Arbeitsgruppen bei 821 Arbeitstagen). Referenzkategorie für die Altersanteile: 35 - 45 Jahre. Referenzkategorie für die Anteile der Betriebserfahrung: 16-24 Jahre. p-Werte in Klammern. Beide Spezifikationen kontrollieren für Arbeitsplatz fixed-effects. Signifikanz: p-Wert < 0.10

Die insignifikanten Ergebnisse lassen zunächst zweierlei Interpretationen zu: Entweder spielt Alter für den Erfolg von Arbeitsgruppen am Fließband keine Rolle oder es gibt gegenläufige Effekte, die sich gegenseitig neutralisieren.

Da das Alter auch in Form von Interaktionstermen mit weiteren erklärenden Variablen in die Regression aufgenommen wird, lassen sich die Koeffizienten nicht alle als marginale Effekte interpretieren. Diese werden als Linearkombinationen aus den einzelnen Koeffizienten berechnet und in Tabelle 4 und Tabelle 5 aufgeführt.

Bspw. führt eine Zunahme des Anteils der Beschäftigten in der Altersklasse 15-25 Jahren (verbunden mit einer Abnahme des Anteils der Beschäftigten in der Altersklasse 35-45 Jahren) zu einer Änderung des Durchschnittsalters einer Gruppe. Zunächst wird die Änderung des Durchschnittsalters geschätzt. Die geschätzte Änderung des Durchschnittsalters wird zur Berechnung der marginalen Effekte der Altersanteile verwendet. Ein für diesen Fall aufgeführtes Beispiel veranschaulicht die Vorgehensweise.

Die gewichtete Fehlerzahl ist eine Funktion, die von den Anteilen der Beschäftigten in den verschiedenen Altersklassen, von der Arbeitsauslastung sowie von der Interaktion zwischen dem Gruppendurchschnittsalter und der Arbeitsauslastung abhängt.

$$\begin{aligned} &\textit{gewichtete Fehler} = \beta_0 + \beta_{15-25} \cdot \textit{Altersanteil}_{15-25} + \ldots + \beta_{55-65} \cdot \textit{Altersanteil}_{55-65} \\ &+ \beta_{Ausl} \cdot \textit{Arbeitsauslastung} + \beta_{AuslAlter} \cdot \textit{Arbeitsauslastung} \cdot \textit{Durchschnittsalter} + \ldots + \varepsilon \end{aligned}$$

Der Effekt der Zunahme des Anteils der Beschäftigten in der Altersklasse 15-25 Jahren ist gegeben durch:

$$\frac{\partial \, gewichtete \, Fehler}{\partial \, Altersanteil_{15-25}} = \beta_{15-25} + \beta_{AuslAlter} \cdot Arbeitsauslastung \cdot \frac{\partial Durchschnittsalter}{\partial \, Altersanteil_{15-25}} \quad \text{(i)}$$

$\frac{\partial Durchschnittsalter}{\partial \, Altersanteil_{15-25}}$ wird geschätzt aus der Gleichung:

$$Durchschnittsalter = \alpha_{15-25} \cdot Altersanteil_{15-25} + \ldots + \alpha_{55-65} \cdot Altersanteil_{55-65} + u$$

Der Schätzwert von α_{15-25} wird in Gleichung (i) eingesetzt:

$$\overline{\frac{\partial \, gewichtete \, Fehler}{\partial \, Altersanteil_{15-25}}} = \beta_{15-25} + \beta_{AuslAlter} \cdot \overline{Arbeitsauslastung} \cdot \alpha_{15-25}$$

wobei $\overline{Arbeitsauslastung}$ den Durchschnittswert der Arbeitsauslastung darstellt.

Tab. 4: Marginale Effekte (Teil 1)

Abhängige Variable: gewichtete Fehlerzahl pro Person				
	Spezifikation 1		Spezifikation 2	
Marginale Effekte der Anteile der Gruppenmitglieder zwischen...				
15 - 25 Jahren	0.0263419	(0.146)	0.0494974	(0.028)
25 - 35 Jahren	-0.0756093	(0.000)	-0.0737321	(0.000)
35 - 45 Jahren	0	- -	0	- -
45 - 55 Jahren	-0.0092214	(0.595)	0.000905	(0.966)
55 - 65 Jahren	-0.0423547	(0.180)	-0.0397815	(0.303)
Marginale Effekte aus der Interaktion des durchschnittlichen Gruppenalters mit...				
Bildung in Jahren	-0.0009339	(0.000)	-0.0005101	(0.166)
Anteil der Frauen	-0.0131243	(0.007)	-0.0106397	(0.272)
Anteil der Springer	0.0062845	(0.029)	-0.0079514	(0.149)
Gruppengröße	0.0007784	(0.000)	0.0010379	(0.000)
Frühschicht	0.0021459	(0.000)	-0.0011389	(0.353)
Unveränderte Gruppenzusammensetzung in Tagen	0.0000456	(0.000)	0.0000347	(0.120)
Arbeitsauslastung	-0.0004255	(0.511)	0.0030591	(0.012)
Altersheterogenität	0.0043308	(0.075)	-0.0016082	(0.737)
Nationalitätsheterogenität	0.0038831	(0.089)	-0.0051462	(0.246)
Marginale Effekte der Heterogenität in Bezug auf...				
Bildung in Jahren	0.0404948	(0.011)	0.0405835	(0.011)
Beruf	0.0063031	(0.544)	0.0016527	(0.874)
Betriebserfahrung	- -	- -	-0.014368	(0.382)
Marginale Effekte der Kontrollvariablen				
Anteil der Deutschen	-0.0280367	(0.475)	-0.0427401	(0.280)
Anteil der Franzosen	0.0156383	(0.624)	0.0048408	(0.883)
Anteil der Türken	-0.0279204	(0.491)	-0.0392131	(0.337)
Arb.auslastung x Altersheterogenität	-0.0631576	(0.001)	-0.0652698	(0.000)
Marginale Effekte der Anteile der Gruppenmitglieder mit Betriebserfahrung zwischen...				
0 - 8 Jahren	- -	- -	0.0278352	(0.337)
8 - 16 Jahren	- -	- -	0.092673	(0.000)
16 - 24 Jahren	- -	- -	0	- -
24 - 32 Jahren	- -	- -	0.0376626	(0.089)
32 - 40 Jahren	- -	- -	0.0783442	(0.046)
Marginale Effekte aus der Interaktion der durchschnittlichen Betriebserfahrung mit...				
Bildung in Jahren	- -	- -	-0.0007049	(0.074)
Anteil der Frauen	- -	- -	-0.0011388	(0.916)
Anteil der Springer	- -	- -	0.0188331	(0.001)
Gruppengröße	- -	- -	-0.0003328	(0.312)
Frühschicht	- -	- -	0.0040892	(0.002)
Unveränderte Gruppenzusammensetzung in Tagen	- -	- -	0.00000795	(0.744)
Arbeitsauslastung	- -	- -	-0.0043554	(0.001)
Altersheterogenität	- -	- -	0.0077621	(0.127)
Nationalitätsheterogenität	- -	- -	0.0123403	(0.013)

Marginale Effekte berechnet auf Basis der Koeffizienten und Durchschnittswerte der Variablen. p-Werte in Klammern

Tab. 5: Marginale Effekte (Teil2)

Abhängige Variable: gewichtete Fehlerzahl pro Person		
Marginale Effekte von...	Spezifikation 1	Spezifikation 2
Bildung bei einem Gruppendurchschnittsalter von...		
25 Jahren	0.0311744 (0.000)	0.0290429 (0.000)
35 Jahren	0.0218354 (0.000)	0.020418 (0.000)
38 Jahren	0.0190337 (0.000)	0.0167732 (0.000)
45 Jahren	0.0124964 (0.004)	0.0082687 (0.072)
Frauenanteil bei einem Gruppendurchschnittsalter von...		
25 Jahren	0.11229 (0.066)	0.0935552 (0.133)
35 Jahren	-0.018953 (0.517)	-0.0196746 (0.518)
38 Jahren	-0.0583259 (0.054)	-0.056149 (0.084)
45 Jahren	-0.150196 (0.004)	-0.1363209 (0.011)
Springeranteil bei einem Gruppendurchschnittsalter von...		
25 Jahren	-0.1075774 (0.009)	-0.0514169 (0.259)
35 Jahren	-0.0447322 (0.016)	-0.0367653 (0.049)
38 Jahren	-0.0258787 (0.108)	-0.0041201 (0.808)
45 Jahren	0.018113 (0.474)	0.0720518 (0.013)
Gruppengröße bei einem Gruppendurchschnittsalter von...		
25 Jahren	-0.02123 (0.000)	-0.0220383 (0.000)
35 Jahren	-0.0134456 (0.000)	-0.0133235 (0.000)
38 Jahren	-0.0111103 (0.000)	-0.0112083 (0.000)
45 Jahren	-0.0056612 (0.001)	-0.0062726 (0.002)
Frühschicht bei einem Gruppendurchschnittsalter von...		
25 Jahren	-0.0389464 (0.000)	-0.0244671 (0.009)
35 Jahren	-0.017487 (0.000)	-0.0154096 (0.000)
38 Jahren	-0.0110492 (0.000)	-0.0065585 (0.039)
45 Jahren	0.0039724 (0.460)	0.0140942 (0.018)
unveränderter Gruppenzusammensetzung bei einem Gruppendurchschnittsalter von...		
25 Jahren	-0.0006458 (0.000)	-0.000586 (0.000)
35 Jahren	-0.0001895 (0.002)	-0.0001988 (0.002)
38 Jahren	-0.0000526 (0.410)	-0.0000707 (0.286)
45 Jahren	0.0002667 (0.018)	0.0002282 (0.065)
Arbeitsauslastung bei einem Gruppendurchschnittsalter von...		
25 Jahren	0.0247467 (0.012)	0.0108867 (0.305)
35 Jahren	0.0204919 (0.000)	0.019701 (0.000)
38 Jahren	0.0192154 (0.000)	0.0158122 (0.000)
45 Jahren	0.016237 (0.003)	0.0067383 (0.273)
Altersheterogenität mit einem Gruppendurchschnittsalter von...		
25 Jahren	-0.0461287 (0.171)	0.0394762 (0.336)
35 Jahren	-0.0028204 (0.853)	0.0622042 (0.015)
38 Jahren	0.0086563 (0.532)	0.0078862 (0.581)
45 Jahren	0.0404879 (0.074)	0.1237425 (0.000)
Nationalitätsheterogenität mit einem Gruppendurchschnittsalter von...		
25 Jahren	-0.0758955 (0.040)	-0.0415012 (0.306)
35 Jahren	-0.0370644 (0.149)	-0.031262 (0.230)
38 Jahren	-0.0267742 (0.294)	-0.0207125 (0.422)
45 Jahren	0.0017666 (0.956)	0.0406787 (0.247)

Marginale Effekte berechnet auf Basis der Koeffizienten und Durchschnittswerte. p-Werte in Klammern

Die Koeffizienten in den Regressionstabellen 4 und 5 zeigen marginale Effekte auf Fehler. Bei der Erläuterung der Ergebnisse werden die Koeffizienten als Effekte auf den Gruppenerfolg interpretiert. Damit ergibt sich eine Umkehr der Vorzeichen.

In diesem Teil der Arbeit werden die Regressionsergebnisse bzgl. dem Alter, der Erfahrung, der Schulbildung, der Frühschicht sowie der Arbeitsauslastung diskutiert. Die übrigen Erklärungsgrößen werden an dieser Stelle zunächst nicht beachtet. Sie werden in den Folgekapiteln an entsprechender Stelle aufgegriffen.

6.2.1 Der Alters- und Erfahrungseffekt auf den Gruppenerfolg

Der Gesamteffekt zeigt, dass eine Zunahme des Anteils der Gruppenmitglieder zwischen 25-35 Jahren eine Abnahme der Fehler bewirkt. Die Zunahme der Beschäftigten in dieser Altersklasse hat einen signifikant positiven Effekt auf den Gruppenerfolg.

Die Aufspaltung in Alters- und Erfahrungseffekte in Spezifikation 2 zeigt, dass unter konstanter Betriebserfahrung, eine Zunahme der Beschäftigten zwischen 15-25 Jahren eine Zunahme der Fehler bewirkt und eine Zunahme der 25-35-jährigen eine Abnahme der Fehler bewirkt. Eine Zunahme des Anteils der Beschäftigten in der Altersklasse 15-25 Jahren hat einen signifikant negativen Effekt auf den Gruppenerfolg; eine Zunahme in der Altersklasse 25-35 Jahren hat einen signifikant positiven Effekt auf den Gruppenerfolg. Die Effekte der übrigen Altersklassen bleiben insignifikant.

In nahezu allen Jahresklassen der Betriebserfahrung zeigt sich, dass unter konstantem Alter eine Zunahme der Betriebserfahrung eine Zunahme der Fehler zur Folge hat. Eine Zunahme des Anteils der Gruppenmitglieder mit hoher Betriebserfahrung hat einen signifikant negativen Effekt auf den Gruppenerfolg.

Insgesamt laufen Alters- und Erfahrungseffekt gegenläufig, jedoch dominiert der Alterseffekt in der Altersklasse 25-35 Jahren, so dass eine Zunahme der Gruppenmitglieder in dieser Altersklasse den Gruppenerfolg positiv beeinflusst. Im Altersbereich ab 45 Jahren heben sich Alters- und Erfahrungseffekte gegenseitig auf.

Erstaunlicherweise wirkt sich Betriebserfahrung negativ auf den Gruppenerfolg aus. Das Alter der Beschäftigten wirkt jedoch partiell positiv auf den Gruppenerfolg.[8]

6.2.2 Der Bildungseffekt auf den Gruppenerfolg

Im Gesamteffekt wird ersichtlich, dass eine Zunahme der Ausbildungszeit, gemessen in Jahren, zu einer Zunahme der Fehler führt. Mit steigendem Durchschnittsalter der Gruppen nimmt dieser negative Effekt auf den Gruppenerfolg jedoch ab. Die Interaktion der Schulbildung mit dem Durchschnittsalter zeigt, dass diese Abnahme signifikant ist.

Die Aufspaltung in Alters- und Erfahrungseffekte zeigt, dass die Unterschiede zwischen Gruppen unterschiedlichen Alters - unter Konstanthaltung der durchschnittlichen Betriebserfahrung - nicht mehr signifikant sind.

Unter Konstanthaltung des Durchschnittsalters nimmt bei steigender Schulbildung in Gruppen mit durchschnittlich höherer Betriebserfahrung im Vergleich zu Gruppen mit niedriger Betriebserfahrung der Erfolg schwächer ab. Der Unterschied zwischen den Gruppen ist signifikant.

Insgesamt nimmt der negative Effekt der Bildungsdauer mit steigender Betriebserfahrung ab und dominiert den Gesamteffekt.

6.2.3 Der Effekt der Frühschicht auf den Gruppenerfolg

Der Gesamteffekt zeigt, dass Frühschicht zu einer Abnahme der Fehler führt. Mit steigendem Durchschnittsalter der Gruppen nimmt dieser positive Effekt auf den Gruppenerfolg jedoch ab. Die Interaktion der Frühschicht mit dem Durchschnittsalter zeigt, dass diese Abnahme signifikant ist.

[8] Eine Verzerrung dieser und folgender Ergebnisse könnten durch Verzerrungen in den Beobachtungseinheiten entstehen. Es liegt nahe, dass nur noch diejenigen älteren Beschäftigten in der Fließbandmontage arbeiten, die diese Art von Tätigkeit bewältigen können. Hier besteht die Gefahr, den Beitrag der älteren Gruppenmitglieder zum Gruppenerfolg zu überschätzen. Mit dieser Problematik beschäftigen sich Börsch-Supan, Düzgün und Weiss, 2007 (Age and Productivity in Work Teams: Evidence from the Assembly Line, MEA Discussion Paper 148-07, MEA Mannheim) und kommen zu ähnlichen Ergebnissen.

Die Aufspaltung in Alters- und Erfahrungseffekte in Spezifikation 2 zeigt, dass die Unterschiede zwischen Gruppen unterschiedlichen Alters - unter Konstanthaltung der durchschnittlichen Betriebserfahrung - nicht mehr signifikant sind.

Unter Konstanthaltung des Durchschnittsalters nimmt bei Frühschicht in Gruppen mit durchschnittlich höherer Betriebserfahrung im Vergleich zu Gruppen mit niedriger Betriebserfahrung der Erfolg schwächer zu. Der Unterschied zwischen den Gruppen ist signifikant.

Insgesamt nimmt der positive Effekt der Frühschicht mit steigender Betriebserfahrung ab und dominiert den Gesamteffekt.

6.2.4 Der Effekt der Arbeitsauslastung auf den Gruppenerfolg

Im Gesamteffekt wird ersichtlich, dass eine Zunahme der Arbeitsauslastung zu einer Zunahme der Fehler führt. Mit steigendem Durchschnittsalter der Gruppen nimmt dieser negative Effekt auf den Gruppenerfolg ab. Die Interaktion der Arbeitsauslastung mit dem Durchschnittsalter zeigt jedoch, dass diese Abnahme insignifikant ist.

Die Aufspaltung in Alters- und Erfahrungseffekte in Spezifikation 2 zeigt ein klares Resultat. Die Unterschiede zwischen Gruppen unterschiedlichen Alters sind unter Konstanthaltung der durchschnittlichen Betriebserfahrung signifikant. D.h. in Gruppen mit höherem Durchschnittsalter nimmt bei steigender Arbeitsauslastung im Vergleich zu Gruppen mit niedrigerem Durchschnittsalter mit gleicher Betriebserfahrung der Erfolg stärker ab.

Unter Konstanthaltung des Durchschnittsalters nimmt bei steigender Arbeitsauslastung in Gruppen mit durchschnittlich höherer Betriebserfahrung im Vergleich zu Gruppen mit niedriger Betriebserfahrung der Erfolg schwächer ab. Der Unterschied zwischen den Gruppen ist signifikant.

Insgesamt nimmt der negative Auslastungseffekt mit steigendem Alter zu, mit steigender Betriebserfahrung mildert er sich jedoch ab. Der Alterseffekt wird durch den Erfahrungseffekt kompensiert.

6.2.5 Zusammenfassung der Ergebnisse

Insgesamt lässt sich folgendes festhalten. Alter spielt für den Gruppenerfolg in der Fließbandmontage keine so große Rollen, wie zu vermuten wäre. Lediglich der Anteil der jungen Gruppenmitglieder zwischen 25 und 35 Jahren hat einen positiven Einfluss auf den Erfolg. Ab 45 Jahren scheinen sich der Alterseffekt und der Erfahrungseffekt, der erstaunlicherweise einen negativen Einfluss auf den Gruppenerfolg hat, gegenseitig zu kompensieren.

Von höherer Bildung profitieren vor allem die älteren Beschäftigten. Je höher die durchschnittliche Bildung in einer Arbeitsgruppe, desto weniger nehmen die Fehler mit zunehmendem Alter zu. Dafür ist hauptsächlich die zunehmende Betriebserfahrung verantwortlich.

Frühschicht begünstigt eher die Leistung der Jüngeren. Zu dieser Arbeitszeit nehmen die Fehler in jüngeren Arbeitsgruppen[9] deutlich stärker ab als in älteren. Hauptsächlich wird dies von der niedrigeren Betriebserfahrung der jüngeren Arbeitsgruppen beeinflusst.

Mit höherer Arbeitsauslastung können eher Erfahrene besser umgehen. Je höher die Arbeitsauslastung, desto weniger nehmen die Fehler mit zunehmender Betriebserfahrung zu. Alter wirkt dem jedoch entgegen, so dass sich beide Effekte kompensieren.

[9] In der gesamten Darstellung der eigenen empirischen Ergebnisse beziehen sich die Begriffe jüngere bzw. ältere Arbeitsgruppe auf das jeweilige Durchschnittsalter einer Gruppe. In älteren Gruppen ist dies mit einem höheren Anteil der älteren Gruppenmitglieder und in jüngeren Gruppen mit einem höheren Anteil der jüngeren Mitglieder verbunden.

7 ERKENNTNISSTAND DER ALTERNSFORSCHUNG

Die Alternsforschung befindet sich auf der Agenda unterschiedlicher Forschungsdisziplinen. Ziel dieses Kapitels ist es, den aktuellen Forschungsstand aus unterschiedlichen Bereichen zu skizzieren. Um die Einflussfaktoren auf die Leistungsentwicklung im Alter zu identifizieren sowie die Grundlagen des Alterungsprozesses und dessen Wirkung auf Organisationen und die Wirtschaft zu erfassen, werden bestehende Erkenntnisse aus der Gerontologie und Soziologie, der Arbeitsmedizin, der Arbeitswissenschaft sowie der Volkswirtschaft zusammengefasst. Diese geben einen ersten Überblick über die Alternsforschung und gehen im Folgekapitel in Teilen als Diskussionsgrundlage in das Erklärungsmuster der eigenen empirischen Ergebnisse ein.

7.1 Erkenntnisse aus der Gerontologie und Soziologie zur Leistungsentwicklung im Alter

Die Literatur geht bei der Entwicklung der kognitiven Fähigkeiten im Alter von zwei globalen Komponenten aus: Die fluide und die kristalline Komponente. Die fluide Intelligenz beinhaltet die Flüssigkeit der Umstellung, Wendigkeit, Kombinationsfähigkeit, Koordination kognitiver Prozesse, Genauigkeit, Orientierung in neuen Situation usw. Die kristalline Intelligenz dagegen umfasst Fähigkeiten, die Allgemeinwissen, Erfahrungswissen, Wortschatz und Sprachverständnis voraussetzen. Mit dem Alter bleibt die kristalline Intelligenz stabil, während die fluide Intelligenz einen Rückgang erfährt (vgl. Weinert, 1992; Maercker, 1992).

Hinzu kommt, dass für das „individuelle Altern" eine Vielzahl von Faktoren eine Rolle spielen. Insbesondere werden in der Literatur der Gesundheitszustand, sozioökonomischer Status, Bildungsstand/-bedingungen (vgl. Lehr, 1996) sowie das soziale und räumliche Umfeld als maßgebliche Einflussfaktoren angeführt.[10] Die großen Leistungseinbußen bei Älteren, wie sie die Querschnittsuntersuchungen auszuweisen scheinen, werden heute als Folge sehr unterschiedlicher kultureller und schulischer Lern- und Bildungsbedingungen angesehen (vgl. Lehr, 1996).

Eine schwedische Studie zeigte, dass von fünf Intelligenzfaktoren drei keine Beziehung zum Lebensalter aufwiesen, einer negativ und einer positiv mit dem Alter korrelierte (vgl. Helander, 1967). Auch andere Untersuchungen wiesen auf unterschiedliche Altersveränderungen der einzelnen Faktoren hin (vgl. Rudinger, 1987).

Staudinger und Baltes zeigten, dass bei erfahrungsbezogenen Aufgaben kein altersbedingter Leistungsabfall zu beobachten ist (vgl. Staudinger & Baltes, 1996; Staudinger, 1999).[11]

Durch eine Absatzkrise in der Automobilindustrie wurde in den 80er Jahren eine Reduzierung der Belegschaft in den Ford-Werken in Detroit vorgenommen, wobei überwiegend jüngere Beschäftigte entlassen wurden. Das Durchschnittsalter der Belegschaft stieg von 37,2 auf 44,5 Jahren an. Als Resultat zeigte sich aber, dass ältere Arbeitnehmer ebenso kreativ und entscheidungsfreudig waren wie jüngere, an gleichen Qualifizierungsprogrammen teilnahmen wie jüngere und denselben Erfolg hatten (vgl. Farr, Tesluk & Klein, 1998).

Maier (1997, 1998) befragte ältere Arbeitnehmer zu den Themen „Arbeitsaufgaben und -anforderungen", „Belastungen und Belastbarkeit" und „Technische Innovationen". Die Befragten hatten ein Durchschnittsalter von 50,3 Jahren und ließen sich nach ihren Karriereambitionen zu drei verschieden Typen clustern. Trotz dieser unterschiedlichen Gruppen waren die Einsatzbereitschaft und die Offenheit für Innovationen bei allen Gruppen gegeben.

Der Einfluss der erlebten Arbeitssituation auf die Einstellung zur Arbeit wurde in einer Befragung von 800 Berufstätigen der Großstadtregion Raleigh-Durham (North Carolina) im Alter von 58-64 Jahren untersucht. Als ausschlaggebend für die Einstellung zur Arbeit erwies sich danach der Grad, indem die eigene Berufstätigkeit als bedeutsam für die eigene Selbstachtung erlebt wurde (vgl. Mutran et al., 1997).

Weitere Studien über die Arbeitsleistung als Maß zur Beurteilung der beruflichen Leistungsfähigkeit im höheren Alter sind sehr widersprüchlich. Je nach spezifischer

[10] Diese Erkenntnisse werden in der arbeits- und betriebswirtschaftlichen Literatur, in der bspw. die zentrale Bedeutung alternsgerechter Führung betont wird, aufgegriffen.
[11] Welche weiteren Folgen das biologische Altern hat, wird von Kuin, Westerhof, Dittmann-Kohli und Gerritsen (2001) im Rahmen der Ergebnisse des Alters-Survey ausführlich beschrieben.

Betriebssituation gibt es keinerlei Unterschiede zwischen Älteren und Jüngeren (vgl. Lehr, 2000).

Nach Analyse der Literatur kommen Dittmann-Kohli und van der Heijden (1996) zu dem Schluss, dass es keinen oder nur einen geringen Zusammenhang zwischen Alter und Leistung gibt. Insbesondere kommt der in Laboruntersuchungen beobachtete „kognitive und physiologische Abbau" in den meisten beruflichen Feldern nicht zum Tragen, da die alterssensiblen Fähigkeiten nicht für die Endleistung entscheidend sind.

Soweit körperliche Kraft und Geschicklichkeit für die Ausführung beruflicher Tätigkeiten erforderlich sind, sind Altersunterschiede auf Grund physiologischer Funktionsveränderungen eher zu erwarten. Da jedoch die Muskelkraft zwar nach 50 Jahren auf etwa 70 % ihrer Maximalkapazität sinkt, von dieser aber während des ganzen Arbeitslebens nur 40-50 % benötigt werden, um die am Arbeitsplatz geforderte Leistung zu erbringen, bedeutet die experimentell ermittelte Funktionseinbuße keine signifikante Einschränkung der beruflichen Leistungsfähigkeit.

Studien zum erfolgreichen Altern haben gezeigt, dass alterstypische Reduktionen der Leistungsfähigkeit bei entsprechenden Anregungen oder systematischem Training stark modifizierbar sind, also keineswegs naturgesetzlich ablaufen; sie können aufgehalten, zeitlich verlangsamt oder sogar für eine gewisse Zeit rückgängig gemacht werden (vgl. Baltes, 1987).

Was den vorgezogenen Ruhestand angeht, haben Bäcker und Naegele (1983) die Befürchtung, dass weder die Individuen noch die Gesellschaft auf die Vorverlagerung des Ruhestandsalters und die Verlängerung der Lebensspanne im Ruhestand mit den daraus erwachsenden Folgen in ausreichendem Maß vorbereitet sind. Kohli und Wolf (1989) fügen hinzu, dass die von gerontologischer Seite geforderte „Vorbereitung auf den Ruhestand" damit umfassende Dimensionen annimmt. Der Hauptgrund für das frühe Ausscheiden Älterer aus der Erwerbsarbeit liegt weniger in deren altersbezogenem Leistungsverlauf oder gar den darauf bezogenen Vorurteilen. Vielmehr ist es die soziale Organisation des Lebenslaufs mit der Verfügbarkeit eines sozialen Sicherungssystems, das eine massenhafte Ausgliederung älterer Arbeitnehmer ermöglicht hat.

Jacobs, Kohli und Rein (1991) stellen fest, dass sich der Rückwärtstrend der Erwerbsbeteiligung älterer Arbeitnehmer in einer Zeit vollzieht, in der er eigentlich in die entgegengesetzte Richtung gehen müsste. Denn die folgenden Ruhestandskohorten weisen ein zunehmend besseres Ausbildungsniveau und eine bessere gesundheitliche Verfassung auf.

Der Begriff des gleitenden Ruhestandes wird von Bäcker und Naegele (1989) wie folgt ausgelegt. Zeitpunkt und Modus des Überwechselns vom Arbeitsleben in den Ruhestand haben eine zentrale Bedeutung für Lebensplanung und Lebensverlauf der Arbeitnehmer. Der „gleitende Ruhestand“, bspw. durch Arbeitszeitdestandardisierung, muss sich deshalb vorrangig an den Lebens- und Arbeitsbedingungen älterer Arbeitnehmer und den daraus ableitbaren gerontologischen und sozialpolitischen Zielen orientieren. Da der Prozess des Alterns nicht allein chronologisch-kalendarisch bestimmt wird, sondern von einer Vielzahl ineinandergreifender sozialer, gesundheitlicher, psychischer und ökonomischer Faktoren abhängig ist, werden eine starre Altersgrenze und ein plötzlicher Berufsaustritt der Heterogenität von Altersvorgängen nicht gerecht.[12]

Mit Hilfe von Morbiditätsdaten stellen Bäcker und Naegele (1993) fest, dass sich der gesundheitliche Verschleiß der Arbeitskraft in aller Regel in den letzten Berufsjahren vollzieht. Ebenso diskutieren sie die Schwierigkeit der Verteilung der älteren Arbeitskräfte auf überwiegend körperliche bzw. geistige Tätigkeiten, da beide Arten berufsspezifische Belastungsfaktoren besitzen.

Naegele und Tews (1993) sehen drei Leitlinien bei der neuen Sicht zur Altersentwicklung: Erstens Abwendung von einseitiger Negativ-Sicht des Alterns, zweitens Hinwendung zu den Potentialen des Alters und drittens Zunahme von Optionen auch für alte Menschen. Denn Dieck und Naegele (1993) kennzeichnen das „neue Alter“ durch Kreativität und Aktivität, ausgeweitetes Verhaltenspotential, Unabhängigkeit und Eigenständigkeit, Freisein von fremdem Hilfebedarf, soziale Eingebundenheit, Interessenvielfalt, Freizeit und Konsumorientierung, zudem durch vergleichsweise gute Einkommens- und Vermögensverhältnisse.

[12] Diese Einsicht ist nicht neu, vgl. z.B. Deutscher Gewerkschaftsbund (1980). Im Programm des DGB zur Verbesserung der Lebenssituation älterer Menschen von 1980 heißt es: Es sollten Vereinbarungen getroffen werden, wonach ArbeitnehmerInnen von einem bestimmten Alter ab ermöglicht wird, die tägliche Arbeitszeit schrittweise zu verkürzen; dadurch kann sichergestellt werden, dass sich die Wochenarbeitszeit gerade der älteren ArbeitnehmerInnen gleitend bis zur Erreichung der Altersgrenze vermindert ... Besonderes Augenmerk muss darauf gerichtet werden, dass Teilzeitarbeitskräfte nicht in soziale Isolation gegenüber anderen Beschäftigten geraten. Die soziale Sicherung der Teilzeitarbeitskräfte ist entsprechend auszubauen.

Um die Vorstellung mangelnder Produktivität alter Menschen aufzubrechen fordert Pieper (1989) ebenso die Diskussion über die informelle Ökonomie und eine Erweiterung des Begriffs der Produktivität um das „Sozialkapital". Darunter fallen bspw. ehrenamtliche und gemeinnützige Tätigkeiten, Haushaltsführung, Kindererziehung und Krankenbetreuung.

Eine Befragung von Pensionären in den USA hat ergeben, dass die Mehrheit eine bezahlte Teilzeitarbeit annehmen würde. Bei den 50- bis 69-jährigen waren es sogar 79%. Verantwortlich hierfür waren nicht in erster Linie finanzielle Gründe, sondern die Unterforderung im Rentnerdasein (vgl. Harris, 1981).

Koch (1990) schließt aus Befragungen, dass ältere Mitarbeiter den jüngeren im Leistungsbild voll ebenbürtig sind. Gleichzeitig hebt er hervor, dass eine individuelle Anpassung des eigenen Erwerbslebens in den unterschiedlichen Lebensphasen erforderlich ist. Baltes und Baltes (1990) stellen die Wechselwirkung der Kompetenzen im Alter und der Anforderungen der Umwelt in den Vordergrund. Eine einseitige Fokussierung wird als kontraproduktiv bezeichnet.

Die Erkenntnisse aus der Gerontologie und Soziologie zeigen insgesamt, dass die Entwicklung von psychischen und physischen Leistungskomponenten von einer Vielzahl von sozialen Faktoren abhängt. Eine Beziehung zwischen der am Arbeitsplatz geforderten Leistung und dem Lebensalter ist kaum zu finden.

7.2 Erkenntnisse zur physischen und psychischen Leistungsentwicklung im Alter

Entscheidend für die sogenannte körperliche Kompetenz ist die Reaktion des menschlichen Körpers bei der Belastungsphase. Er reagiert darauf, indem er Hormone freisetzt (Adrenalin und Noradrenalin), die Kreislauf, Atmung und Energiestoffwechsel umstellen. Unter körperlicher Kompetenz werden im Allgemeinen körperliche Leistungsfähigkeit, die Funktionstüchtigkeit der sensorischen Organe sowie die Mobilität zusammengefasst. Beim Belastungsvorgang muss der Körper Sauerstoff aufnehmen, um die durch Verbrennung benötigte Energie freisetzen zu können und die dabei frei werdende Kohlensäure (CO_2) wieder abzuatmen. Durch eine direkte Bestimmung der Sauerstoffaufnahme kann auf das Zusammenspiel von Muskeln, Herz-Kreislauf- und Atmungssystem geschlossen werden (vgl. Ilmarinen, 1999).

Ilmarinen (1999) ermittelte für Frauen und Männer getrennt die maximale Sauerstoffaufnahme und zeigte, dass die Grenzen für die jeweils höchstmögliche Sauerstoffaufnahme bis zum Alter 20-25 zunehmen und ab dem Alter 25 abnehmen. D.h., ab 25 Jahren steht einem Menschen immer weniger Sauerstoff zur Verfügung. Eine generalisierende Aussage über die Sauerstoffaufnahme ist aber nicht möglich, denn das abnehmende Aufnahmevermögen hängt von der Trainiertheit des Kreislaufs und der Muskeln ab. Dennoch ist die körperliche Kompetenz vom natürlichen Alterungsprozess, der Biomorphose beeinflusst, der mit Veränderungen des Gewebes und der Organe verbunden ist. Die Veränderung drückt sich somit in einer verringerten körperlichen Leistungsfähigkeit aus.

Allerdings finden sich ausgeprägte Unterschiede zwischen Personen derselben Altersgruppe, die nicht allein auf genetische Einflüsse, sondern auch auf den Grad körperlicher Aktivität sowie auf Risikofaktoren und Erkrankungen in früheren Lebensaltern zurückzuführen sind (vgl. Bundesministerium, 2001).

Ilmarinen und Tempel (2002) definieren die mental (psychisch) funktionelle Kapazität eines Menschen als seine Fähigkeit, verschiedene Aufgaben wahrzunehmen, die intellektuelle und andere Formen geistiger Anstrengungen benötigen und einen Zusammenhang zu biologischen Prozessen haben.

Folgende kognitive Funktionen sind am besten untersucht worden: Wahrnehmung, Gedächtnis, Lernen, Denken sowie der Gebrauch der Sprache. Als wichtigste Veränderung der mental funktionellen Kapazität mit zunehmendem Alter wird das Nachlassen der Genauigkeit der Beurteilung und der Geschwindigkeit der Wahrnehmung von Signalen (Perzeption), die von außen auf einen Menschen einwirken, beschrieben. Diese Veränderungen betreffen das gesamte menschliche System der Informationsverarbeitung. Hierzu gehören das Sinnessystem zur Aufnahme von Information durch die Sinne, das kognitive System zur Verarbeitung der Daten, die mit den Sinnen aufgenommen werden, die Gedächtnisleistung sowie das motorische System zur Umsetzung von Funktions- bzw. Reaktionsentscheidungen (vgl. Ilmarinen & Tempel, 2002).

Allerdings finden sich auch hier ausgeprägte Unterschiede zwischen Personen derselben Altersgruppe, die nicht allein auf genetische Einflüsse, sondern auch auf Umweltbedingungen (am Arbeitsplatz) sowie auf Trainiertheit der menschlichen Systeme der Informationsverarbeitung zurückzuführen sind.

7.3 Erkenntnisse aus der Arbeitswissenschaft zur Leistungsentwicklung im Alter

Die arbeitswissenschaftliche Literatur untersucht die Frage, wie die Organisation eines Betriebs der altersbedingten Heterogenität der Mitarbeiter möglichst gut Rechnung trägt und die altersgerechte Gestaltung der Erwerbsarbeit der Zukunft realisiert werden kann. Schwerpunkte dieses Forschungszweigs sind unter anderem „Altersabhängige Entfaltung der Beschäftigtenpotenziale“, „Individuelle Lebensarbeitszeitgestaltung“, „Symbiose bei altersheterogenen Arbeitsgruppen“, „Alternsgerechte Führung“, „Gesundheitsförderprogramme“ und „Alternsgerechte Weiterbildung“.

Ell (1995) stellt das enorme Erfahrungswissen von älteren Beschäftigten in den Vordergrund, das bei Nichtsicherung mit dem Ausscheiden von Beschäftigten aus dem Betrieb verloren geht. Er untersucht das Unfallverhalten von Fahrerinnen und Fahrern im öffentlichen Personennahverkehr über verschiedene Altersgruppen und ermittelt ein deutliches Sinken sowohl der verschuldeten als auch der unverschuldeten Unfälle mit zunehmendem Alter.

Weitere arbeitswissenschaftliche Erkenntnisse betreffen die Anpassung der Arbeitsumgebung und -aufgaben sowie die Vorteile altersgemischter Arbeitsgruppen. Sehr oft stellen Gesundheitsförderprogramme Maßnahmen gegen Krankheitsentwicklungen dar. Durch gezielte Änderung der Dienstpläne, Stressbewältigungsprogramme, Gesundheitsvorsorge, bewegungstherapeutische Programme usw. konnte durch die deutliche Abnahme der Fehlzeiten die Lebensarbeitszeit bei Fahrerinnen und Fahrern des ÖPNV etwa um ein halbes Jahr angehoben werden (vgl. Ell, 1995).

Der BKK Landesverband Hessen untersucht mit seiner Studie das Potenzial und die Bedürfnisse von älteren Beschäftigten. Die Befragungen haben ergeben, dass es in den meisten Unternehmen nach Aussagen der Beschäftigten keine Maßnahmen für ältere Arbeitnehmer gibt und Vorurteile gegenüber älteren Beschäftigten wie geringe Leistungsfähigkeit, Flexibilität und Motivation so nicht aufrecht erhalten werden können (vgl. Nickel, 2003).

Ein Messinstrument, welches nicht die Leistung sondern die Arbeitsfähigkeit von Mitarbeitern misst, ist der Arbeitsbewältigungsindex (ABI). Er wird mit einem in Finnland entwickelten, standardisierten Fragebogen ermittelt. Der ABI drückt aus, wie sich die Arbeitsbewältigungsfähigkeit von Beschäftigten zu ihrer eigenen bisherigen Höchstform verhält und in welchem Verhältnis diese zu den Anforderungen durch die Arbeit steht (vgl. Ilmarinen & Tempel, 2002). Da der Fragebogen im wesentlichen auf einer Selbstbeurteilung aufbaut, wurde in einer repräsentativen finnischen Bevölkerungsstudie gezeigt, dass eine sehr gute Übereinstimmung der Selbstbewertung und einer Bewertung der Ärzte existiert. Ein ähnliches Ergebnis wurde in einer Studie im kommunalen Bereich gefunden (vgl. Eskelinen et al., 1991).

Im Rahmen dieser Studie wurde in einer elf-jährigen Längsschnittuntersuchung in Finnland gutes Führungsverhalten als der einzige hoch signifikante Faktor für eine Verbesserung der Arbeitsfähigkeit zwischen dem 51. und 62. Lebensjahr identifiziert (vgl. Tuomi & Ilmarinen, 1999; Ilmarinen & Tempel, 2002). Bei der Weiterbildung wird auf „Lebenslanges Lernen“ gesetzt. Hierzu sind der Einsatz altersgerechter Didaktik, das Lernen in altersheterogenen und –homogenen Gruppen sowie individuelle und „maßgeschneiderte“ Weiterbildungsmaßnahmen notwendig.

Jasper, Rohwedder und Schletz (2001) stellen die folgenden sechs Fehlreaktionen im Umgang mit dem demographischen Wandel im Unternehmen in den Mittelpunkt. 1. Vorurteil über Leistungsdefizit Älterer: Ältere werden nicht entsprechend ihrer realen Stärken und Schwächen eingesetzt. 2. Frühverrentung als typische Strategie der Personalpolitik: Unternehmen verlieren wertvolles Know-How und Erfahrungswissen. 3. Weiterbildung vorrangig für Jüngere: Wissen und Qualifikation älterer Mitarbeiter stagnieren oder veralten. 4. Wechselseitige Vorurteile zwischen Jüngeren und Älteren: Fehlende Zusammenarbeit, behinderter Wissenstransfer und sinkende Einsatzflexibilität. 5. Jugendzentrierte Innovationspolitik als one-best-way: Kompetenz und Kreativität älterer Mitarbeiter wird für Innovationen zu selten genutzt. 6. Unzureichende Sensibilisierung und Aktivierung für das Thema: Langfristig wirksame Personalentwicklungsstrategien werden nicht verfolgt.

Huber (2002a, 2002b) fordert eine gezielte Planung und Gestaltung der Gruppenarbeit unter neuen Perspektiven, um mit Blick auf Gesundheit und Qualifikation im höheren

Alter ein breites Einsatzspektrum zu erhalten. Sie muss die Aussichten, in der Arbeit „alt werden“ zu können ebenso wie ein kooperatives Arbeiten jüngerer und älterer Beschäftigter in den Vordergrund rücken. Dazu sind die gesundheitsförderliche Gestaltung von Arbeitsbedingungen und Arbeitsausführung sowie qualifikationsförderliche Bedingungen des Arbeitseinsatzes in stärkerem Maße zu beachten.

Morschhäuser (2002) schließt sich den Erkenntnissen von Petrenz (1999) und Kruse (2000) an, die davon ausgehen, dass sich die Leistungsfähigkeit mit dem Älterwerden nicht gleichförmig, sondern von Individuum zu Individuum unterschiedlich verändert und der Gesundheitszustand dabei eine entscheidende Rolle spielt. Wenn es um die berufliche Leistungsfähigkeit Erwerbstätiger geht und als Kriterium das erbrachte Arbeitsergebnis zugrunde gelegt wird, sind keine generellen Unterschiede in der Leistungsfähigkeit zwischen älteren und jüngeren Arbeitnehmern nachweisbar.

Befragungen von 175 Führungskräften, die die Leistung ihrer Mitarbeiter beurteilen sollten, haben gezeigt, dass die Gruppe zwischen 35 und 45 jährigen als die leistungsfähigste eingeschätzt wurde. Die Bindung an die Organisation sowie die Integrität/Loyalität steigen mit zunehmendem Alter. Die Identifikation mit der Tätigkeit, die Zufriedenheit sowie der Beitrag zum Betriebsklima haben ihr Höhepunkt im mittleren Altersbereich (vgl. Schuler & Görlich, 2007, 47).

McEvoy und Cascio (1989) zeigen durch metaanalytische Berechnungen, dass kein Zusammenhang zwischen dem Alter und der beruflichen Leistung existiert. Bei wenig komplexen Tätigkeiten errechnet Sturman (2003) hingegen einen umgekehrt U-förmigen Zusammenhang zwischen Alter und der beruflichen Leistung. Bei komplexen Tätigkeiten steigt die Leistung mit dem Alter.

Morschhäuser (2002) hat in einem Automobilunternehmen mit acht der ältesten Produktionsarbeiter biographische Interviews durchgeführt und sie nach ihrer Meinung und ihren Erfahrungen zur Förderung der Gesundheit und Leistungsfähigkeit im Betrieb gefragt. Im Ergebnis zeigten sich drei Bedingungskomplexe, die bei den Befragten eine wichtige Rolle spielten: Ein belastungsvermindernder Positionswechsel im Erwerbsverlauf, eine gesundheitsbewusste Arbeitseinstellung und eine gute Zusammenarbeit mit den Kollegen.

Buck (2001) sieht die Herausforderung für die Zukunft in der langfristigen Orientierung des altersgerechten Personalmanagements, die er in drei Phasen modelliert. 1. Finden: Nicht nur Rekrutierung qualifizierter und leistungsstarker Mitarbeiter, sondern auch bestmögliche Integration in das Unternehmen. 2. Binden: Optimaler Einsatz der Mitarbeiter unter Nutzung der vorhandenen Qualifikationen durch herausfordernde lernförderliche Tätigkeiten und individuelle Weiterentwicklungsmöglichkeiten durch vertikale und vor allem durch horizontale Karrierepfade. 3. Neu-Positionieren: Unterstützung der Mitarbeiter beim Wechsel des Tätigkeitswechsels, Eröffnung neuer Perspektiven des Arbeitseinsatzes, gleitender Übergang in den Ruhestand statt Blockmodell.

Koller und Gruber (2001) beleuchten die schlechte Situation der Älteren, die sich aus Interviewergebnissen mit Personalverantwortlichen ergeben haben, von denen die Mehrzahl die Fähigkeiten von Älteren nur einseitig einschätzen. Wagner (2000) betont den ungewollten Verlust von Know-How durch die Ausgliederung von Älteren aus dem Betrieb. Sie rückt ebenso in den Vordergrund, dass die Leistungsfähigkeit und Produktivität nicht zentral durch das Lebensalter bestimmt werden, sondern Arbeitsbedingungen und Lernfähigkeit/Lernerfahrung einen wesentlich größeren Einfluss ausüben. Koller und Plath (2000) verdeutlichen, dass nicht mehr generell von einer niedrigeren formalen Qualifikation Älterer im Vergleich zu Jüngeren und von Weiterbildungsabstinenz älterer Arbeitnehmer gesprochen werden kann.

Die arbeitswissenschaftlichen Untersuchungen zeigen also, dass die von Unternehmen häufig vertretene und selbst von Belegschaften teilweise akzeptierte so genannte Defizit-Hypothese des Alterns, die Vermutung eines „natürlichen" altersbedingten Abbaus von Befähigungen empirisch nicht belegt ist.

7.4 Erkenntnisse aus der Volkswirtschaft zur Leistungsentwicklung im Alter

Die Schätzung von Alters-Produktivitäts-Profilen steht schon seit längerem auf der Agenda von Arbeitsmarktökonomen, wie der Überblick von Skirbekk (2004) zeigt. Die wesentliche Herausforderung besteht darin, ein geeignetes Maß für die Produktivität zu finden. In den Studien aus Medizin, Psychologie und Gerontologie können die interessierenden Zielgrößen wie die Sehkraft, Muskelstärke, Merkfähigkeit und kognitive Leistungsmerkmale mehr oder weniger direkt gemessen werden. Im Gegensatz zu diesen Leistungsmaßen ist die Produktivität eine ökonomische Größe, die von den verschiedenen individuellen Leistungsmerkmalen beeinflusst wird und in der Regel nicht direkt beobachtbar ist. Die bestehende ökonomische Literatur zum Thema Alter und Produktivität kann grob in vier Zweige unterteilt werden, die sich hinsichtlich der Messung von Produktivität unterscheiden:

1. Studien, die den Zusammenhang zwischen Firmenproduktivität auf Werksebene und dem Alter der Belegschaft untersuchen,
2. Studien, die individuelle Löhne als Maß für die individuelle Produktivität heranziehen,
3. Studien, die subjektive Leistungsbewertungen der Mitarbeiter durch Vorgesetzte nutzen und
4. Studien, die direkte Maße für die individuelle Produktivität von Beschäftigten verwenden.

Diese verschiedenen Ansätze haben alle ihre Stärken und Schwächen, auf die im Folgenden – zusammen mit der Darstellung der Ergebnisse der Studien – näher eingegangen wird.

7.4.1 Zusammenhang zwischen Firmenproduktivität und Alter der Belegschaft

Hellerstein und Neumark (1995) untersuchen 933 israelische Unternehmen und stellen fest, dass die älteren Beschäftigten (über 55 Jahre) durchschnittlich 13 % produktiver sind als die so genannten „Prime-Agers“ (35 – 54 Jahre), die ihrerseits durchschnittlich

20 % produktiver sind als die Jüngeren (unter 30 Jahren). Im Gegensatz dazu schätzen Haltiwanger, Lane und Spletzer (2000) für 22 400 US-amerikanische Unternehmen über den Zeitraum 1985 – 1997 einen umgekehrt u-förmigen Verlauf der Produktivität im Alter. Am produktivsten sind die 35–54-jährigen. Die Jüngeren sind durchschnittlich 4 bis 5 % weniger produktiv. Die Produktivität der Älteren ist um 17 bis 21 % geringer. Zu ähnlichen Ergebnissen kommen Hellerstein und Neumark (2004) für einen Querschnitt von 20 000 US-amerikanischen Betrieben und Grund und Westergård-Nielssen (2005) für 7 000 dänische Betriebe für den Zeitraum 1992 – 1997. Ilmakunnas und Maliranta (2005) untersuchen 4 000 finnische Unternehmen für den Zeitraum 1988 – 1998. Sie finden ebenfalls ein umgekehrt u-förmiges Alters-Produktivitäts-Profil, allerdings mit einem Maximum bei den 25–34-jährigen.

Weniger eindeutige Ergebnisse erhalten Haltiwanger, Lane und Spletzer (1999) für 22 400 US-amerikanische Unternehmen über den Zeitraum 1985 – 1997. Je nach Spezifikation erhalten sie monoton steigende oder umgekehrt u-förmige Alters-Produktivitäts-Profile. Ähnlich gemischt sind die Ergebnisse von Crépon, Deniau und Pérez-Duarte (2002). Sie untersuchen 77 000 französische Unternehmen, 1994 – 1997. Im verarbeitenden Gewerbe schätzen sie einen durchschnittlichen Rückgang der Produktivität im Alter um 10 %. Bei den anderen Betrieben findet sich kein Absinken der Produktivität im Alter. Dieses Ergebnis wird bestätigt von Aubert und Crépon (2003), die 70 000 französische Unternehmen, 1996 – 2000, untersuchen: Die Produktivität steigt bis zu einem Alter von ca. 50 Jahren an und bleibt dann auf diesem Niveau. Malmberg, Lindh und Halvarsson (2005) untersuchen 12 000 schwedische Betriebe, 1985 – 1996, und finden ein im Alter steigende oder fallende Produktivität abhängig von der Spezifikation. Interessant sind die gemischten Ergebnisse von Hellerstein, Neumark und Troske (1999) für 3 100 US-amerikanische Unternehmen. Für die gesamte Stichprobe findet sich kein signifikanter Unterschied zwischen den Produktivitäten von Prime-Age-Beschäftigten und Älteren. Wenn man die Gesamtstichprobe jedoch nach bestimmten Kriterien halbiert, finden sich signifikante Unterschiede: In den 50 % kleinsten Unternehmen (weniger als 166 Beschäftigte) bzw. in den 50 % mit dem höchsten Frauenanteil (>25 %) steigt die Produktivität im Alter weiter an (um 14 % bzw. 23 %). In den größeren Unternehmen bzw. den Unternehmen mit geringerem Frauenanteil sinkt die Produktivität im Alter wieder ab (um 41 % bzw. 18 %). In jeder Unterstichprobe ist die Produktivität der Jüngeren am geringsten.

Die Produktivität auf Betriebsebene lässt sich leicht und verlässlich messen. Problematisch ist allerdings das hohe Aggregationsniveau, so dass Rückschlüsse auf den Zusammenhang zwischen individueller Produktivität und Alter nicht ohne weiteres möglich sind. Hinzu kommt, dass in Querschnittsdaten das Alter der Belegschaft nicht als exogen betrachtet werden kann: Junge, innovative und technologieintensive Unternehmen haben tendenziell jüngere Belegschaften.

7.4.2 Löhne als Maß für Produktivität

Löhne stellen zunächst das offensichtliche Produktivitätsmaß dar. Der Marktwert einer Arbeitsleistung wird durch die Produktivität bestimmt und manifestiert sich im Lohn. Eine Vielzahl theoretischer Argumente und die empirische Evidenz zeigen jedoch, dass über den Lebenszyklus die Lohnhöhe in vielen Fällen von der Produktivität entkoppelt ist.[13] Kotlikoff und Wise (1989) betrachten daher die Löhne von Angestellten im Vertrieb, deren Löhne vertraglich von der Anzahl der abgeschlossenen Verträge abhängen. Die Löhne dieser Beschäftigten steigen im Durchschnitt bis zum Alter von 52 Jahren an und sinken dann auf 84 % im Alter von 60. Die Stärke dieses Ansatzes liegt in der Präzision des Produktivitätsmaßes. Eine offensichtliche Schwäche ist die sehr begrenzte Übertragbarkeit auf andere Tätigkeiten.

Kotlikoff und Gokhale (1992) nutzen ebenfalls Löhne, um auf Alters-Produktivitäts-Profile zu schließen. Sie werten Daten eines Handelsunternehmens über Lebens-Lohneinkünfte der Beschäftigten aus und argumentieren, dass – selbst wenn Alters-Lohn-Profile steiler sind als Alters-Produktivitäts-Profile – die Barwerte von Löhnen und Produktivität für einzelne Beschäftigte (im Durchschnitt) gleich sein müssen. Über Unterschiede zwischen Beschäftigten im Alter bei Einstellung können sie somit Alters-Produktivitäts-Profile herleiten. Sie finden ein Produktivitätsmaximum im Alter von 47 Jahren. Danach lässt die Produktivität stark nach und hat im Alter von 55 Jahren nur

[13] Lazear (1979) begründet die Senioritätsentlohnung mit Anreizeffekten. Loewenstein und Sicherman (1991) und Frank und Hutchens (1993) zeigen in Experimenten, dass die Senioritätsentlohnung einer Präferenz für ein ansteigendes Lohnprofil entspricht, selbst wenn der Barwert eines sinkenden Lohnprofils wesentlich höher wäre. Sie begründen dies mit Verlustaversion und Problemen der Selbstkontrolle. Empirische Evidenz für die Divergenz zwischen Lohn- und Produktivitätsprofilen findet sich bspw. in Medoff und Abraham (1980 und 1981), Lazear und Moore (1984), Crépon, Deniau und Pérez-Duarte (2002), Hellerstein und Neumark (2004) sowie Ilmakunnas und Maliranta (2005).

noch ein Niveau von 75 bis 80 %. Problematisch an diesem Ansatz ist, dass er auf vergleichsweise heroischen Annahmen hinsichtlich der Fähigkeit des Unternehmers, den Barwert der Produktivitäten seiner Mitarbeiter abzuschätzen, beruht.

7.4.3 Einschätzungen von Vorgesetzten

Die Einschätzung von Vorgesetzten über die Produktivität ihrer Mitarbeiter wird in einer Reihe von Studien direkt genutzt. McEvoy und Cascio (1989) machen eine Meta-Analyse von 96 Studien aus 22 Jahren zum Zusammenhang zwischen Alter und Job-Performance. Sie kommen zu dem Ergebnis, dass sich kein allgemeiner Zusammenhang zwischen Alter und Produktivität finden lässt. Sie berechnen ein Konfidenzintervall für die Korrelation zwischen Alter und Produktivität das von -0,23 bis +0,28 reicht. Zu ähnlichen Ergebnissen kommen Waldman und Avolio (1986) in einer weiteren Meta-Analyse von 18 Studien. Schneider und Stein (2006) werten Daten aus der IZA-Führungskräfteerhebung aus, die sich auf die Leistungsfähigkeit von Führungskräften beziehen. Sie stellen fest, dass Führungskräfte unter 40 Jahren leistungsfähiger sind als Führungskräfte zwischen 40 und 49 Jahren, die ihrerseits leistungsfähiger sind als Führungskräfte über 50 Jahren. Die Schwäche dieses Ansatzes liegt darin, dass Produktivität nicht gemessen, sondern „eingeschätzt" wird. Diese Vorgehensweise ist im Zusammenhang der Schätzung von Alters-Produktivitäts-Profilen problematisch, da subjektive Einschätzungen Vorurteile über die abnehmende Produktivität von Älteren transportieren und somit zu systematischen Verzerrungen führen können.

7.4.4 Direkte Maße für Produktivität

Alters-Produktivitäts-Profile von Wissenschaftlern lassen sich durch Altersprofile von Anzahl und Qualität von Veröffentlichungen schätzen. Oster und Hamermesh (1998) zeigen, dass Ökonomen die meisten Veröffentlichungen im Alter zwischen 40 und 50 Jahren machen. Sie merken allerdings an, dass die nachlassende Aktivität auch durch Anreizeffekte begründet sein kann. Jones (2005) stellt bei Nobelpreisträgern und andere „große Erfindern" fest, dass die meisten ihre größte Entdeckung im Alter von ungefähr

40 Jahren machen. Dieses Alter der maximalen Produktivität verschob sich in den vergangenen hundert Jahren um 6 Jahre nach hinten. Weinberg und Galenson (2005) untersuchen den Karriereverlauf von 31 Ökonomie-Nobelpreisträgern. Sie stellen fest, dass es unterschiedliche Arten von Wissenschaftlern gibt, die unterschiedliche Alters-Produktivitäts-Profile haben: Eher induktiv arbeitende „experimentelle Innovatoren" (bspw. Fogel, Kuznets, Myrdahl) sind im Alter von durchschnittlich 61 am produktivsten, während eher deduktiv arbeitende „konzeptionelle Innovatoren" (bspw. Arrow, Hicks, Samuelson, Solow) ihr Maximum im Alter von durchschnittlich 43 erreichen.

Die Produktivität von bildenden Künstlern lässt sich durch den Wert ihrer Werke messen. Galenson und Weinberg (2001) bzw. Galenson (2005) untersuchen die Auktionserlöse von Gemälden berühmter Maler und finden ein ähnliches Muster wie bei den Wirtschaftswissenschaftlern: Experimentelle Innovatoren sind am produktivsten im Alter zwischen 40 und 60 Jahren, während konzeptionelle Innovatoren ihren Höhepunkt im Alter zwischen 20 und 30 Jahren erreichen. Korniotis und Kumar (2006) untersuchen die individuellen Renditen der Portfolios von Privatkunden eines amerikanischen Discount Brokers. Gemäß ihrer Ergebnisse erzielen ältere Anleger schlechtere Renditen. Fair (1994, 2005a und 2005b) untersucht die Leistungen von Sportlern in verschiedenen Disziplinen der Leichtathletik, Schwimmen, Baseball und Schach. Er zeigt, dass die Leistungen im Alter erstaunlich langsam abnehmen.

Die von Gelderblom (1999) betrachteten Studien weisen unterschiedliche Ergebnisse auf. Der Zusammenhang zwischen Lebensalter und Produktivität scheint stark von der Art der jeweils übertragenen Aufgabe geprägt zu sein. Aus weiteren Studien geht hervor, dass eine umgekehrt U-förmige Alters-Produktivitätskurve den Zusammenhang am besten darstellt. Eine makroökonomisch orientierte Studie von Sarel (1995) untermauert diese Ergebnisse.

Boockmann und Steiner (2000) projizieren die aggregierte Produktivität unter der Annahme von drei Szenarien, die sich hinsichtlich der Entwicklung der Produktivität im Alter unterscheiden. Die Projektionen unterscheiden sich – trotz extremer Szenarien – nur wenig, woraus die Autoren schließen, dass die Effekte von Alter auf Produktivität für die aggregierte Produktivität nicht maßgeblich sind. Börsch-Supan (2002) kommt zu ähnlichen Ergebnissen.

Im Allgemeinen lässt sich also sagen, dass die Studien, die Produktivität direkt messen, interessante Mosaiksteine im Gesamtbild des Zusammenhangs zwischen Alter und Produktivität sind. Sie alle betreffen jedoch sehr spezielle Formen der Erwerbstätigkeit, und der Verallgemeinerung auf andere Tätigkeiten sind offensichtlich enge Grenzen gesetzt.

7.5 Eine Zwischenbilanz der Erkenntnisse

Kognitive Fähigkeiten im Alter werden von zwei Komponenten bestimmt: Die fluide und kristalline Intelligenz. Die fluide Komponente nimmt mit dem Alter ab, die kristalline dagegen bleibt stabil. Für das „individuelle Altern" spielt jedoch eine Vielzahl von Faktoren, wie z.B. Gesundheitszustand, sozioökonomischer Status sowie das soziale Umfeld eine große Rolle.

Die körperliche Kompetenz wird maßgeblich vom natürlichen Alterungsprozess bestimmt. Die höchstmögliche Sauerstoffaufnahme nimmt bis zum Alter 20-25 zu und ab dem Alter 25 wieder ab. Da aber für die körperliche Kompetenz die Reaktion des menschlichen Körpers bei der Belastungsphase und der damit einhergehenden maximalen Sauerstoffaufnahme und dem Energiestoffwechsel verbunden ist, nimmt die körperliche Leistungsfähigkeit ab 25 Jahren ab. Allerdings existieren auch hier starke intraindividuelle Unterschiede, die vom Grad der körperlichen Aktivität oder genetischen Einflüssen abhängen.

Viele Studien können jedoch keine Unterschiede zwischen den Arbeitsleistungen von Alt und Jung feststellen. Dies liegt daran, dass der in Laboruntersuchungen beobachtete „kognitive und physiologische Abbau" in den meisten beruflichen Feldern nicht zum Tragen kommt, da die alterssensiblen Fähigkeiten nicht für die Endleistung entscheidend sind.

„Altersabhängige Entfaltung der Beschäftigtenpotenziale", „Individuelle Lebensarbeitszeitgestaltung", „Gesundheitsförderprogramme", „Alternsgerechte Führung", „Alternsgerechte Weiterbildung" und „Weitergabe von Erfahrungswissen" gehören zu den Schwerpunkten arbeitswissenschaftlicher Untersuchungen. Diese zeigen, dass die von Unternehmen häufig vertretene und selbst von Belegschaften teilweise akzeptierte so genannte Defizit-Hypothese des Alterns, die Vermutung eines „natürlichen“ altersbedingten Abbaus von Befähigungen empirisch nicht belegt ist.

Ökonomen konzentrieren sich auf Alter-Produktivitäts-Profile, die sie auf unterschiedlichen Ebenen messen. Neben der Betriebsebene werden Löhne als Maß für die Produktivität herangezogen oder die Leistungen von Wissenschaftlern untersucht. Die Ergebnisse über die Produktivität im Alter haben je nach Annahme ein breites Spektrum, teilweise gehen sie in unterschiedliche Richtungen.

Es besteht weiterhin Bedarf an Studien über den Zusammenhang zwischen Arbeitsproduktivität und Alter, da die bestehenden Untersuchungen sich entweder

- auf hochaggregierte Produktivitätsmaße beziehen, die schwer zu interpretieren sind,
- auf Vorgesetztenurteile zurückgreifen, die von bestehenden Vorurteilen über die Produktivität von älteren Mitarbeitern möglicherweise beeinflusst sind oder
- sich auf sehr spezielle Bereiche der Wirtschaft (bspw. Versicherungsangestellte im Außendienst) beschränken, so dass der Erkenntnisgewinn sehr eingeschränkt bleibt.

Hinzu kommt, dass – abgesehen von den Studien auf Unternehmensebene – die Produktivität individuenspezifisch gemessen wird und somit der Anteil, den ältere Mitarbeiter an der Produktivität ihrer (zum Teil jüngeren) Kollegen haben, nicht korrekt berücksichtigt wird.

Betriebsinterne Variation auf Arbeitsgruppenebene ist daher der entscheidende Hebel, der auf der einen Seite die Beschränkung auf die verzerrende isolierte individuelle Betrachtungsweise aufheben muss, andererseits aber die Verzerrungen durch eine zu große Aggregationsebene vermeidet.

8 Diskussion der empirischen Ergebnisse mit den Erkenntnissen der Alternsforschung

Die Leistungsentwicklung im Alter wird von einer Vielzahl von Faktoren beeinflusst. Kapitel 7 hat versucht, einen Überblick über mögliche Einflussgrößen zu geben und Erkenntnisse aus unterschiedlichen Disziplinen der Alternsforschung zusammenzufassen. Neben der individuellen Komponente der menschlichen Leistung spielt das Zusammenwirken von Individuen eine immer größere Rolle.

Zum Großteil wird die Leistung vom natürlichen Alterungsprozess und den kognitiven Fähigkeiten im Alter bestimmt, die jedoch sehr stark vom sozialen Umfeld und der körperlichen Aktivität abhängen. Für die Arbeitsleistung sind allerdings ein Teil oder nur bestimmte Komponenten der Gesamtleistung entscheidend.

Häufig haben die im Alter zu erwartenden Defizite keinen Einfluss auf die Endleistung oder werden durch die kristalline Leistungskomponente, d.h. der Erfahrung kompensiert. Darüber hinaus ist von verschieden Fördermaßnahmen bekannt, dass sie wesentlich zum Leistungserhalt bis ins hohe Alter beitragen. Vor dem Licht der empirischen Untersuchungen können die Leistungsentwicklung im Alter und der damit verbundene Gruppenerfolg in der Fließbandproduktion von diesen Faktoren beeinflusst werden.

Insbesondere die Gesundheitsförderung hat einen deutlich spürbaren Effekt auf die Arbeitsleistung. Bspw. konnten durch Gesundheitsförderprogramme, wie die gezielte Änderung von Dienstplänen, Gesundheitsvorsorge, bewegungstherapeutische Programme die Fehlzeiten von Fahrerinnen und Fahrer des ÖPNV deutlich gesenkt werden (vgl. Ell, 1995). Oft wird Führung als eine entscheidende Größe für die Leistungsentwicklung von Mitarbeitern ermittelt. Bspw. hat eine finnische Längsschnittstudie über elf Jahren ergeben, dass gutes Führungsverhalten der einzige hoch signifikante Faktor für eine Verbesserung der Arbeitsfähigkeit im Alter von 51 und 62 Jahren ist (vgl. Ilmarinen & Tempel, 2002). Ebenso wird dem Erfahrungswissen und dem Know-How von älteren Belegschaften eine zentrale Bedeutung zugesprochen. Um diese wertvolle Humanressource nicht zu verlieren, ist eine über die Lebensarbeitszeit geplante und systematische Weitergabe von Wissen erforderlich (vgl. Jasper, Rohwedder & Schletz, 2001).

Untersuchungen von Ökonomen zeigen allerdings die Schwierigkeit und die Sensibilität von Untersuchungen zur Leistungsentwicklung. Je nach Aggregationsebene und Leistungsmaß entstehen unterschiedliche und im Alter verschobene Leistungskurven.

Die Diskussion der folgenden Untersuchungsergebnisse konzentriert sich überwiegend auf mögliche Erklärungsmuster, die sich aus Untersuchungen in der Gerontologie, der Arbeitswissenschaft sowie der Arbeitsmedizin ergeben haben.

8.1 Der Alters- und Erfahrungseffekt auf den Gruppenerfolg

Insgesamt spielt Alter für den Gruppenerfolg in der Fließbandmontage keine so große Rollen, wie zu vermuten wäre. Lediglich der Anteil der jungen Gruppenmitglieder zwischen 25 und 35 Jahren hat einen positiven Einfluss auf den Erfolg. Ab 45 Jahren scheinen sich der Alterseffekt und der Erfahrungseffekt, der erstaunlicherweise einen negativen Einfluss auf den Gruppenerfolg hat, gegenseitig zu kompensieren.

Dass das fortgeschrittene Alter auf die Arbeitsleistung keinen Einfluss hat, wird in zahlreichen Studien bestätigt. Farr, Tesluk und Klein (1998) untersuchen den Erfolg der Belegschaft eines Automobilunternehmens vor und nach einer Absatzkrise, die das Durchschnittsalter der Belegschaft von 37 Jahren auf fast 45 Jahren anhebt. Sie stellen fest, dass die im Durchschnitt um acht Jahre ältere Belegschaft genauso erfolgreich ist, wie die junge.

Auch Lehr (2000) sowie Dittmann-Kohli und van der Heijden (1996) kommen zu dem Schluss, dass es keinen Zusammenhang zwischen Alter und der Leistungsfähigkeit gibt. Die Muskelkraft sinkt nach 50 Jahren auf 70% ihrer Maximalkapazität. Da jedoch während des ganzen Arbeitslebens nur 40-50% benötigt werden, um die am Arbeitsplatz geforderte Leistung zu erbringen, bedeutet dies keine Einbuße in der beruflichen Leistungsfähigkeit.

Den positiven Effekt des Anteils der jungen Gruppenmitglieder auf den Gruppenerfolg bestätigt bspw. eine Studie von Ilmarinen (1999). Sie zeigt, dass die körperliche Leistungsfähigkeit an die maximale Sauerstoffaufnahme gebunden ist und ihr Maximum in jungen Jahren, um etwa 25 Jahre hat und danach abnimmt. Ilmakunnas und Maliranta (2005) finden bei der Untersuchung von 4 000 finnischen Unternehmen ein umgekehrt u-förmiges Alters-Produktivitätsprofil, das sein Maximum zwischen 25-34 Jahren hat. Aubert und Crépon (2003) dagegen bestätigen nach einer Untersuchung von 70 000 französischen Unternehmen, dass die Produktivität bis zu einem Alter von 50 Jahren steigt und danach auf stabilem Niveau bleibt.

Der negative Effekt der Betriebserfahrung in der eigenen Untersuchung entspricht nicht den Erwartungen und auch nicht den bisherigen Erkenntnissen. Ell (1995) führt in einer Untersuchung den Rückgang der Unfälle von Beschäftigten im öffentlichen Personennahverkehr mit zunehmendem Alter auf das Erfahrungswissen der Beschäftigten zurück. Auch andere arbeitswissenschaftliche Arbeiten (vgl. Jasper, Rohwedder und Schletz, 2001) stellen die Bedeutung des Know-Hows und Erfahrungswissens in den Mittelpunkt ihrer Erklärungen zum Umgang mit dem demographischen Wandel in Unternehmen. Bestimmte Komponenten der Intelligenz, die sich in der Erfahrungsleistung widerspiegeln, bleiben bis ins hohe Alter stabil (vgl. Weinert, 1992; Maercker, 1992). Staudinger und Baltes zeigen sogar, dass bei erfahrungsbezogenen Aufgaben kein altersbedingter Leistungsabfall zu beobachten ist (vgl. Staudinger & Baltes, 1996; Staudinger, 1999).

Möglicherweise hat die steigende Betriebserfahrung in der Fließbandproduktion eine Unterforderung der Beschäftigten zur Folge. Diese Unterforderung führt zur Nachlässigkeit und damit zu höheren Fehlerquoten und dem Rückgang der Leistung.

8.2 Der Bildungseffekt auf den Gruppenerfolg

Von höherer Bildung profitieren vor allem die älteren Beschäftigten. Je höher die durchschnittliche Bildung in einer Arbeitsgruppe, desto weniger nehmen die Fehler mit zunehmendem Alter zu. Dafür ist hauptsächlich die zunehmende Betriebserfahrung verantwortlich.

Arbeiten aus der Gerontologie (bspw. Weinert, 1992; Maercker, 1992) gehen davon aus, dass die kognitiven Fähigkeiten von der fluiden und kristallinen Komponente bestimmt werden. Die fluide Intelligenz, d.h. die Koordination kognitiver Prozesse erfährt einen Rückgang. Die kristalline Intelligenz, d.h. das Erfahrungswissen dagegen bleibt mit dem Alter stabil.

Bildung scheint diesen Rückgang der fluiden Intelligenz im Alter zu bremsen und die kristalline Komponente positiv zu ergänzen. Die Fließbandproduktion in Gruppenarbeit erfordert wegen seiner Komplexität neben Erfahrungswissen, Kombinationsfähigkeit sowie die Steuerung von kognitiven Prozessen. Höhere Bildung und zunehmende Betriebserfahrung erfüllen diese Anforderungen gleichzeitig und tragen damit wesentlich zur Leistung der älteren Beschäftigten bei. Dieses Ergebnis stützt die Forderung von Buck (2001), der die Nutzung vorhandener Qualifikationen durch lernförderliche Tätigkeiten und individuelle Weiterentwicklungsmöglichkeiten für Mitarbeiter fordert.

8.3 Der Effekt der Frühschicht auf den Gruppenerfolg

Frühschicht begünstigt eher die Leistung der Jüngeren. Zu dieser Arbeitszeit nehmen die Fehler in jüngeren Arbeitsgruppen deutlich stärker ab als in älteren. Hauptsächlich wird dies von der niedrigeren Betriebserfahrung der jüngeren Arbeitsgruppen beeinflusst.

Dieses Ergebnis ist sehr überraschend. Die oft erwähnten Vorteile der Betriebserfahrung (vgl. Ell, 1995; Wagner, 2000) treten hier nicht in Erscheinung. Zu erwarten wäre eher ein umgekehrter Zusammenhang, so dass Frühschicht einen negativen Einfluss auf junge Beschäftigte hat. Geringe Betriebserfahrung scheint jedoch die Gefahr der Nachlässigkeit von jungen Beschäftigten gerade in der Frühschicht zu reduzieren. Mit frühen Arbeitszeiten können junge und unerfahrene Beschäftigte besser umgehen als ältere. Die Nachlässigkeit von älteren und erfahrenen Beschäftigten macht sich damit in der fehleranfälligen Arbeitszeit deutlich bemerkbar.

8.4 Der Effekt der Arbeitsauslastung auf den Gruppenerfolg

Mit höherer Arbeitsauslastung können eher Erfahrene besser umgehen. Je höher die Arbeitsauslastung, desto weniger nehmen die Fehler mit zunehmender Betriebserfahrung zu. Alter wirkt dem jedoch entgegen, so dass sich beide Effekte kompensieren.

Steigende Arbeitsauslastung hat insgesamt einen negativen Einfluss auf die Leistung der Beschäftigten. Die Betriebserfahrung schwächt diesen negativen Einfluss ab. Das Alter wirkt dem jedoch entgegen. Scheinbar führt zunehmende Betriebserfahrung bei erhöhter Arbeitsauslastung dazu, dass erfahrene Beschäftigte trotz erhöhter Belastung weiterhin den Überblick über ihre Arbeit behalten. Älteren Beschäftigten mit geringer Betriebserfahrung gelingt dies nicht. Eine erhöhte Arbeitsauslastung beeinflusst daher Beschäftigte mit höherer Betriebserfahrung weniger negativ.

Hier treten die Vorteile der kristallinen Intelligenz, die bis ins hohe Alter stabil bleiben (vgl. Weinert, 1992; Maercker, 1992), in den Vordergrund. Studien, wie sie von Staudinger und Baltes (vgl. Staudinger & Baltes, 1996; Staudinger, 1999) durchgeführt wurden, zeigen, dass bei erfahrungsbezogenen Aufgaben kein altersbedingter Leistungsabfall zu beobachten ist. Erfahrung kompensiert die mit dem Alter einhergehende physische Leistungsabnahme und damit möglicherweise auftretende Überbelastungsmomente.

9 Erstes Resümee

Welche Auswirkungen das Alter auf die Arbeitsleistung hat, wurde bisher in den unterschiedlichsten Disziplinen mit unterschiedlichen Ergebnissen untersucht. Die Ergebnisse der eigenen Untersuchung bringen neue Erkenntnisse zur Gruppenarbeit in der Fließbandproduktion.

Alter hat nicht per se negative Auswirkungen auf die Arbeitsleistung und damit den Gruppenerfolg. Beschäftigte zwischen 25 und 35 Jahren - zu Zeiten des körperlichen Leistungsmaximums - haben einen positiven Einfluss. Im fortgeschrittenen Alter kompensieren sich positive und negative Effekte, so dass das Alter der Beschäftigten ab 45 Jahren den Gruppenerfolg nicht beeinflusst. Die isolierte Betrachtung der Betriebserfahrung der Beschäftigten zeigt dagegen, dass sie durchgehend einen negativen Einfluss auf den Gruppenerfolg hat. Dieses Resultat ist sehr überraschend und kann durch Unterforderung und Nachlässigkeit im Alter erklärt werden.

Unter Einbezug von Bildung, Frühschicht und Arbeitsauslastung ergeben sich jedoch differenzierte Ergebnisse. Erst dadurch zeigt sich, wann Betriebserfahrung Vorteile und wann sie Nachteile mit sich bringt.

Höhere Bildung hat erst dann einen positiven Einfluss auf den Gruppenerfolg, wenn gleichzeitig die Betriebserfahrung der Beschäftigten zunimmt. Insgesamt hat Bildung in älteren Gruppen einen stärkeren positiven Einfluss auf den Gruppenerfolg. Sie wirkt der Abnahme von fluiden Leistungskomponenten entgegen und ergänzt die kristallinen Leistungskomponenten, die im Alter stabil bleiben.

Jüngeren Arbeitsgruppen bereitet die Frühschicht weniger Schwierigkeiten als älteren. Sie besitzen weniger Betriebserfahrung, weniger Routine und sind damit weniger nachlässig in ihrer Arbeit. Gerade zu frühen, fehleranfälligen Arbeitszeiten wirkt sich dies positiv auf den Erflog von jungen Gruppen aus.

Mit hoher Arbeitsauslastung können eher erfahrene Gruppen besser umgehen. Der negative Einfluss der Arbeitsauslastung in älteren Gruppen wird durch den positiven Einfluss der Betriebserfahrung kompensiert.

10 WIRKUNGSZUSAMMENHÄNGE ZWISCHEN GRUPPENZUSAMMENSETZUNG UND GRUPPENERFOLG

In der Industrie gehört Gruppenarbeit zu einem der am meist verbreiteten Arbeitsformen. Die rapide Alterung der Erwerbsbevölkerung wird den Anteil der älteren Beschäftigten in der Gruppenarbeit in den nächsten Jahren ansteigen lassen. Dies wird zusätzlich zur Vergrößerung der Kluft zwischen dem Ideal der altersgemischten Gruppe in Theorie und Praxis beitragen.

Die Theorie der Gruppenarbeit stellt sehr oft Synergie, ausgelöst durch positive Verbundeffekte, in den Vordergrund. Erfahrungen, die das Alter mit sich bringt, ergänzen sich mit körperlicher Fitness, was eher der Jugend zugeschrieben wird. Nicht selten sind in Unternehmensbefragungen anzutreffen, ob altersgemischte Gruppen im Unternehmen eingesetzt werden. Über den Erfolg dieser Gruppen jedoch sind kaum Fragen vorzufinden.

In der Praxis dagegen sind oft Konflikte durch soziale Isolation der Gruppenmitglieder aufgrund ihrer sozialen Merkmale und Fähigkeiten zu beobachten. Denn die in der Theorie immer wieder zitierten Synergien setzen Rahmenbedingungen wie z.B. alternsgerechte Führung und alternsgerechter Einsatz von Mitarbeitern, Bildung und Weiterqualifizierung, Tätigkeitsvielfalt, Belastungswechsel sowie die Integration aller Gruppenmitglieder voraus, die häufig nicht vorzufinden sind.

Die Realität in Unternehmen ist noch weit entfernt von dem Ideal der altersgemischten Gruppe, in der alle Mitglieder permanent weitergebildet, -entwickelt und jeder seinen Fähigkeiten entsprechend eingesetzt wird. Es besteht die Gefahr, dass Gruppenarbeit oftmals zusätzlichen Leistungsdruck und damit eine Belastungszunahme gerade für ältere Arbeitnehmer hervorruft (vgl. Hainke, 1995, 53). In Gruppen kommt es daher zur Isolation oder Ausgrenzung älterer Arbeitnehmer.

Viele der älteren Mitarbeiter erhalten weder Weiterbildung, noch werden sie so eingesetzt, dass sie den größtmöglichen Nutzen bringen. Vielmehr wird ihnen eher vermittelt, dass sie "Auslaufmodele“ ohne jede Perspektive sind, die man bei nächster Gelegenheit „entsorgen“ sollte. Älteren Arbeitnehmern werden in der Gruppe häufig Routine- und Hilfstätigkeiten zugewiesen, die zwar körperlich weniger belastend, aber eher unbeliebt und gering angesehen sind (vgl. Morschhäuser, 1999a, 141).

Komplexe Tätigkeitsfelder in Unternehmen erfordern eine „richtige" Mischung zwischen Alt (Erfahrung) und Jung (Fitness). Um Vorteile altersgemischter Gruppen nutzen zu können, sind daher zwingend Rahmenbedingungen einzuhalten. Eine pauschale Verordnung von altersheterogenen Gruppen ist nicht erfolgswirksam. Jedoch wird dies bislang in der betrieblichen Praxis zu wenig gesehen. Die Missachtung von Erfolgsvoraussetzungen kann zur außerordentlichen Belastung der Beziehungsstrukturen und somit zu Konflikten zwischen den Generationen in altersheterogenen Gruppen führen, die im Prozess der Gruppenentwicklung entscheidenden Einfluss auf den Gruppenerfolg haben.

Begründet durch die aktuelle Lage der Gruppenarbeit in Unternehmen ist es erforderlich, den Einfluss der Gruppenzusammensetzung auf die Gruppenleistung und den Gruppenerfolg objektiv zu untersuchen.

Es existieren zahlreiche Untersuchungen zur Gruppenarbeit, von denen einzelne in dieser Arbeit aufgegriffen werden, um wesentliche Erkenntnisse darzustellen. Ziel ist es nicht, einen vollständigen Überblick zu geben. Die Ergebnisse über die Zusammensetzung von Arbeitsgruppen gehen in sehr unterschiedliche Richtungen. Einige verlangen heterogene Gruppenzusammensetzung, andere wiederum homogene Gruppenzusammensetzung.

Entscheidend dabei sind jedoch die differenzierte Betrachtung der Komplexität und der Art von Gruppenaufgaben sowie das Maß, mit dem der Gruppenerfolg gemessen wird. In Anbetracht der komplexen Wirkungsmechanismen ist es wichtig, ein besseres Verständnis über die Zusammenhänge zwischen Gruppenzusammensetzung und Gruppenerfolg zu bekommen. Folgende Kapitel versuchen durch ein objektives Erfolgsmaß dazu beizutragen. Dabei werden zunächst die eigenen empirischen Untersuchungsergebnisse vorgestellt. Nach der Darstellung der Erkenntnisse aus der Gruppenforschung folgt die Diskussion der eigenen empirischen Ergebnisse.

11 Empirische Untersuchungen bei der DaimlerChrysler AG

In diesem Untersuchungsabschnitt geht es um die Fragestellung, welchen Einfluss die unterschiedliche Gruppenzusammensetzung auf den Gruppenerfolg hat. Als Erfolgsmaß werden hier die in der Produktion in Arbeitsgruppen entstandenen Fehler herangezogen.

11.1 Deskriptives

Die Arbeitsgruppen in der Untersuchungsstichprobe variieren hinsichtlich ihrer Alters-, Nationalitäts-, Bildungs-, Berufs- und Erfahrungsgemischtheit. Diese machen folgende Abbildungen deutlich. Eine Erläuterung der Berechnung der Heterogenitätsmaße erfolgt im Folgekapitel. Die jeweiligen Heterogenitätsmaße nehmen einen Wert von 1 an, wenn die Arbeitsgruppe vollständig gemischt ist. Niedrigere Werte bedeuten geringere Gemischtheit.

Gemischtheit im Alter bezieht sich auf das Alter der Beschäftigten; Nationalitätsmischung auf die Nationalitätsausprägungen deutsch, französisch, türkisch und sonstige; Bildungsmischung auf die Ausbildungsdauer; Berufsmischung auf technischen, Kfz oder sonstigen Beruf; Erfahrungsmischung auf die Betriebserfahrung. Bei allen Merkmalen ist eine breite Mischung in den Arbeitsgruppen zu erkennen.

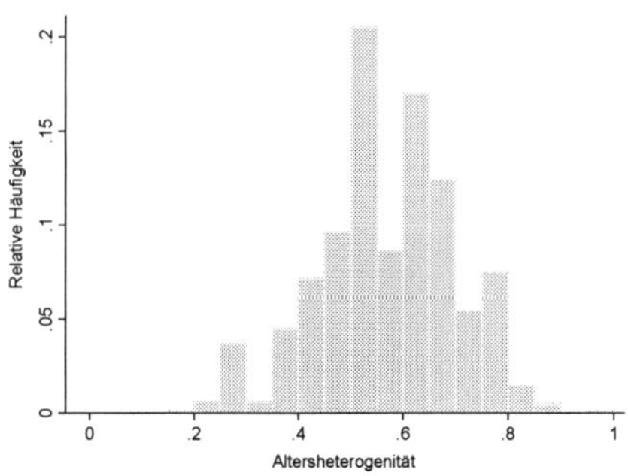

Abb. 20: Verteilung der Altersmischung

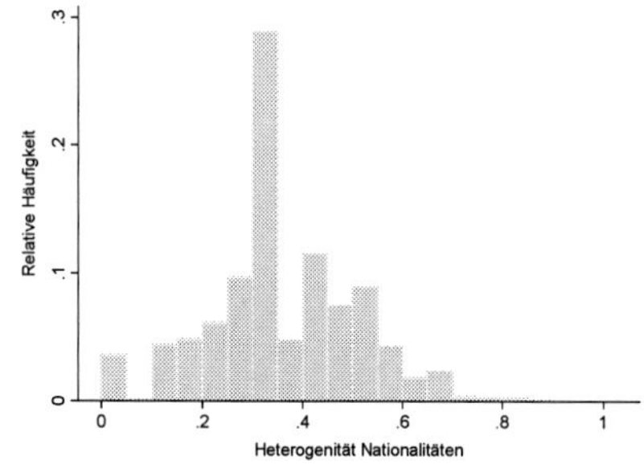

Abb. 21: Verteilung der Nationalitätsmischung

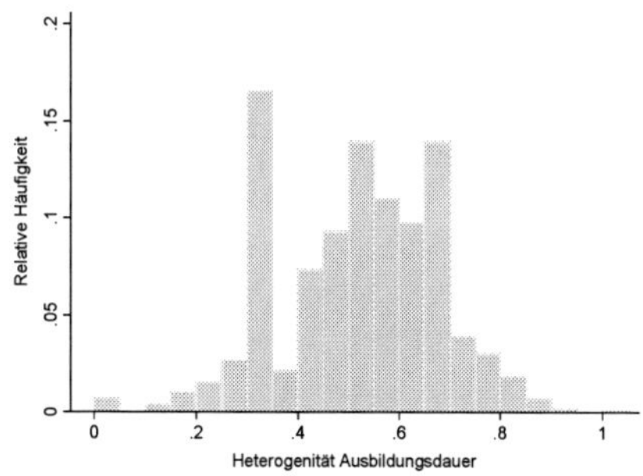

Abb. 22: Verteilung der Bildungsmischung

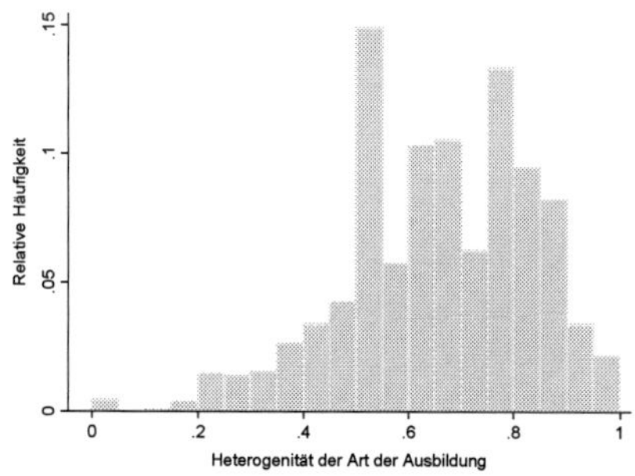

Abb. 23: Verteilung der Berufsmischung

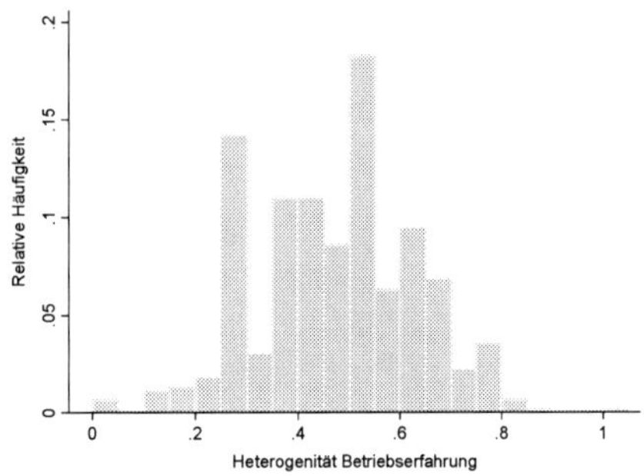

Abb. 24: Verteilung der Erfahrungsmischung

Der Gesamtanteil der Frauen beträgt lediglich 3,7%. Eine getrennte Betrachtung der Altersverteilung für Frauen und Männer zeigt, dass Frauen bis maximal 58 Jahren und Männer bis maximal 66 Jahren im Unternehmen beschäftigt sind.

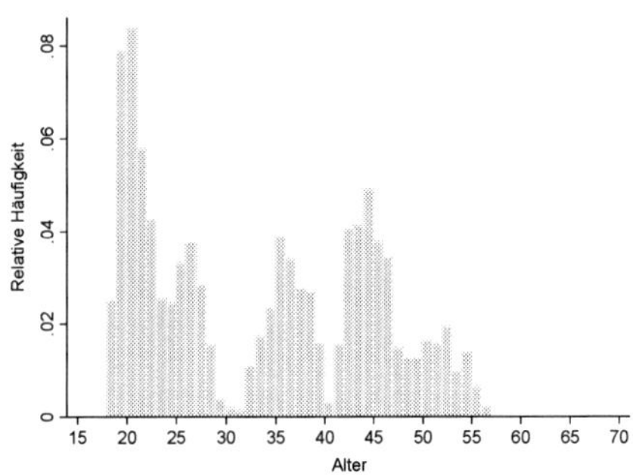

Abb. 25: Altersverteilung der Frauen

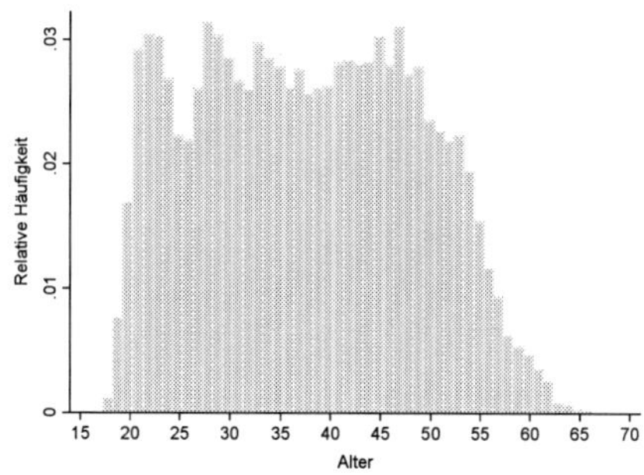

Abb. 26: Altersverteilung der Männer

Der Anteil der Frauen in den Arbeitsgruppen ist sehr gering. Im Durchschnitt beträgt der Frauenanteil in den Gruppen lediglich 4%.

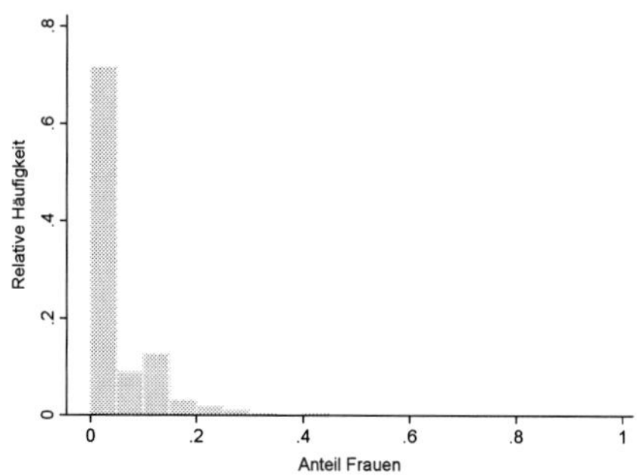

Abb. 27: Verteilung des Frauenanteils

Die Nationalitätszusammensetzung zeigt, dass das Montagewerk im Einzugsgebiet zu Frankreich liegt. Der Anteil der Franzosen beträgt 31,2%. Den zweitgrößten Anteil mit fremder Nationalität stellen türkische Mitarbeiter dar.

Tab. 6: Nationalitätszusammensetzung der Beschäftigten

Nationalität	Deutsch	Französisch	Türkisch	andere
Anteil	61,0%	31,2%	3,8%	4,0%

Die meisten Gruppen bestehen aus fünf bis 15 Mitarbeitern.

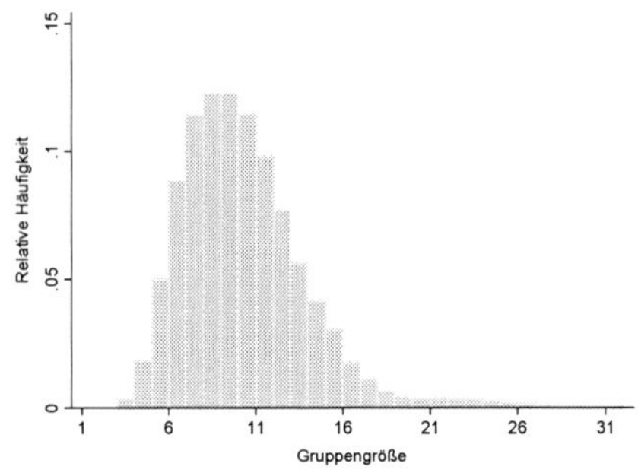

Abb. 28: Verteilung der Gruppengröße

Der durchschnittliche Anteil der Springer, d.h. der wegen Krankheits- oder Urlaubsvertretung in die Gruppe aufgenommenen fremden Personen beträgt etwa 7%.

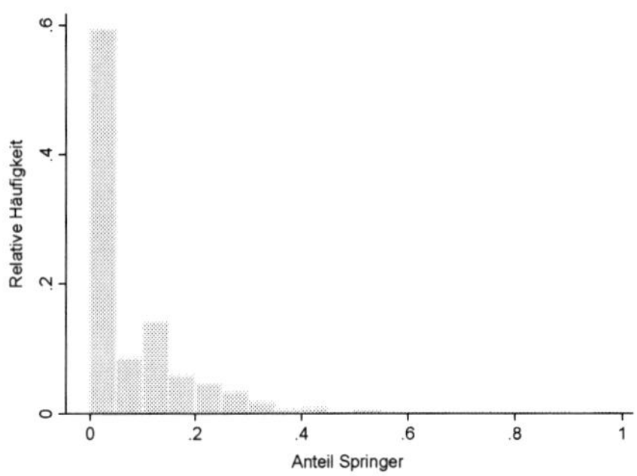

Abb. 29: Verteilung des Springeranteils

Im Durchschnitt arbeiten die Gruppen ca. 15 Tage in unveränderter Zusammensetzung. Allerdings arbeiten die meisten nur einige Tage in unveränderter Konstellation.

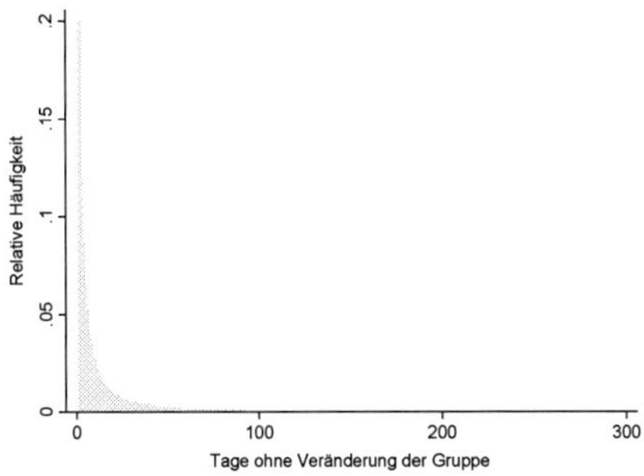

Abb. 30: Verteilung der unveränderten Gruppenzusammensetzungsdauer

11.2 Multivariate Ergebnisse

Dieses Kapitel stellt die Ergebnisse der eigenen empirischen Untersuchung von Arbeitsgruppen in der Fließbandproduktion vor. Eine Diskussion der Ergebnisse mit den bisherigen Erkenntnissen der Gruppenforschung findet in Kapitel 13 statt. Hier steht der Zusammenhang zwischen Gruppenzusammensetzung und Gruppenerfolg im Vordergrund. In Kapitel 8 wurde der Zusammenhang zwischen Alter, Erfahrung und Gruppenerfolg thematisiert; in Kapitel 18 wird die Innovativität in Gruppen betrachtet.

Es werden die Effekte von Heterogenität in Arbeitsgruppen hinsichtlich der folgenden Merkmale auf den Gruppenerfolg untersucht: Alter, Betriebszugehörigkeit (Betriebserfahrung), Nationalität, Bildung und Beruf. Um die Heterogenität zu messen, werden verschiedene Heterogenitätsmaße berechnet. Darüber hinaus werden die Effekte untersucht, die sich auf Grund der unterschiedlichen Anteile der Frauen sowie der gruppenfremden Mitglieder (Springer) innerhalb der Gruppen ergeben. Auch werden die Effekte der Gruppengröße und der unveränderten Dauer der Gruppenzusammensetzung betrachtet.

Für die Variablen Alter, Betriebserfahrung und Bildung (in Jahren) kann zunächst einfach der Variationskoeffizient, der sich als Quotient aus Standardabweichung und Mittelwert ergibt, berechnet werden. Für die Heterogenität hinsichtlich der Nationalität und Beruf lässt sich das nicht machen, da sich Nationalität und Beruf nicht in Zahlen ausdrücken lassen.

Als weiteres Heterogenitäts-Maß kann daher für jede Gruppenzusammensetzung die Wahrscheinlichkeit, dass zwei beliebig aus der Gruppe ausgewählte Mitglieder verschiedene Nationalitäten haben oder unterschiedlichen Altersgruppen oder Bildungsgruppen angehören, berechnet werden. Ist diese Wahrscheinlichkeit sehr hoch, bedeutet das, dass die Gruppe sehr heterogen ist. Ist die Wahrscheinlichkeit sehr niedrig, ist die Gruppe sehr homogen.

Als drittes Maß kann für jede Gruppenzusammensetzung der Grad der Uniformität der Verteilung berechnet werden[14]. Dieses Maß ist das bevorzugte Heterogenitätsmaß, das in dieser Arbeit Anwendung findet. Es lässt sich wie folgt für das Beispiel der Altersheterogenität graphisch veranschaulichen: Man betrachte eine Arbeitsgruppe, deren Altersverteilung durch das gestrichelte Histogramm in Abb. 31 gegeben ist. Die Gruppe besteht aus 10 Beschäftigten, von denen eine zwischen 25 und 35 Jahren alt ist. Sechs Arbeiter sind im Alter zwischen 35 und 45 Jahren und 3 Arbeiterinnen sind zwischen 45 und 55 Jahre alt. Wie heterogen ist nun diese Gruppe hinsichtlich des Alters?

[14] Vgl. hierzu Weiss, 2007 (Are Age-Diverse Work Teams Better? MEA Discussion Paper 150-07, MEA Mannheim).

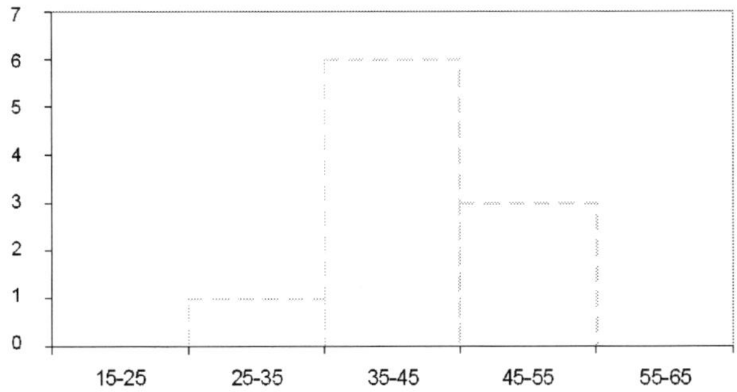

Abb. 31: Altersverteilung 1

Vollständige Altersheterogenität (Altersgemischtheit) wäre durch die Uniform-Verteilung gegeben: Jede Altersgruppe ist gleich stark vertreten, das heißt, die Gruppe besteht aus jeweils zwei 15-25-jährigen, zwei 25-35-jährigen, zwei 35-45-jährigen, zwei 45-55-jährigen und zwei 55-65-jährigen. Dies entspricht dem zweiten, überlappenden schwarzen Histogramm in Abb. 32.

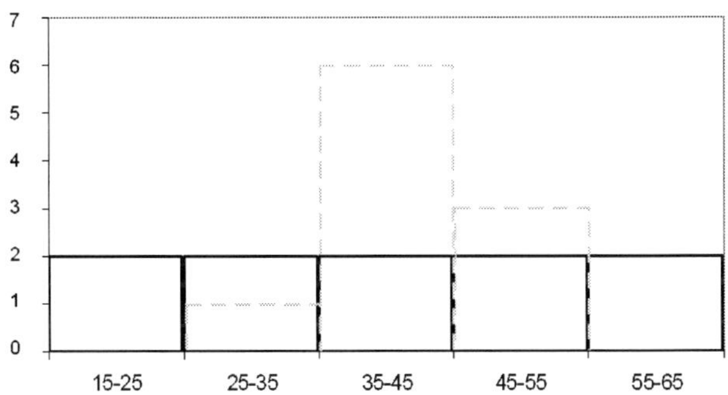

Abb. 32: Altersverteilung 2

Nun stellt sich die Frage, wie nah die Arbeitsgruppe, die durch das erste, gestrichelte Histogramm aus Abb. 31 dargestellt ist, dem Ideal der vollständig altersgemischten Gruppe kommt, das durch das zweite, überlappende schwarze Histogramm in Abb. 32 gegeben ist. Es wird daher der Anteil der Flächen, die beide Histogramme gemeinsam haben, berechnet. Dies entspricht der schraffierten Fläche in Abbildung 33. Das Maß nimmt einen Wert von 1 an, wenn die Arbeitsgruppe vollständig altersgemischt ist, das heißt, wenn alle Altersgruppen gleich stark vertreten sind. Ein sehr niedriger Wert bedeutet, dass alle Gruppenmitglieder in derselben Altersgruppe sind.

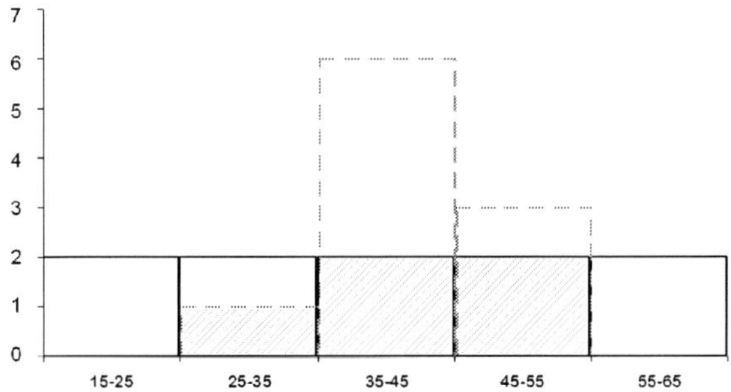

Abb. 33: Altersverteilung 3

Formal lassen sich diese Überlegungen wie folgt darstellen. Die schraffierte Fläche für Gruppe j ist gegeben durch:

$$Fläche_j = \sum_{i=1}^{k} \min\left(\frac{x_{ij}}{N_j}, \frac{1}{k}\right)$$

wobei k die Anzahl der Alterskategorien ist, x_{ij} die Anzahl der Gruppenmitglieder in Gruppe j, die der Alterskategorie i angehören. $N_j = \sum_{i=1}^{k} x_{ij}$ ist die Gruppengröße, x_{ij} / N_j ist die relative Häufigkeit der Gruppenmitglieder in der Alterskategorie i in Gruppe j (dies entspricht der Höhe einer Säule im Histogramm). Die Fläche j liegt zwischen 1/k (wenn alle Gruppenmitglieder in Gruppe j zur gleichen Alterskategorie gehören) und 1 (wenn Gruppe j uniform verteilt ist). Nach Normalisierung ergibt sich folgende Form für das Heterogenitätsmaß[15]:

[15] Zur Berechnung siehe Weiss, 2007 (Are Age-Diverse Work Teams Better? MEA Discussion Paper 150-07, MEA Mannheim).

$$Heterogenität_j^{normalisiert} = \frac{\sum_{i=1}^{k} \min\left(\frac{x_{ij}}{N_j}, \frac{1}{k}\right) - \frac{1}{k}}{1 - \frac{1}{k}} = \frac{\sum_{i=1}^{k} \min\left(\frac{k \cdot x_{ij}}{N_j}, 1\right) - 1}{k - 1}$$

Die Ergebnisse zu den Effekten der Heterogenität in Arbeitsgruppen finden sich in den Tabellen 7 bis 9.

Tab. 7: Regressionsergebnisse

Abhängige Variable: gewichtete Fehlerzahl pro Person (gemessen als tägliche Summe der Fehler einer Arbeitsgruppe gewichtet mit dem Indikator der Fehlerschwere geteilt durch die Anzahl der an diesem Tag in dieser Gruppe arbeitenden Personen)

	Spezifikation 1		Spezifikation 2	
Anteil der Gruppenmitglieder zwischen...				
15 - 25 Jahren	0.0596974	(0.103)	0.0771446	(0.040)
25 - 35 Jahren	-0.0578867	(0.014)	-0.0577926	(0.016)
35 - 45 Jahren	- -	- -	- -	- -
45 - 55 Jahren	-0.0272038	(0.243)	-0.0149381	(0.542)
55 - 65 Jahren	-0.0752771	(0.077)	-0.0675895	(0.127)
Interaktion des durchschnittlichen Gruppenalters mit...				
Bildung in Jahren	-0.0009339	(0.000)	-0.0005101	(0.166)
Anteil der Frauen	-0.0131243	(0.007)	-0.0106397	(0.272)
Anteil der Springer	0.0062845	(0.029)	-0.0079514	(0.149)
Gruppengröße	0.0007784	(0.000)	0.0010379	(0.000)
Frühschicht	0.0021459	(0.000)	-0.0011389	(0.353)
Unveränderte Gruppenzusammensetzung in Tagen	0.0000456	(0.000)	0.0000347	(0.120)
Arbeitsauslastung	-0.0004255	(0.511)	0.0030591	(0.012)
Altersheterogenität	0.0043308	(0.075)	-0.0016082	(0.737)
Nationalitätsheterogenität	0.0038831	(0.089)	-0.0051462	(0.246)
Heterogenität in Bezug auf...				
Alter	-0.1228207	(0.185)	0.0082368	(0.950)
Bildung in Jahren	0.0404948	(0.011)	0.0405835	(0.011)
Nationalität	-0.1729732	(0.048)	0.0254529	(0.837)
Beruf	0.0063031	(0.544)	0.0016527	(0.874)
Betriebserfahrung	- -	- -	-0.014368	(0.382)
Kontrollvariablen				
Bildung in Jahren	0.0545218	(0.000)	0.0453188	(0.000)
Anteil der Frauen	0.4403974	(0.014)	0.3629637	(0.161)
Anteil der Springer	-0.2646904	(0.017)	0.053202	(0.730)
Gruppengröße	-0.040691	(0.000)	-0.0463209	(0.000)
Frühschicht	-0.092595	(0.000)	-0.0164416	(0.627)
Unveränderte Gruppenzusammensetzung in Tagen	-0.0017864	(0.000)	-0.0014944	(0.012)

Fortsetzung nächste Seite...

Arbeitsauslastung	0.0669627	(0.015)	-0.0111799	(0.756)
Anteil der Deutschen	-0.0280367	(0.475)	-0.0427401	(0.280)
Anteil der Franzosen	0.0156383	(0.624)	0.0048408	(0.883)
Anteil der Türken	-0.0279204	(0.491)	-0.0392131	(0.337)
Arb.ausl. x Altersheterogenität	-0.0631576	(0.001)	-0.0652698	(0.000)
Anteil der Gruppenmitglieder mit Betriebserfahrung zwischen...				
0 - 8 Jahren	--	--	0.0062469	(0.856)
8 - 16 Jahren	--	--	0.0799632	(0.001)
16 - 24 Jahren	--	--	--	--
24 - 32 Jahren	--	--	0.0482516	(0.039)
32 - 40 Jahren	--	--	0.0949098	(0.024)
Interaktion der durchschnittlichen Betriebserfahrung mit...				
Bildung in Jahren	--	--	-0.0007049	(0.074)
Anteil der Frauen	--	--	-0.0011388	(0.916)
Anteil der Springer	--	--	0.0188331	(0.001)
Gruppengröße	--	--	-0.0003328	(0.312)
Frühschicht	--	--	0.0040892	(0.002)
Unveränderte Gruppenzusammensetzung in Tagen	--	--	0.00000795	(0.744)
Arbeitsauslastung	--	--	-0.0043554	(0.001)
Altersheterogenität	--	--	0.0077621	(0.127)
Nationalitätsheterogenität	--	--	0.0123403	(0.013)
R^2 within	0.0089		0.0101	
R^2 between	0.0983		0.0794	
R^2 overall	0.0120		0.0120	

Anzahl Beobachtungen: 70 476 (100 Arbeitsgruppen bei 821 Arbeitstagen). Referenzkategorie für die Altersanteile: 35 - 45 Jahre. Referenzkategorie für die Anteile der Betriebserfahrung: 16-24 Jahre. p-Werte in Klammern. Beide Spezifikationen kontrollieren für Arbeitsplatz fixed-effects. Signifikanz: p-Wert < 0.10

Tab. 8: Marginal Effekte (Teil 1)

Abhängige Variable: gewichtete Fehlerzahl pro Person	Spezifikation 1	Spezifikation 2
Marginale Effekte der Anteile der Gruppenmitglieder zwischen...		
15 - 25 Jahren	0.0263419 (0.146)	0.0494974 (0.028)
25 - 35 Jahren	-0.0756093 (0.000)	-0.0737321 (0.000)
35 - 45 Jahren	0 - -	0 - -
45 - 55 Jahren	-0.0092214 (0.595)	0.000905 (0.966)
55 - 65 Jahren	-0.0423547 (0.180)	-0.0397815 (0.303)
Marginale Effekte aus der Interaktion des durchschnittlichen Gruppenalters mit...		
Bildung in Jahren	-0.0009339 (0.000)	-0.0005101 (0.166)
Anteil der Frauen	-0.0131243 (0.007)	-0.0106397 (0.272)
Anteil der Springer	0.0062845 (0.029)	-0.0079514 (0.149)
Gruppengröße	0.0007784 (0.000)	0.0010379 (0.000)
Frühschicht	0.0021459 (0.000)	-0.0011389 (0.353)
Unveränderte Gruppenzusammensetzung in Tagen	0.0000456 (0.000)	0.0000347 (0.120)
Arbeitsauslastung	-0.0004255 (0.511)	0.0030591 (0.012)
Altersheterogenität	0.0043308 (0.075)	-0.0016082 (0.737)
Nationalitätsheterogenität	0.0038831 (0.089)	-0.0051462 (0.246)
Marginale Effekte der Heterogenität in Bezug auf...		
Bildung in Jahren	0.0404948 (0.011)	0.0405835 (0.011)
Beruf	0.0063031 (0.544)	0.0016527 (0.874)
Betriebserfahrung	- - - -	-0.014368 (0.382)
Marginale Effekte der Kontrollvariablen		
Anteil der Deutschen	-0.0280367 (0.475)	-0.0427401 (0.280)
Anteil der Franzosen	0.0156383 (0.624)	0.0048408 (0.883)
Anteil der Türken	-0.0279204 (0.491)	-0.0392131 (0.337)
Arb.auslastung x Altersheterogenität	-0.0631576 (0.001)	-0.0652698 (0.000)
Marginale Effekte der Anteile der Gruppenmitglieder mit Betriebserfahrung zwischen...		
0 - 8 Jahren	- - - -	0.0278352 (0.337)
8 - 16 Jahren	- - - -	0.092673 (0.000)
16 - 24 Jahren	- - - -	0 - -
24 - 32 Jahren	- - - -	0.0376626 (0.089)
32 - 40 Jahren	- - - -	0.0783442 (0.046)
Marginale Effekte aus der Interaktion der durchschnittlichen Betriebserfahrung mit...		
Bildung in Jahren	- - - -	-0.0007049 (0.074)
Anteil der Frauen	- - - -	-0.0011388 (0.916)
Anteil der Springer	- - - -	0.0188331 (0.001)
Gruppengröße	- - - -	-0.0003328 (0.312)
Frühschicht	- - - -	0.0040892 (0.002)
Unveränderte Gruppenzusammensetzung in Tagen	- - - -	0.00000795 (0.744)
Arbeitsauslastung	- - - -	-0.0043554 (0.001)
Altersheterogenität	- - - -	0.0077621 (0.127)
Nationalitätsheterogenität	- - - -	0.0123403 (0.013)

Marginale Effekte berechnet auf Basis der Koeffizienten und Durchschnittswerte der Variablen. p-Werte in Klammern

Tab. 9: Marginal Effekte (Teil2)

Abhängige Variable: gewichtete Fehlerzahl pro Person		
Marginale Effekte von...		
	Spezifikation 1	Spezifikation 2
Bildung bei einem Gruppendurchschnittsalter von...		
25 Jahren	0.0311744 (0.000)	0.0290429 (0.000)
35 Jahren	0.0218354 (0.000)	0.020418 (0.000)
38 Jahren	0.0190337 (0.000)	0.0167732 (0.000)
45 Jahren	0.0124964 (0.004)	0.0082687 (0.072)
Frauenanteil bei einem Gruppendurchschnittsalter von...		
25 Jahren	0.11229 (0.066)	0.0935552 (0.133)
35 Jahren	-0.018953 (0.517)	-0.0196746 (0.518)
38 Jahren	-0.0583259 (0.054)	-0.056149 (0.084)
45 Jahren	-0.150196 (0.004)	-0.1363209 (0.011)
Springeranteil bei einem Gruppendurchschnittsalter von...		
25 Jahren	-0.1075774 (0.009)	-0.0514169 (0.259)
35 Jahren	-0.0447322 (0.016)	-0.0367653 (0.049)
38 Jahren	-0.0258787 (0.108)	-0.0041201 (0.808)
45 Jahren	0.018113 (0.474)	0.0720518 (0.013)
Gruppengröße bei einem Gruppendurchschnittsalter von...		
25 Jahren	-0.02123 (0.000)	-0.0220383 (0.000)
35 Jahren	-0.0134456 (0.000)	-0.0133235 (0.000)
38 Jahren	-0.0111103 (0.000)	-0.0112083 (0.000)
45 Jahren	-0.0056612 (0.001)	-0.0062726 (0.002)
Frühschicht bei einem Gruppendurchschnittsalter von...		
25 Jahren	-0.0389464 (0.000)	-0.0244671 (0.009)
35 Jahren	-0.017487 (0.000)	-0.0154096 (0.000)
38 Jahren	-0.0110492 (0.000)	-0.0065585 (0.039)
45 Jahren	0.0039724 (0.460)	0.0140942 (0.018)
unveränderter Gruppenzusammensetzung bei einem Gruppendurchschnittsalter von...		
25 Jahren	-0.0006458 (0.000)	-0.000586 (0.000)
35 Jahren	-0.0001895 (0.002)	-0.0001988 (0.002)
38 Jahren	-0.0000526 (0.410)	-0.0000707 (0.286)
45 Jahren	0.0002667 (0.018)	0.0002282 (0.065)
Arbeitsauslastung bei einem Gruppendurchschnittsalter von...		
25 Jahren	0.0247467 (0.012)	0.0108867 (0.305)
35 Jahren	0.0204919 (0.000)	0.019701 (0.000)
38 Jahren	0.0192154 (0.000)	0.0158122 (0.000)
45 Jahren	0.016237 (0.003)	0.0067383 (0.273)
Altersheterogenität mit einem Gruppendurchschnittsalter von...		
25 Jahren	-0.0461287 (0.171)	0.0394762 (0.336)
35 Jahren	-0.0028204 (0.853)	0.0622042 (0.015)
38 Jahren	0.0086563 (0.532)	0.0078862 (0.581)
45 Jahren	0.0404879 (0.074)	0.1237425 (0.000)
Nationalitätsheterogenität mit einem Gruppendurchschnittsalter von...		
25 Jahren	-0.0758955 (0.040)	-0.0415012 (0.306)
35 Jahren	-0.0370644 (0.149)	-0.031262 (0.230)
38 Jahren	-0.0267742 (0.294)	-0.0207125 (0.422)
45 Jahren	0.0017666 (0.956)	0.0406787 (0.247)

Marginale Effekte berechnet auf Basis der Koeffizienten und Durchschnittswerte. p-Werte in Klammern

11.2.1 Der Effekt der Altersheterogenität auf den Gruppenerfolg

Der Gesamteffekt zeigt, dass eine Zunahme der Altersheterogenität in durchschnittlich älteren Arbeitsgruppen zu einer Zunahme der Fehler führt. Mit steigendem Durchschnittsalter der Gruppen nimmt dieser negative Effekt auf den Gruppenerfolg zu. Die Interaktion der Altersheterogenität mit dem Durchschnittsalter zeigt, dass diese Zunahme signifikant ist.

Die Aufspaltung in Alters- und Erfahrungseffekte in Spezifikation 2 zeigt, dass sowohl unter Konstanthaltung der durchschnittlichen Betriebserfahrung als auch unter Konstanthaltung des Durchschnittsalters keine signifikanten Unterschiede zwischen den Gruppen existieren.

Insgesamt nimmt der negative Altersheterogenitätseffekt mit steigendem Alter zu. Reine Alters- und Erfahrungseffekte sind nicht signifikant.

Steigende Arbeitsauslastung hat einen negativen Effekt auf den Gruppenerfolg. Aus dem Interaktionsterm aus Arbeitsauslastung und Altersheterogenität ergibt sich ein signifikant positiver Effekt auf den Gruppenerfolg. D.h. altersheterogene Arbeitsgruppen kommen mit hoher Arbeitsauslastung besser klar als weniger altersheterogene Gruppen.

11.2.2 Der Effekt der Nationalitätsheterogenität auf den Gruppenerfolg

Der Gesamteffekt zeigt, dass eine Zunahme der Nationalitätsheterogenität (Mischung aus Deutschen, Franzosen, Türken und sonstiger Nationalität) in durchschnittlich jüngeren Arbeitsgruppen zu einer Abnahme der Fehler führt. Mit steigendem Durchschnittsalter der Gruppen nimmt dieser positive Effekt auf den Gruppenerfolg ab. Die Interaktion der Nationalitätsheterogenität mit dem Durchschnittsalter zeigt, dass diese Abnahme signifikant ist.

Die Aufspaltung in Alters- und Erfahrungseffekte in Spezifikation 2 zeigt, dass die Unterschiede zwischen den Gruppen unterschiedlichen Alters - unter Konstanthaltung der durchschnittlichen Betriebserfahrung - nicht mehr signifikant sind.

Unter Konstanthaltung des Durchschnittsalters nimmt bei steigender Nationalitätsheterogenität der Gruppen mit durchschnittlich höherer Betriebserfahrung im Vergleich zu Gruppen mit niedriger Betriebserfahrung der Erfolg schwächer zu. Der Unterschied zwischen den Gruppen ist signifikant.

Insgesamt nimmt der positive Nationalitätsheterogenitätseffekt mit steigender Betriebserfahrung ab.

Eine Zunahme des Anteil der Deutschen, Franzosen oder Türken hat keinen signifikanten Effekt auf den Gruppenerfolg.

11.2.3 Der Effekt der Bildungsheterogenität auf den Gruppenerfolg

Heterogenität in den Bildungsjahren innerhalb der Arbeitsgruppen hat insgesamt einen signifikant negativen Effekt auf den Gruppenerfolg. D.h. eine Zunahme der Bildungsheterogenität führt zu einer Zunahme der Fehler.

11.2.4 Der Effekt der Berufs- und Erfahrungsheterogenität auf den Gruppenerfolg

Eine Zunahme der Heterogenität der Berufe oder der Betriebserfahrung innerhalb der Arbeitsgruppen hat keinen signifikanten Effekt auf die Fehler und damit auf den Gruppenerfolg.

11.2.5 Der Effekt des Frauenanteils auf den Gruppenerfolg

Der Gesamteffekt zeigt, dass eine Zunahme des Frauenteils zu einer Zunahme der Fehler in jüngeren Arbeitsgruppen und zu einer Abnahme in älteren Arbeitsgruppen führt. Mit steigendem Durchschnittsalter der Gruppen nimmt der positive Effekt auf den Gruppenerfolg zu. Die Interaktion des Frauenanteils mit dem Durchschnittsalter zeigt, dass die Zunahme signifikant ist.

Die Aufspaltung in Alters- und Erfahrungseffekte in Spezifikation 2 zeigt, dass sowohl unter Konstanthaltung der durchschnittlichen Betriebserfahrung als auch unter Konstanthaltung des Durchschnittsalters keine signifikanten Unterschiede zwischen den Gruppen existieren. Lediglich in älteren Gruppen hat ein steigender Frauenanteil noch einen positiven Effekt auf den Gruppenerfolg.

Insgesamt nimmt der positive Effekt des Frauenanteils mit steigendem Alter zu. Reine Alters- und Erfahrungseffekte sind nicht signifikant.

11.2.6 Der Effekt des Springeranteils auf den Gruppenerfolg

Der Gesamteffekt zeigt, dass eine Zunahme des Springeranteils (Springer sind gruppenfremde Mitglieder, die aus Krankheits- oder Urlaubsgründen andere Stammmitglieder ersetzen) zu einer Abnahme der Fehler führt. Mit steigendem Durchschnittsalter der Gruppen nimmt dieser positive Effekt auf den Gruppenerfolg jedoch ab. Die Interaktion des Springeranteils mit dem Durchschnittsalter zeigt, dass diese Abnahme signifikant ist.

Die Aufspaltung in Alters- und Erfahrungseffekte in Spezifikation 2 zeigt, dass die Unterschiede zwischen Gruppen unterschiedlichen Alters - unter Konstanthaltung der durchschnittlichen Betriebserfahrung - nicht mehr signifikant sind.

Unter Konstanthaltung des Durchschnittsalters nimmt bei steigendem Springeranteil in Gruppen mit durchschnittlich höherer Betriebserfahrung im Vergleich zu Gruppen mit niedriger Betriebserfahrung der Erfolg schwächer zu. Der Unterschied zwischen den Gruppen ist signifikant.

Insgesamt nimmt der positive Effekt des Springeranteils mit steigender Betriebserfahrung ab und dominiert den Gesamteffekt.

11.2.7 Der Effekt der Gruppengröße auf den Gruppenerfolg

Der Gesamteffekt zeigt, dass eine Zunahme der Gruppengröße zu einer Abnahme der Fehler führt. Mit steigendem Durchschnittsalter der Gruppen nimmt dieser positive Effekt auf den Gruppenerfolg jedoch ab. Die Interaktion der Gruppengröße mit dem Durchschnittsalter zeigt, dass diese Abnahme signifikant ist.

Die Aufspaltung in Alters- und Erfahrungseffekt in Spezifikation 2 zeigt, dass die Unterschiede zwischen Gruppen unterschiedlichen Alters - unter Konstanthaltung der durchschnittlichen Betriebserfahrung - immer noch signifikant sind. D.h. in Gruppen mit höherem Durchschnittsalter nimmt bei steigender Gruppengröße im Vergleich zu Gruppen mit niedrigem Durchschnittsalter bei gleicher Betriebszugehörigkeit der Erfolg schwächer zu.

Unter Konstanthaltung des Durchschnittsalters ist der Unterschied zwischen den Gruppen insignifikant.

Insgesamt nimmt der positive Effekt der Gruppengröße mit steigendem Alter ab und dominiert den Gesamteffekt.

11.2.8 Der Effekt der unveränderten Gruppenzusammensetzungsdauer auf den Gruppenerfolg

Der Gesamteffekt zeigt, dass eine Zunahme der unveränderten Gruppenzusammensetzungsdauer zu einer Abnahme der Fehler in jüngeren Gruppen und zu einer Zunahme der Fehler in älteren Gruppen führt. Mit steigendem Durchschnittsalter der Gruppen nimmt der positive Effekt auf den Gruppenerfolg ab. Die Interaktion der unveränderten Gruppenzusammensetzungsdauer mit dem Durchschnittsalter zeigt, dass die Abnahme signifikant ist.

Die Aufspaltung in Alters- und Erfahrungseffekte in Spezifikation 2 zeigt, dass sowohl unter Konstanthaltung der durchschnittlichen Betriebserfahrung als auch unter Konstanthaltung des Durchschnittsalters keine signifikanten Unterschiede zwischen den Gruppen existieren.

Insgesamt nimmt der positive Effekt der unveränderten Gruppenzusammensetzungsdauer mit steigendem Alter ab. Reine Alters- und Erfahrungseffekte sind nicht signifikant.

11.2.9 Zusammenfassung der Ergebnisse

Höhere Altersheterogenität begünstigt eher die Leistung der Jüngeren. Je höher die Altersheterogenität in einer Arbeitsgruppe, desto weniger nehmen die Fehler in jüngeren Gruppen zu. Dieser Effekt wird weder vom Alter noch von der Erfahrung alleine bestimmt. Mit höherer Arbeitsauslastung können eher altersheterogene Gruppen besser umgehen.

Von nationalitätsgemischten Gruppen profitieren vor allem die jüngeren Beschäftigten. Je höher die Nationalitätsmischung in einer Arbeitsgruppe, desto stärker nehmen die Fehler in jüngeren Gruppen ab. Dies wird überwiegend durch die abnehmende Betriebserfahrung bestimmt. Eine Zunahme des Anteil der Deutschen, Franzosen oder Türken hat keinen Effekt auf den Gruppenerfolg.

Bildungsheterogenität hat einen negativen Einfluss auf den Gruppenerfolg. Je gemischter die Mitglieder in ihrer Bildung, desto mehr Fehler entstehen in der Arbeitsgruppe.

Berufs- und Erfahrungsmischung haben keinen Einfluss auf den Gruppenerfolg.

Steigender Frauenanteil begünstigt eher die Leistung der Älteren. Je höher der durchschnittliche Frauenanteil in einer Arbeitsgruppe, desto stärker nehmen die Fehler mit zunehmendem Alter der Gruppen ab. Dieser Effekt wird weder vom Alter noch von der Erfahrung alleine bestimmt.

Von höherem Springeranteil profitieren vor allem die jüngeren Beschäftigten. Je höher der durchschnittliche Springeranteil in einer Arbeitsgruppe, desto stärker nehmen die Fehler in jüngeren Gruppen ab. Hauptsächlich wird dies durch die abnehmende Betriebserfahrung bestimmt.

Zunehmende Gruppengröße bringt am stärksten in jungen Gruppen Vorteile mit sich. Je größer die Gruppe, desto mehr nehmen die Fehler in jüngeren Gruppen ab. Dies wird überwiegend durch das Alter der Gruppen bestimmt.

Von der zunehmenden Dauer der unveränderten Gruppenzusammensetzung profitieren überwiegend die jüngeren Beschäftigten. Je länger die unveränderte Gruppenzusammensetzungsdauer, desto stärker nehmen die Fehler in jüngeren Gruppen ab. Dieser Effekt wird weder vom Alter noch von der Erfahrung alleine bestimmt.

12 Erkenntnisstand der Gruppenforschung

Ziel dieses Kapitels ist es, den aktuellen Stand der Gruppenforschung zum Gruppenerfolg zu skizzieren. Um potentielle Einflussfaktoren auf den Gruppenerfolg zu identifizieren, wird das Kriterienmodell der Gruppenleistung (vgl. Brodbeck, 1996) als Grundlage herangezogen. Die ermittelten Einflussfaktoren gehen im Folgekapitel als Diskussionsgrundlage in das Erklärungsmuster der eigenen empirischen Ergebnisse ein.

12.1 Der Begriff Gruppenarbeit

12.1.1 Definitionsversuch

Bei dem Versuch, den Begriff Gruppenarbeit zu umgrenzen, liefert die Literatur zahlreiche Definitionen, die alle einen gemeinsamen Kern haben: Ziel einer Arbeitsgruppe ist die Erfüllung einer gemeinsamen Gruppenaufgabe durch Integration und Kooperation der Gruppenmitglieder unter Beachtung bestimmter Regeln. Um die Kriterien der Gruppenarbeit festzustellen, gibt folgende Definitionssammlung einen kleinen Umriss.

Unter dem Teambegriff ist ein Zusammenschluss von Individuen zu verstehen, die zur Erfüllung von bestimmten Aufgaben zusammenwirken. Charakteristisch für Teams sind partnerschaftliches Verhalten sowie gleichberechtigte Mitbestimmung aller Mitglieder bei der Diskussion der Ziele ihrer Arbeit (vgl. Katzenbach & Smith, 1993; Heinrich, 2002).

Nach Hackman (2002) ist eine Arbeitsgruppe durch vier Merkmale charakterisiert: Eine Gruppenaufgabe, klare Grenzen, eindeutig definierte Weisungsbefugnisse, um den eigenen Arbeitsprozess zu organisieren sowie eine gleich bleibende Anzahl von Mitgliedern über eine angemessene Zeit. Bei der Gründung von Gruppen ist es die erste und nahezu wichtigste Aufgabe, diese vier Merkmale festzulegen.

In Drever und Fröhlich (1969), „Wörterbuch zur Psychologie“ wird Gruppe wie folgt beschrieben: Bezeichnung für eine (a) integrierte soziale Struktur, (b) deren Umfang (Anzahl der Gruppenmitglieder) variabel, jedoch im Einzelfall bestimmbar ist und (c) innerhalb deren feststellbare oder quantifizierbare, auf die Gruppe selbst Einfluss nehmende und durch die Gruppe beeinflusste Beziehungen bestehen, die sich unter den Aspekten der Kommunikation, des Normativen oder des Funktionalen betrachten lassen. Eine Gruppe lässt sich demnach bestimmen als eine Anzahl von Mitmenschen, unter denen ein zu spezifizierender Zusammenhalt besteht, der zur Integration führt und der nach Qualität und Intensität (Quantität) beschrieben werden kann.

Gruppen- und Teamarbeit ist eine Arbeitsform, bei der mehrere Personen nach gewissen Regeln und Normen über eine gewisse Zeit eine aus mehreren Teilaufgaben bestehende Arbeitsaufgabe bearbeiten, die dabei unmittelbar zusammenarbeiten, um gemeinsame Ziele zu erreichen und sich dabei als Gruppe fühlen (vgl. Antoni, 1994).

12.1.2 Kriterien der Gruppenarbeit

Zusammengefasst lassen sich aus den Definitionen folgende Kriterien der Gruppenarbeit extrahieren:

- Zusammenschluss von Individuen
- gemeinsame Gruppenaufgabe
- gemeinsames Gruppenziel
- Zusammenwirken von Gruppenmitgliedern
- partnerschaftliches Verhalten
- gleichberechtigte Mitbestimmung
- Aufgabenteilung
- Definition von Weisungsbefugnissen
- Festsetzung von Regeln und Normen
- bestimmbare Anzahl von Gruppenmitgliedern
- Integration sozialer Strukturen

Dabei gehören das Zusammenwirken der Gruppenmitglieder und die Integration sozialer Strukturen durch Interaktion und Kommunikation zu den Schlüsselfaktoren des Gruppenerfolgs. War Teamarbeit ursprünglich eine Notlösung zur Erhaltung der Arbeitsfähigkeit einer eher teamfeindlichen Organisationsform, so stellt sie heute eine zentrale Arbeitsform, vielmehr noch ein konstitutives Element der Organisation dar (vgl. Wimmer, 1998).

12.1.3 Zweck der Gruppenbildung

Der Zweck einer Gruppenbildung liegt entweder darin, eine Lösung für ein bestehendes Problem zu finden oder eine Menge von vorgegebenen Aufgaben auszuführen (vgl. Bürkle, 2004, 42). Bspw. wird in einer Forschungsprojektgruppe die Problemlösung im Vordergrund stehen, bei einer Arbeitsgruppe an der Fließbandmontage dagegen eher die reine Ausführung von vorgegebenen Aufgaben.

Nach Brodbeck (2004, 415) ist sogar ein wesentlicher Teil unserer Lebensqualität, sei es als Mitglied in Gruppen oder als Nutznießer ihrer Leistung, von den in Gruppen ablaufenden Prozessen und der Qualität ihrer Leistung abhängig.

12.1.4 Voraussetzungen des Gruppenerfolgs

Der Erfolg oder Misserfolg hängt von der Effektivität der Gruppe ab. Dabei kommt es nicht auf die Fähigkeiten einzelner Mitglieder, sondern auf die Nutzung der Fähigkeiten aller Gruppenmitglieder als ganzes an.

Um eine gemeinsame Gruppenaufgabe zu erfüllen und somit ein gemeinsames Gruppenziel zu erreichen, müssen Gruppenmitglieder sozial interagieren und kooperieren.

Gemeinsame Ziele lassen sich nur durch soziale Interaktion, d.h. wechselseitige Einflussnahme formulieren und kooperativ umsetzen (vgl. Brodbeck, 2004, 416). Unter sozialer Interaktion ist nicht nur Kommunikation, sondern ein komplexes System von

Prozessen der wechselseitigen Einflussnahme zwischen Gruppenmitgliedern zu verstehen.

Neben der sozialen Interaktion müssen Mitglieder miteinander kooperieren, d.h. aufeinander abgestimmt Aktivitäten ausführen, um ein gemeinsames Ziel zu erreichen (vgl. Dyer, 1987). Mit Kooperation ist zum einen das zielgerichtete Ineinandergreifen individueller Handlungen gemeint (z.B. bei teilautonomen Arbeitsgruppen am Fließband) zum anderen aber auch das koordinierte Austauschen von Informationen, Bewertungen und Meinungen, wie z.B. beim kollektiven Planen, Problemlösen, Beurteilen und Entscheiden (vgl. Gallegher, Kraut & Egido, 1990).

Die Leistung in einer Gruppe ist ein Aggregat von Verhaltensweisen der Gruppenmitglieder, die für das Erreichen der angegebenen Gruppenziele relevant sind. Der Erfolg einer Gruppe ist das Ausmaß, in dem die Leistungsresultate den angegebenen Gruppenzielen entsprechen. Produktivität dagegen ist die Effizienz, mit der ein bestimmtes Ausmaß an Zeilerreichung erfolgt. D.h. sie ist eine Größe, die an verbrauchten Ressourcen wie z.B. Zeitdauer oder Produktionsmittel gemessen wird. In den meisten Gruppentheorien wird jedoch zwischen Erfolg und Produktivität nicht unterschieden.

12.2 Erkenntnisse aus der betrieblichen Gruppenforschung

Der Gruppenerfolg wird maßgeblich von Effekten und Prozessen innerhalb von Gruppen beeinflusst. Diese werden u.a. von der individuellen Leistungsfähigkeit, den Persönlichkeitsmerkmalen der Gruppenmitglieder, der Motivation, der sozialen Interaktion, des Wohlbefindens von Gruppenmitgliedern, der Art und Komplexität der Aufgabe, dem Führungsstil und den äußeren Rahmen- und Arbeitsbedingungen gesteuert. „Gruppenleistung wiederum beeinflusst die Produktivität, die Innovationskraft und das Wachstum von Organisationen und Gesellschaft“ (Brodbeck, 2004, 415).

Es existiert eine Vielzahl von Arbeiten (vgl. Antoni, 2004; Antoni, Eyer & Kutscher, 1996; Ulich, Conrad-Betschart & Baitsch, 1989; Zink, 1995) und Überblicksartikel (vgl.

Hogg, 1992; Stogdill, 1972; Coffelt & Horton, 1988; Tziner, 1982) über Arbeitsgruppen. Jedoch liefern sie uneinheitliche und z.T. widersprüchliche Befunde. Nicht immer kann nach der Einführung von Arbeitsgruppen von einer Produktivitätssteigerung gesprochen werden. Es ist sogar zu beobachten, dass sich Belastungs- und Beanspruchungswerte sowie Fehlzeiten- und Fluktuationsindizes erhöhen (vgl. Antoni, 1997; Guzzo & Dickson, 1996). Dabei wird auf die enorme Bedeutung der fachlichen und sozialen Eigenschaften der Gruppenmitglieder bei der Gruppenbildung hingewiesen.

Die Akademie der Führungskräfte befragte in einer Studie Führungskräfte und Mitarbeiter in ganz Deutschland zum Thema Teamarbeit, in der die Bedeutung der Teamzusammensetzung unter sozialen Aspekten deutlich wird. Nach Ergebnissen der Studie sind „Kommunikationsschwierigkeiten" die größte Achillesferse für Arbeitsteams. Damit einhergehend ist die „fehlende Kultur der Zusammenarbeit" (vgl. Pinnow, 2002).

Clausen (2004) schließt aus Forschungsergebnissen der Arbeitspsychologie und Wirtschaftswissenschaften, dass die Qualität des Zusammenspiels sowie die Art der Rahmenbedingungen für die gemeinsame Arbeit die Produktivität einer Gruppe entscheidend beeinflusst.

Bereits 1967 wird in dem OECD-Bericht „training methods for older worker" über Versagensängste in Gruppen berichtet, indem zahlreiche Fälle aus der Praxis beschrieben werden. Hauptsächlich ältere Mitarbeiter haben große Ängste, sich aufgrund geänderter Arbeitsanforderungen in altersgemischten Gruppen weiterzubilden (vgl. Belbin, 1967).

In einer Studie wurden besonders innovative Arbeitsgruppen untersucht. Im Ergebnis konnten mehrere Variablen eruiert werden, die für den Gruppenerfolg wichtig sind. Bei der Einstufung der Bedeutung der einzelnen Variablen wurden die Variablen Teamzusammensetzung und Zusammenarbeit als eine der wichtigsten identifiziert (vgl. Sencar, 2004).

Eine internationale Studie hat europäische und amerikanische Unternehmen über die Vielfalt ihrer Belegschaften befragt. Als eine Dimension von Diversity, neben einigen anderen, wurde das Alter beleuchtet. Nach Ergebnissen der Studie sind eine der am häufigsten genannte Nutzen von Diversity die Verbesserung von Teamarbeit und die erhöhte Produktivität einzelner Mitarbeiter (vgl. Stuber, 2002).

Modelle zur Informationsverarbeitung und Entscheidungsfindung in Gruppen fordern eine heterogene Zusammensetzung der Gruppen aus zwei wesentlichen Gründen: Erstens es steht mehr verlässliches Wissen innerhalb der Gruppe zur Verfügung. Zweitens es wird voreiligen Kompromissen und verzerrten Informationsverarbeitungen (groupthink) entgegengewirkt (vgl. Wegge, 2003). Gleichzeitig kann aber eine heterogene Zusammensetzung die Lösungsfindung erschweren und zeitlich hinauszögern.

Watson, Kumar und Michaelsen (1993) untersuchen in einer Studie über 17 Wochen hinweg die Zusammensetzung von international gemischten Studentengruppen. Zu Beginn der Zusammenarbeit erzielen kulturell homogene Gruppen bessere Gruppenleistung, am Ende jedoch kulturell heterogene Gruppen. Negative Effekte einer heterogenen Gruppenzusammensetzung scheinen in dieser Studie nur am Anfang der Zusammenarbeit aufzutreten. Das zeigt somit, dass die Länge der Gruppenzusammensetzung einen Einfluss auf die Gruppenleistung hat.

Nach Ulich (2005) hängt das Leistungsmaximum eindeutig von der Dauer der Gruppenzusammengehörigkeit ab. Sie erreicht ihr Maximum mit eineinhalb Jahren und fällt nach dreieinhalb Jahren wieder stark ab.

Linneweber (2004) stellt die Merkmale von Gruppenmitgliedern in den Vordergrund, von denen die Gruppenleistung wesentlich abhängt. Entscheidenden Einfluss haben die Integrationsmechanismen Kommunikation, Attraktion, Status, Kontrolle und soziale Rollen. Nach Linneweber sind dabei Prozessverluste bei großen Gruppen entscheidend, die mit Motivations- und Koordinationsproblemen einhergehen und die Gruppenproduktivität in einer Formel ausdrücken lassen: Gruppenproduktivität = potenzielle Produktivität - Motivationsverluste - Koordinationsverluste.

Neben den Vorteilen einer Arbeitsgruppe, wie der größere Bestand an Wissen und Informationen, ist die Störung des sozialen Gleichgewichts innerhalb einer Gruppe als Nachteil zu beobachten.

Hackman (2002) identifiziert bei der Zusammensetzung von Arbeitsgruppen drei wesentliche Fehler:

1. Die Gruppen sind meistens zu groß, so dass bei wachsender Gruppengröße der zunehmenden Leistungsfähigkeit die „Prozessverluste“ (Reibungsverluste) entgegenwirken.
2. Arbeitsgruppen werden zu homogen gebildet. Das Rezept für einen guten Gruppenmix liegt darin, die sensible Balance zwischen gleichen und ungleichen Mitgliedern herzustellen, um Vorteile beider kooperierender Subgruppen nutzen zu können.
3. Die persönlichen Eigenschaften von Gruppenmitgliedern werden bei der Gruppenbildung kaum berücksichtigt. Persönlichkeitseigenschaften wie Kooperations- und Kommunikationsfähigkeit sind hierbei von enormer Bedeutung.

Human Resource Management Ansätze konzentrieren sich, gestützt auf eine verhaltenswissenschaftliche Basis, auf den Erhalt und die Weiterentwicklung von Fähigkeiten und Fertigkeiten von Mitarbeitern, indem Personal nicht als Kosten- sondern als Erfolgsfaktor betrachtet wird (vgl. Oechsler, 2006, 24f.). Die Einführung von Arbeitsgruppen wird oft von Arbeitsgestaltungsmaßnahmen wie Job Enlargement, Job Rotation sowie Job Enrichment begleitet. [16] Dadurch wird eine geistige und körperliche Belastungsreduzierung sowie eine Erweiterung von Fähigkeiten und Fertigkeiten und somit eine Leistungssteigerung im Vergleich zur Individualleistung erwartet.

Bisherige Untersuchungen zum Vergleich von Leistung in Arbeitsgruppen und individueller Arbeit zeigen jedoch, dass keine allgemeine Aussage darüber getroffen werden kann, welcher der Arbeitsformen über- oder unterlegen ist.[17] Ebenso lassen wahrscheinlichkeitstheoretische/theoretische Modelle über Gruppenleistung keinen eindeutigen Rückschluss zu, da hier erwartete und tatsächliche Leistungswerte, je nach weiteren Einflussfaktoren auf die Gruppe, unterschiedliche Resultate liefern (vgl. Hackman, 2002; Koeppen, 1975).

[16] Zu den Konzepten Job Enlargement, Job Rotation sowie Job Enrichment siehe Oechsler, 2006, 309f.

[17] Für Details der Untersuchungen siehe Hackman, 2002; Koeppen, 1975; Stogdill, 1972; Mullen & Copper, 1994.

Um Gruppenprozesse in Zusammenhang zu Gruppenleistung zu bringen, ist es erforderlich, aufgabenorientierte Gruppen zu betrachten, deren Mitglieder gemeinsame Ziele anstreben (vgl. Brodbeck, 2004, 416). Gruppen sind dann aufgabenorientiert, wenn mehrere Personen zusammenkommen, um ein gemeinsames Ziel zu erreichen (vgl. Scharman, 1972). In Organisationen wird Gruppenleistung z.B. häufig an der Effizienz, Produktionsqualität, Innovation und ähnlichen Kriterien gemessen.

Je nach Untersuchungsgebiet existiert eine Vielzahl von Erklärungsmöglichkeiten für Leistung. Bspw. legt die Physik ein anderes Erklärungsmuster als die Wirtschaft für Leistung zu Grunde. Im wirtschaftlichen Zusammenhang ist das in einer Zeiteinheit erzielte Ergebnis wirtschaftlicher Aktivitäten in abstrakter Form als Leistung aufzufassen. Der Begriff der Leistung kann sowohl als Mengenbegriff, als auch als Wertbegriff betrachtet werden. Unter dem Mengenbegriff ist die Summe der erzeugten Güter pro Zeiteinheit zu verstehen, unter dem Wertbegriff die bewerteten Güter in einer Zeiteinheit (vgl. Oechsler & Steinebach, 1983, 8). Arbeitsleistung ist die Summe der quantitativen und qualitativen Ergebnisse von Arbeitskräften innerhalb einer Zeitperiode. Sie wird sowohl von äußeren/situationsbedingten als auch von inneren/persönlichen Faktoren beeinflusst. Dabei ist der Leistungsbeurteilung eine enorme Bedeutung zuzuordnen, die sehr oft von methodischen Problemen begleitet wird. [18]

Um Arbeitsgruppen besser zu verstehen, wurden unterschiedliche Modelle entwickelt. Phasenmodelle (vgl. Tuckmann & Jensen, 1977; Brodbeck, 2004) erklären Phänomene, die sich während der Entstehung bis zur Auflösung einer Gruppe abspielen. Um die in den verschiedenen Phasen ablaufenden Prozesse und Effekte zu beschreiben, wird das Kriterienmodell der Gruppenleistung (vgl. Brodbeck, 1996) herangezogen. Darüber hinaus existiert ein breites Spektrum an weiteren Theorien und Modelle, um zu erklären wovon der Erfolg einer Gruppe abhängt.

---

[18] Zur Diskussion des Leistungsbegriffs und der Leistungsbeurteilung siehe Oechsler & Steinebach, 1983.

12.3 Das dynamische Modell der Gruppenentwicklung

Phänomene, die sich während der Entstehung bis zur Auflösung einer Gruppe abspielen, erklärt die Gruppenforschung mit Hilfe von Phasenmodellen, die langfristige Gruppenentwicklungen über Phasenverläufe betrachten. Aufschluss über unterschiedliche Funktionsweisen und den Erfolg von Gruppen ja nach Grad ihrer Entwicklung kann die Untersuchung von Phasen mit jeweils unterschiedlichem Charakter der Interaktionsprozesse geben (vgl. Moreland & Levine, 1988).

Im Modell von Tuckman und Jensen (1977) durchlaufen neu gebildete Arbeitsgruppen vier Phasen, bevor sie ihr Leistungspotential ausschöpfen können und anschließend auseinander gehen (siehe Abb. 34). Da die folgenden Phasen stets in gleichartiger Reihenfolge ablaufen, werden diese Phasen-Modelle als statische Phasenmodelle bezeichnet.

- forming
- storming
- norming
- performing
- adjourning

Während dem forming geht es um die Gruppenbildungsphase, sich kennen zu lernen und Erwartungen über gemeinsame Ziele auszutauschen.

Durch die Art und Weise der anfänglichen Zusammenarbeit und der zunehmenden Erfahrung in der Gruppe treten Konflikte hervor, die als storming-Phase bezeichnet wird.

Unter norming ist die Etablierung von Standards und Regeln zur Einhaltung durch alle Gruppenmitglieder zu verstehen. Im Zuge der Rollenaushandlungsprozesse entwickeln sich Beziehungen untereinander und zunehmend sozial geteiltes Verständnis über Ziele und Vorgehensweisen.

In der Phase der performing hat sich die Gruppe dann zu einer Einheit gebildet, in der sie ihre Höchstleistung erbringt.

Die adjourning-Phase wird dann durch das Austreten von einzelnen Gruppenmitgliedern aus der Gruppe und schließlich das Auflösen der Gruppe eingeleitet.

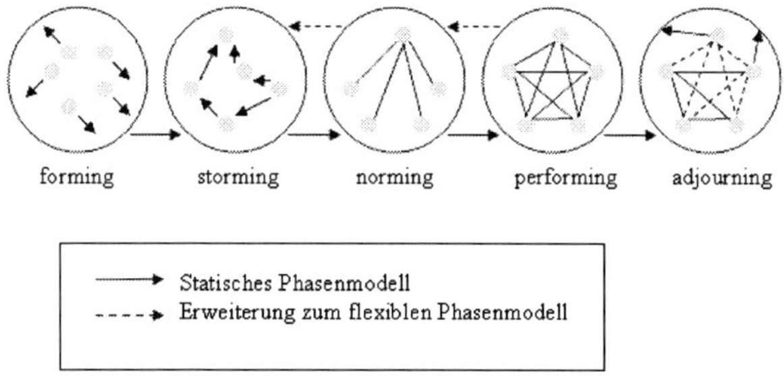

Abb. 34: Fünf-Phasenmodell der Gruppenentwicklung (Tuckmann & Jensen, 1977; Brodbeck, 2004)

Da die Phasen des statischen Modells von Tuckmann und Jensen in der Realität häufig nicht sequentiell ablaufen, entspricht die statische Sichtweise nicht völlig der Realität in Gruppen. „Gruppen in der performing-Phase fallen oft in die norming- oder storming-Phase zurück, wenn z.B. unterschiedliche Sichtweisen über Arbeitsziele oder Vorgehensweisen offenbart werden“ (Brodbeck, 2004, 429).

Neue Theorien der Gruppenentwicklung gehen von flexiblen Phasenverläufen und dynamischen Systemen aus (vgl. Holmes & Poole, 1991; Vallacher & Nowak, 1994). Im Gegensatz zu statischen Phasen-Modellen müssen die Stadien in flexiblen Phasen-Modellen keiner festgelegten Sequenz folgen. Dabei wechseln sich Stadien der Planung oft mit Stadien der Aktivität bei der Aufgabenbearbeitung in Gruppen ab.

12.4 Erklärungsansätze für den Gruppenerfolg

Es existieren zahlreiche Theorien und Modelle, die versuchen, Einflussfaktoren auf den Gruppenerfolg zu identifizieren und deren Beziehungen zueinander zu erklären. Das Kriterienmodell der Gruppenleistung dient dabei als ein wichtiger Erklärungsansatz. Aus diesem lassen sich Einflussfaktoren auf unterschiedlichen Wirkungsebenen ableiten, die mögliche Erklärungsgrößen für die empirischen Ergebnisse dieser Arbeit darstellen.

Das Kriterienmodell der Gruppenleistung (Abb. 35, in Anlehnung an Brodbeck, 1996) stellt den Zusammenhang zwischen Dimensionen der Leistung und Dimensionen des Erfolgs unter Berücksichtigung von Moderatorvariablen dar. Zu den Moderatorvariablen gehören Kontextfaktoren, gruppeninterne Effekte und Prozesse. Entscheidend für den Gruppenerfolg sind jedoch im wesentlichen gruppeninterne Effekte und Prozesse, die in unterschiedlichen Phasen der Gruppenentwicklung auftreten.
Darüber hinaus existieren Rahmenbedingungen, die die Wechselwirkungen zwischen Leistung und Erfolg innerhalb der Gruppe beeinflussen. Zu diesen gehören bspw. alternsgerechte Führung und alternsgerechter Einsatz von Mitarbeitern, Bildung und Weiterqualifizierung, Tätigkeitsvielfalt, Belastungswechsel sowie die Integration aller Gruppenmitglieder in die Gruppe.

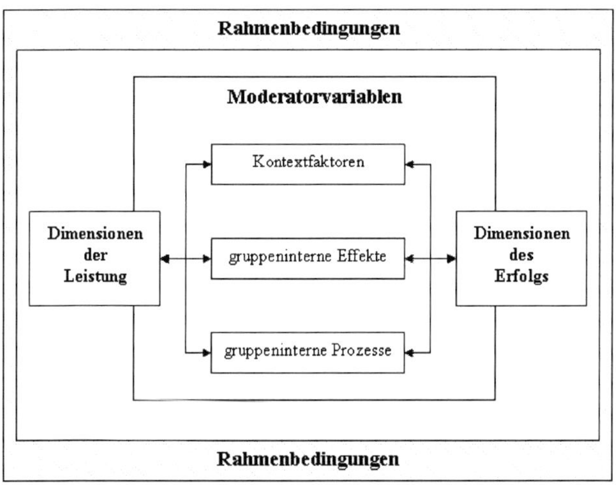

Abb. 35: Das Kriterienmodell der Gruppenleistung (Brodbeck, 1996, erweiterte Darstellung)

Leistung ist ein Aggregat von Verhaltensweisen, die für das Erreichen der angegebenen Ziele relevant sind. Erfolg ist das Ausmaß, in dem die Leistungsresultate den angegebenen Zielen entsprechen.

Kontextfaktoren sind Bedingungen, die außerhalb der Gruppe bzw. unabhängig von Gruppenprozessen existieren. Gruppeninterne Effekte und Prozesse führen zur gegenseitigen Behinderung oder Förderung, die durch individuelles Verhalten und Leistungsverhalten resultieren.

Die Theorie der Gruppenleistung geht von einer wechselseitigen Beziehung zwischen Gruppenleistung und Gruppenerfolg aus. Gruppenpotenz, die sozial geteilte Überzeugung, dass das Team gut arbeitet, ist von Gruppenerfolg abhängig und kann selbst wiederum einen Einfluss auf Gruppenleistung haben (vgl. Shea & Guzzo, 1987a, 1987b). Ebenso ist die Wechselwirkung zwischen Gruppenkohäsion und Gruppenerfolg bekannt (vgl. Mullen & Copper, 1994).

Dimensionen der Gruppenleistung

Unter Dimensionen der Gruppenleistung sind Verhaltensweisen und Verhaltenspotentiale zu verstehen, die für das Erreichen der Gruppenziele relevant sind und sowohl auf individueller Ebene als auch auf Gruppenebene Wirkung haben können (vgl. Hackman, 1987; West, 1996).

Der individuellen Ebene können diese zugeordnet werden:

- individuelle Anstrengung
- Leistungsmotivation
- Aufgabenrelevante Fertigkeiten
- Fähigkeiten/Wissen

Auf Gruppenebene sind nachstehende zugeordnet:

- sozial kompetentes Verhalten
- Motivation zur Pflege und Entwicklung des sozialen Systems der Gruppe

Dimensionen des Gruppenerfolgs

Gruppenerfolg bezieht sich auf das Ausmaß, in dem die von Gruppen erbrachten Leistungsresultate bestimmten Zielen entsprechen (vgl. Brodbeck, 2004, West & Farr, 1990; Sundstrom et al., 2000).

Erfolgsdimensionen auf individueller Ebene sind:

- Arbeitszufriedenheit
- Krankentage
- Kündigungsabsicht
- Entwicklung individueller Qualifikationen
- Befriedigung individueller Bedürfnisse

Erfolgsdimensionen auf Gruppenebene sind:

- Produktionsindikatoren: Quantität, Qualität
- Innovationen
- „Lebendigkeit" des Teams
- Zusammenhalt/Kohäsion
- Kooperation/Partizipation

Moderatoren zwischen Gruppenleistung und Gruppenerfolg

Bei der Analyse von Gruppenleistung ist davon auszugehen, dass Zusammenhänge zwischen Leistung und Gruppenerfolg von bestimmten Variablen beeinflusst, also moderiert werden. Das bedeutet, dass der Zusammenhang zwischen Gruppenleistung und -erfolg durch eine dritte Variable, die Moderatorvariable verstärkt, abgeschwächt, eliminiert oder umgekehrt wird. Dabei lassen sich drei Arten von Moderatoren unterscheiden:

- Kontextbedingungen
- gruppeninterne Effekte
- gruppeninterne Prozesse

Kriterienproblem zur Bestimmung des Gruppenerfolgs

Wenn es um die Frage geht, welches Maß zur Bestimmung des Gruppenerfolgs herangezogen werden soll, gehen die Meinungen auseinander. Goodman (1986) bspw. bevorzugt als Erfolgskriterium lediglich die Anzahl der hergestellten Produkte. Shea und Guzzo (1987a) dagegen setzen als einziges Erfolgskriterium auf die Güte der Aufgabenerledigung.

Diese Erfolgsmaße bringen je nach Fragestellung Probleme mit sich, die personale und soziale Erfolgsdimensionen unbetrachtet lassen. Mit dem Produktionskriterium arbeitende Gruppentheorien verwenden nicht ausreichende, unvollständige Erfolgskriterien (vgl. Borman, 1991). Entscheidende Zusammenhänge zwischen verschiedenen Erfolgsdimensionen werden dabei übersehen. Daher kann es zu einem verzerrten Abbild der Wirkungszusammenhänge kommen, was schließlich zur Fehlinterpretation der Einflussbeziehungen führen kann. Des weiteren existieren neben dem organisationalen Erfolg soziale Bedürfnisse innerhalb einer Gruppe, wie z.B. Selbstverwirklichung, gutes Teamgeist und Zufriedenheit, deren Erfassung, Messbarkeit und Operationalisierung jedoch mit Problemen verbunden ist.

Auf produktionsorientierte Erfolgskriterien bauende Untersuchungsergebnisse erfordern deshalb eine kritische Diskussion. Denn eine multidimensionale Herangehensweise erfordert zusätzlich die Berücksichtigung individueller und sozialer Kriterien (vgl. Brodbeck, 2004).

12.4.1 Direkte Einflussfaktoren auf den Gruppenerfolg

Primär haben gruppeninterne Effekte und Prozesse den größten Einfluss auf den Gruppenerfolg, da sie das „Gruppenleben" innerhalb von Gruppen unmittelbar beeinflussen. Darüber hinaus haben sich in den letzten Jahrzehnten viele Theorien und Modelle entwickelt, die als Erklärungsansatz für den Gruppenerfolg herangezogen werden. Diese Einflussfaktoren und Ansätze, die in den folgenden Abschnitten näher betrachtet werden, stehen im Zentrum der späteren Diskussion der eigenen empirischen Ergebnisse.

12.4.1.1 GRUPPENINTERNE EFFEKTE

Begründet wird die Gruppenbildung mit der Hoffnung, dass in Gruppen Effekte entstehen, die dazu führen können, dass die Gruppe im Ergebnis mehr als das Individuum leistet (vgl. Gebert, 1992, 124).

Die Effekte, die dabei entstehen, sind:

- Steigende Wahrscheinlichkeit der Lösungsfindung
- Statistischer Fehlerausgleich
- Risikodiversifikation des Gruppenerfolgs
- Pooling-Effekt
- Lerneffekt
- Motivationseffekt
- Koordinationseffekt

Diese Effekte lassen sich auf zwei Arten von Gruppen zuordnen: Gruppen, in denen die Interaktion der Gruppenmitglieder irrelevant ist und Gruppen, die Interaktion der Gruppenmitglieder voraussetzen.

Effekte ohne Interaktion

Zu den Effekten, die keine Interaktion der Gruppenmitglieder erfordern, gehören die steigende Wahrscheinlichkeit der Lösungsfindung, der statistische Fehlerausgleich sowie die Risikodiversifikation des Gruppenerfolgs.

Steigende Wahrscheinlichkeit der Lösungsfindung: Je mehr Individuen an der Lösungssuche für ein Problem beteiligt sind, desto höher ist die Wahrscheinlichkeit, dass die Gruppe eine Lösung findet (vgl. Lorge & Solomon, 1955; Davis, 1969, 44; Bürkle, 2004).

Statistischer Fehlerausgleich: Bei Schätzaufgaben ist der Mittelwert der individuellen Schätzungen von Gruppenmitgliedern eine sehr gute Annäherung an den tatsächlichen Wert der zu schätzenden Größe (vgl. Steiner, 1966; Bürkle, 2004).

Risikodiversifikation des Gruppenerfolgs: Das Risiko des monetären Gruppenerfolgs kann bei gemischter Gruppenzusammensetzung niedriger sein, als das durchschnittliche Risiko der einzelnen Erfolgsbeiträge von Gruppenmitgliedern (vgl. Bürkle, 2004).

Effekte mit Interaktion

Zu den Effekten, die Interaktion der Gruppenmitglieder erfordern, gehören der Pooling-Effekt, der Lerneffekt, der Motivationseffekt sowie der Koordinationseffekt.

Pooling-Effekt: Das benötige Wissen zur Lösung einer Aufgabe ist auf mehrere Individuen verteilt. Durch gegenseitige Ergänzung bei heterogenen Fähigkeiten von Gruppenmitgliedern lassen sich Schwächen ausgleichen oder Stärken ergänzen (vgl. Brandstätter, 1989, 520; Bisani, 1985, 100; Bürkle, 2004).

Lerneffekt: Das Fähigkeitsniveau kann sich durch gegenseitige Vermittlung von Kenntnissen und Fähigkeiten innerhalb der Gruppe verbessern (vgl. Bisani, 1995, 709; Bürkle, 2004). Individuelle informationale Reize von Gruppenmitgliedern können durch kognitive Stimulation den Beitrag eines Mitglieds zur Gruppenleistung beeinflussen (vgl. Schulz-Hardt, Greitemeyer, Brodbeck & Frey, 2002). Informationale Reize von anderen Gruppenmitgliedern, die zur Veränderung individueller Leistungspotenziale führen, können als interaktives Lernen in Gruppen aufgefasst werden. Gruppen werden auch als lernende Systeme betrachtet.

Der Lerneffekt tritt dann besonders stark in Erscheinung, wenn Gruppen in Organisationen über längere Zeiträume bestehen und wiederholt gleichartige Aufgaben bearbeiten, wie z.B. Arbeitsgruppen am Fließband (vgl. Brodbeck & Greitemeyer, 2000a, 2000b). Dadurch resultieren dann verbesserte Handlungsstrategien innerhalb der Gruppe und eine Verbesserung des Gruppenerfolgs (vgl. Argote & Epple, 1990; Argote, 1993).

Leistungsverbesserungen sind dabei auf Lernprozesse zurückzuführen, die auf drei Ebenen erklärt werden können (vgl. Brodbeck, 2004):

- individuelles Lernen
- sozial vermitteltes Lernen
- kollektives Lernen

„Individuelles Lernen in Gruppen wird mit Automatisierung, Routinisierung und dem individuellen Wissenserwerb bei der Auseinandersetzung mit der Arbeitsaufgabe in Zusammenhang gebracht“ (Brodbeck, 2004, 423). Dies kann mit und ohne Einfluss der Gruppenmitglieder erfolgen.

Bei sozial vermitteltem Lernen ist die soziale Interaktion von Individuen von großer Bedeutung. Gruppenmitglieder können durch mehrmalige und kollektive Aufgabenbearbeitung lernen, besser zu kooperieren, d.h. flüssiger zu koordinieren, zügiger Entscheidungen zu treffen und reibungsloser Konflikte zu bewältigen (vgl. Brodbeck & Greitemeyer, 2000a).

Kollektives Lernen ist bspw. die Entwicklung kollektiver Handlungsroutinen, die Erarbeitung neuer und effektiver Methoden der Arbeitsteilung oder der Wissenserwerb durch gezielte Aufnahme neuer Gruppenmitglieder (vgl. Brodbeck, 2004, 423). Durch die Entwicklung so genannter transaktiver Wissenssysteme innerhalb einer Gruppe wissen Gruppenmitglieder, welches andere Gruppenmitglied was am besten weiß oder kann. Zunehmende Entwicklung solcher Systeme bringen Leistungsvorteile mit sich, wie z.B. geringere Fehlerraten (vgl. Liang, Moreland & Argote, 1995).

Motivationseffekt: Interaktionsbeziehungen, Schutzfunktionen der Gruppe, Komplexitätsreduzierung durch soziale Systeme befriedigen die Sicherheitsbedürfnisse einzelner Gruppenmitglieder (vgl. Maslow, 1984, 62ff; Luhmann, 1973, 171; Bürkle, 2004). Teilaufgaben werden zu vollständigen Gruppenaufgaben zusammengefasst, die als ganzheitliche Arbeit im modernen Arbeitsprozess aufgefasst werden (vgl. Ulich, 2005). Da Gruppen von ihren Mitgliedern als eine soziale Gemeinschaft erlebt werden, lässt sich der Motivationseffekt durch gegenseitige Stimulierung der Gruppenmitglieder erklären.

Wenn Gruppenmitglieder Leistung zurückhalten und sich auf Beiträge anderer verlassen, sich für das Gruppenergebnis nicht verantwortlich fühlen oder sich von anderen Gruppenmitgliedern ausgenutzt fühlen, führt Motivationsverlust zu Leistungsminderungen im Vergleich zur nominalen Gruppenleistung (vgl. Latané, Williams & Harkins, 1979; Weldon & Gargano, 1988; Kerr, 1983). Die nominale Gruppenleistung ist die Leistung, die ohne jegliche Interaktion der Gruppenmitglieder zu erwarten ist.

Wenn dem Kollektiv gegenüber dem Individuum eine höhere Bedeutung eingeräumt wird und deshalb besondere individuelle Anstrengungen in der Gruppe unternommen werden oder sozialer Wettbewerb zwischen ähnlich leistungsstarken bzw. statusähnlichen Gruppenmitgliedern stattfindet, liegen Motivationsgewinne vor (vgl. Witte, 1989; Earley, 1989; Latané, 1986).

Koordinationseffekt: Koordinationsverluste entstehen bei sozialer Kombination individueller Handlungen, die sich jedoch widersprechen. Ressourcen von Gruppenmitgliedern werden nicht nur in eine Richtung freigesetzt, sondern führen zu Reibungsverlusten innerhalb der Gruppe (vgl. Brodbeck, 2004, 422). „Koordinationsgewinne sind bei vielen Aufgaben prinzipiell nicht möglich. Dem Leistungspotenzial einer Gruppe liegt nämlich die Annahme einer optimalen Kombination aller (zu einem gegebenen Zeitpunkt bestehenden) aufgabenrelevanten, individuellen Ressourcen zu Grunde“ (Brodbeck, 2004, 422).

Verbundeffekte durch Synergieeffekte

Die Effekte steigende Wahrscheinlichkeit der Lösungsfindung, statistischer Fehlerausgleich sowie Risikodiversifikation des Gruppenerfolgs sind Gruppen zuzuordnen, in denen der Interaktionsgrad der Arbeit irrelevant ist.

Dagegen setzen der Pooling-Effekt, Lerneffekt, Motivationseffekt und Koordinationseffekt Interaktionen der Gruppenmitglieder voraus. Die Auswirkungen dieser Effekte hängen zudem wesentlich von den Persönlichkeitsmerkmalen der Gruppenmitglieder ab.

Synergieeffekte in interagierenden Gruppen führen dazu, dass der Gruppenerfolg über eine reine Addition der Beiträge der einzelnen Gruppenmitglieder bei isolierter Aufgabenbewältigung hinausgeht. Dabei entstehen Verbundeffekte, die vom Interaktionsgrad und von Persönlichkeitsmerkmalen der Gruppenmitglieder abhängen (siehe Abb. 36).

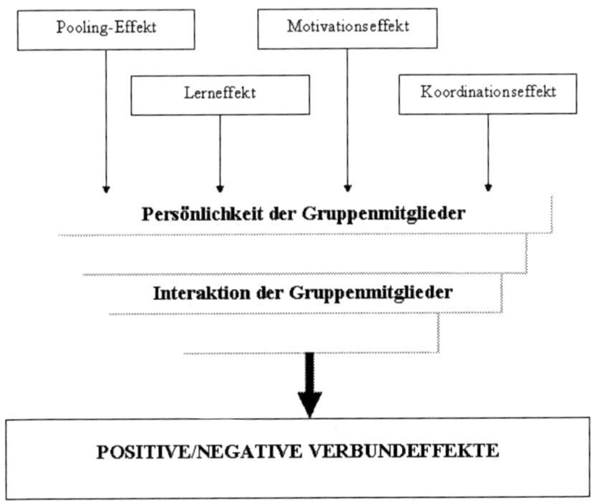

Abb. 36: Abhängigkeit der Verbundeffekte von Interaktion und Persönlichkeitsmerkmalen der Gruppenmitglieder

Synergieeffekte können aufgrund Pooling-, Motivations-, Lern- und Koordinationseffekten auftreten, die als positive Verbundeffekte aufgefasst werden, wenn es zu einer Leistungsüberlegenheit der Gruppe kommt (vgl. Gebert, 1992, 124). Der Erfolgsbeitrag eines Mitarbeitertyps ist bei ausgewogenen Mischungsverhältnissen größer als bei einseitigen Gruppenzusammensetzungen. Aufgrund eines Miteinanders entstehen Effekte, die dazu führen können, dass die Gruppe im Ergebnis mehr als ihr bestes Mitglied leistet (vgl. Bürkle, 2004, 50). Bei negativen Verbundeffekten dagegen nimmt der Erfolgsbeitrag der einzelnen Mitarbeitertypen bei gemischter Gruppenzusammensetzung ab.

Der positive Verbundeffekt lässt sich z.B. durch den Pooling- und Lerneffekt erklären. Eine ausgeglichene Verteilung von Fähigkeiten der Gruppenmitglieder führt zu einer Verbesserung des Fähigkeitsniveaus durch eine gegenseitige Vermittlung von Kenntnissen und dadurch zu einer höheren Leistungsfähigkeit der Gruppe. Negative Verbundeffekte sind z.B. durch Konflikte in der Gruppe zu erklären, die durch Unausgewogenheit der unterschiedlichen Fähigkeiten von Gruppenmitgliedern oder durch Koordinationsverluste bei widersprechenden individuellen Handlungen herbeigeführt werden.

12.4.1.2 Gruppeninterne Prozesse

Viele sozialpsychologische Arbeiten, setzen sich mit der Heterogenität/Homogenität von Gruppen und den dadurch ausgelösten Prozessen auseinander.[19]

Wenn eine aufgabenorientierte Gruppe ein gemeinsames Ziel zu erfüllen hat, treten soziale Interaktionsprozesse auf. „Die dabei ablaufenden Serien interdependenter Aktionen und Operationen werden Gruppenprozesse genannt“ (Brodbeck, 2004, 424). Ziel der Analyse von solchen Prozessen ist es, Gruppenprozesse zu identifizieren, die mit Gruppenleistung und Gruppenerfolg in Beziehung stehen.

Prozesse der sozialen Interaktion, die zur gegenseitigen Beeinträchtigung oder Förderung der Gruppenleistung führen, werden unter dem Begriff Prozessverlust und Prozessgewinn betrachtet. Liegt die Gruppenleistung, die ohne Beteiligung von Interaktionsprozessen zu erwarten ist (nominaler Gruppenleistung), oberhalb der tatsächlichen Gruppenleistung, die unter Beteiligung von Interaktionsprozessen zu Stande kommt, ist die Rede von Prozessverlust. Liegt sie dagegen unterhalb der tatsächlichen Gruppenleistung, spricht man von Prozessgewinn (vgl. Brodbeck, 2004, 421).

[19] Eine Vielzahl dieser Arbeiten befindet sich in Belbin, 1993; Belbin, 1967; Arnscheid, 1996; Hackman, 2002; Pinnow, 2002; van Knippenberg & Haslam, 2003; Wegge, 2001a, b; Bowers, Pharmer & Salas, 2000; Stumpf & Thomas, 2000.

„Input-Process-Output"-Modelle

Arbeiten, die versuchen, gruppeninterne Prozesse zu erklären, legen „Input-Process-Output"-Modelle des Gruppengeschehens zu Grunde. Mit Hilfe dieser Modelle kann geprüft werden, welche Auswirkungen (output) verschiedene Gruppenzusammensetzungen (input) haben und wie diese zu Stande kommen (process) (vgl. Wegge, 2003, 124).

Bei der Modellierung der Prozesse spielt die „Ingroup-Outgroup"-Theorie eine wesentliche Rolle. Nach der Theorie der Selbstkategorisierung streben Menschen danach, ihren Selbstwert positiv zu erhalten (vgl. Haslam, 2001; Turner, 1999). Menschen gewinnen ihr Selbstwert und ihre soziale Identität durch die Zugehörigkeit zu bestimmten Gruppen, indem sie sich anhand verschiedener Merkmale (z.B. Alter, Berufszugehörigkeit, Abteilungszugehörigkeit) auf verschiedene Abstraktionsebenen (z.B. Mitglied der Gruppe X, einzigartiges Individuum) kategorisieren.

Die Zugehörigkeit eines Individuums zu bestimmten sozialen Gruppen ist verbunden mit der emotionalen und wertmäßigen Bedeutung, die diese Gruppenmitgliedschaft für das Individuum hat (vgl. Tajfel, 1975, 369). Die Selbstkategorisierungs-Theorie erklärt Intragruppenprozesse, die den sozialen Einfluss, die wechselseitige Abhängigkeit der Gruppenmitglieder, die Attraktion zur Gruppe sowie die Gruppenkohäsion beinhaltet (vgl. Turner, 1987).

Die Selbstkategorisierung als Mitglied einer bestimmten Kategorie führt dazu, dass Mitglieder der eigenen Gruppe (Ingroup, z.B. Ingenieur) positiver wahrgenommen und bevorzugt werden als Mitglieder anderer Gruppen (Outgroup, z.B. Kaufmann). Diese Polarisierung löst Gruppenprozesse aus, die dazu führen, dass es je nach bestimmten Situationen zur Abnahme der Gruppenkohäsion, des Vertrauens, der Kommunikation und der Zunahme von sozialen Konflikten zwischen Ingroup und Outgroup kommt. Dieser Zustand kann zu einer geringeren Zufriedenheit sowie geringeren Leistung innerhalb der Gruppe führen und beeinflusst somit den Gruppenerfolg. In der Praxis wird Konfliktmanagement jedoch weitgehend vermieden oder ignoriert.[20]

[20] Eine weitgehende Diskussion zu konflikttheoretischen Ansätzen befindet sich in Oechsler, W.A., 1979, Konfliktmanagement: Theorie und Praxis industrieller Arbeitskonflikte.

Das „Input-Process-Output"-Modell erklärt damit, wie die Zusammensetzung einer Gruppe (input) Selbstkategorisierungsprozesse (process) auslöst, die sich auf den Gruppenerfolg (output) auswirken.

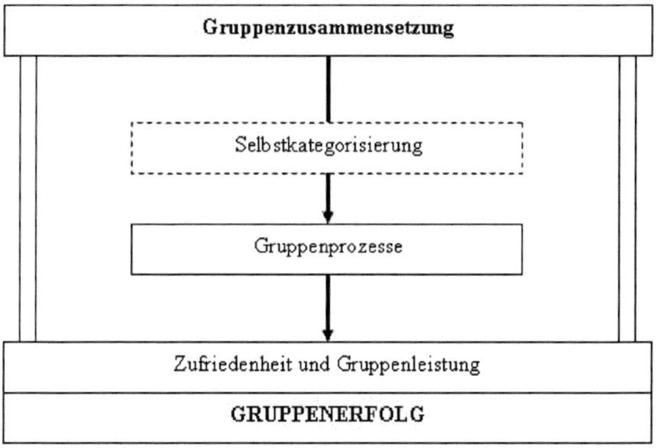

Abb. 37: Einflusswirkung von Gruppenzusammensetzung, Selbstkategorisierung und Gruppenprozessen auf die Zufriedenheit und Gruppenleistung (modifizierte Darstellung nach Wegge, 2003, 123)

Das Phänomen der Selbstkategorisierung kann nicht nur negative Effekte, wie die Konfliktinduzierung in Gruppen, sondern auch starke motivations- und leistungsförderliche Effekte durch Wettbewerb zwischen außenstehenden Gruppen nach sich ziehen (vgl. van Knippenberg, 2000; Wegge, 2001b, 2002).

Auswirkung unterschiedlicher Merkmale auf Gruppenleistung

Bei der Klassifikation von Merkmalen, die Gruppenleistung beeinflussen, können zwei Dimensionen unterschieden werden (vgl. Wegge, 2003, 127):

1. Merkmale mit Bezug zur Aufgabenbearbeitung
   - Berufliche Ausbildung
   - Fach- oder Abteilungszugehörigkeit
   - Dauer der Betriebszugehörigkeit
   - Allgemeines Wissen/Fachwissen
   - Fähigkeiten/Fertigkeiten

2. Merkmale mit Bezug zu den sozialen Beziehungen in der Gruppe

- Aussehen
- Geschlecht
- Nationalität
- Alter
- Konfessions-/Parteizugehörigkeit
- Sozioökonomischer Status
- Persönlichkeit/Einstellungen

Stehen in einer Gruppe aufgabenbezogene Merkmale im Vordergrund, so ist bei Heterogenität mit kognitiven Konflikten oder positiven Synergieeffekten zu rechnen. Stehen dagegen soziale Beziehungen im Vordergrund, sind soziale Konflikte - auch in Kombination mit Selbstkategorisierungsprozessen - innerhalb der Gruppe wahrscheinlich.

Direkte Wirkungen der Gruppenzusammensetzung, ohne vorherigere Selbstkategorisierungsprozesse lassen erwarten, dass mit zunehmend heterogener Zusammensetzung von Gruppen die Gruppenleistung steigt, weil mehr Wissen zur Verfügung steht und voreiligen Kompromissen sowie einer verzerrten Informationsverarbeitung durch „groupthink“ entgegengewirkt wird. William und O’Reilly (1998) zeigen in einer Übersicht von mehreren Arbeiten, dass das Finden von Problemlösungen wissens-heterogenen Gruppen oft besser gelingt, die Durchsetzung von Ideen jedoch durch wissens-homogenen Gruppen effizienter erledigt wird.

Andere Arbeiten berichten davon, dass keine Selbstkategorisierung mit Blick auf bestimmte Merkmale der Gruppenmitglieder stattfinden muss, damit bestimmte Gruppenzusammensetzungen eine Wirkung auf die Gruppenleistung haben. So z.B. in Baron, 1997; Kichuk und Wiesner, 1998; Wegge, 2001a, 2001b, 2002; Williams und Sternberg, 1988, in denen der Effekt von Persönlichkeitsmerkmalen untersucht wurde:

- Gruppen mit gleichmäßiger Verteilung von verschiedenen Teamrollen[21] erzielen besonders gute Gruppenleistungen
- In Gruppen mit homogener hoher Sozialkompetenz existiert eine hohe Qualität der Zusammenarbeit , die zu guten Gruppenleistungen führt
- Gruppen mit neurotischen und gewissenhaften Mitgliedern weisen eher schlechte Gruppenleistungen auf
- Gruppen mit homogenen Intelligenzwerten erbringen bessere Leistungen als Gruppen mit heterogenen Intelligenzwerten

Das zeigt, dass Merkmale wie z.B. Alter, Nationalität, Geschlecht, Sozialkompetenz, Wissen usw. unterschiedliche Wirkungen auf Gruppenprozesse und auf die Gruppenleistung haben können. Die aus den verschiedenen Merkmalen hervorgehenden Prozesse und Wirkungen in der Gruppe können sich somit ergänzen, widersprechen oder sogar aufheben. Auch von der Gruppenstimmung gehen eigenständige Wirkungen auf die Gruppe aus, die oft von der Gruppenzusammensetzung beeinflusst werden (vgl. Kelly & Barsade, 2001).

Eine scharfe Trennung der Wirkungszusammenhänge ist nicht immer möglich. Sind bspw. auf Grund der Nationalität Sprachkenntnisse und Arbeitskultur der Gruppenmitglieder sehr unterschiedlich, können sowohl kognitive Konflikte als auch emotionale/soziale Konflikte auftreten. Eine Studie von Pelled, Eisenhardt und Xin (1999) bestätigt, dass kognitive Konflikte in Gruppen auch ursächlich zu emotionalen Konflikten führen können und umgekehrt.

Emotionale und aufgabenbezogene Konflikte

Bei Kategorien wie Nationalität, Alter, Geschlecht usw., die als kaum veränderbar erlebt werden, ist eine kontraproduktive Spaltung der Gruppe in Ingroup und Outgroup eher zu beobachten, als bei veränderbaren Kategorien wie z.B. Abteilungszugehörigkeit oder Berufszugehörigkeit (vgl. Pelled et al., 1999). Hierbei können emotionale und aufgabenbezogene Konflikte auftreten, die unterschiedliche Einflüsse auf die

[21] Teamrollen nach Belbin sind: Neuerer/Erfinder, Wegbereiter/Weichensteller, Koordinator/Integrator, Macher, Beobachter, Teamarbeiter/Mitspieler, Umsetzer, Perfektionist, Spezialist. Für eine detaillierte

Gruppenleistung haben. Eine Studie von Pelled et al. (1999), in der 45 Innovationsteams untersucht wurden, zeigte, dass in altersgemischten Gruppen weniger emotionale Konflikte in Erscheinung treten als in altershomogenen und es daher zu weniger Spaltungen in der Gruppe kommt. Wenn Personen desselben Alters zusammenarbeiten, könnten Status- und Machtkämpfe mit Blick auf den bisher erreichten beruflichen Erfolg eine Erklärung für die konfliktinduzierten sozialen Vergleichsprozesse sein. Für die Nationalität und die Dauer der Betriebszugehörigkeit bestätigte die Studie das Auftreten emotionaler Spannungen in den Gruppen, begründet durch Spannungen, die durch unveränderbare Merkmale induziert wurden. Ein Einfluss der emotionalen Konflikte auf die Gruppenleistung konnte jedoch nicht gezeigt werden.

Mit zunehmender Unterschiedlichkeit der Ausbildung und Abteilungszugehörigkeit traten zwar häufiger aufgabenbezogene Konflikte auf, die Mischung hatte aber einen positiven Effekt auf die Gruppenleistung. Nationalität, Geschlecht, Alter und Dauer der Betriebszugehörigkeit hatten keinen Einfluss auf aufgabenbezogene Konflikte in der Gruppe.

12.4.1.3 Ähnlichkeits-Attraktions-Effekte

Es ist nicht richtig davon auszugehen, dass nur dann eine Wirkung auf die Gruppenleistung eintritt, wenn die Merkmalsverteilung innerhalb der Gruppe bewusst wahrgenommen wird. Obwohl die Wahrnehmung von Unterschieden (wie bspw. Ziel- und Wertvorstellungen) die Leistung der Gruppe beeinflusst, geht die Ähnlichkeits-Attraktions-These davon aus, dass allein die Ähnlichkeit zwischen Menschen für verschiedenste Merkmale wie z.B. Herkunft zu Gefühlen der Sympathie und Zusammengehörigkeit führt, was die Gruppenleistung beeinflusst (vgl. Jehn, Northcraft & Neale, 1999; Wegge, 2002; Wegge, 2001b; van Knippenberg, 2000).

Allein durch die Feststellung, dass ein Merkmal in einer Gruppe heterogen oder homogen ausgeprägt ist, muss nicht zwingend dazu führen, dass dieses Merkmal von den

Beschreibung siehe: Belbin, R. M. (1993). *Team Roles at Work.* Oxford: Butterworh Heinemann.

Gruppenmitgliedern bewusst wahrgenommen wird und daher eine positive oder negative Auswirkung auf die Gruppe hat (vgl. Wegge, 2003, 120).

Ein Phänomen zeigt, dass in Gruppen mit etwa gleich häufiger Merkmalsverteilung (z.B. 3 Männer und 3 Frauen) Rollenschemata weniger oft aktiv werden als in Gruppen, in denen eine deutlich ungleiche Verteilung des Merkmals festzustellen ist (vgl. Doosje, Spears, Ellemers & Koomen, 1999; Haslam, 2001; Mullen, 1991). Das bedeutet aber, dass die hohe Heterogenität eines Merkmals keinesfalls die Wahrnehmung dieses Merkmals in der Gruppe günstig beeinflussen muss.

12.4.1.4 Teamrollen-Effekte

Da in einer Gruppe zwischenmenschliche Berührungen und Konflikte nicht ausgeschlossen werden können und zwangsläufig vorhanden sind, beschreibt Voigt (2004) die Chemie der Beziehungen von Spezialisten in den leistungsverdichteten Gefügen von Zusammenarbeit sogar als sozial sehr empfindlich. Bedeutend dabei sind die Funktionen der jeweiligen Teammitglieder. Die Funktion eines Mitglieds muss nicht nur vom Team akzeptiert werden, sonder das Teammitglied muss sich selbst darin akzeptieren können.

Nach Belbin (1993) ist für den Teamerfolg die Zusammensetzung maßgeblich. Hierfür definiert er neun typische Teamrollen: Neuerer/Erfinder, Wegbereiter/Weichensteller, Koordinator/Integrator, Macher, Beobachter, Teamarbeiter/Mitspieler, Umsetzer, Perfektionist, Spezialist.[22] Je nach Anforderungen an das Team, ist bei der Zusammensetzung der Gruppe die entsprechende Rollenverteilung zu berücksichtigen. In seltenen Fällen jedoch erfolgt die Auswahl der Teammitglieder nach Belbins Vorschlägen – zumeist geben fachliche Kompetenzen, hierarchische Strukturen oder schlicht und einfach das Kriterium der Verfügbarkeit den Ausschlag (vgl. Pinnow, 2002). Wenn bspw. Umsetzer und Perfektionisten (Rollen, die angeblich eher Älteren zugeordnet werden können) mit Neuerern/Erfindern und Wegbereitern/Weichenstellern (Rollen, die angeblich eher Jüngeren zugeordnet werden können) in einem Team eingesetzt werden, das nicht in einem an die Arbeitsanforderungen angepassten Verhältnis steht, führt dies zu einem Leistungsverlust in der Arbeitsgruppe.

12.4.1.5 Gruppenkohäsions-Effekte

Ein anderer Ansatz in der Gruppenforschung stützt sich auf den Zusammenhang zwischen Gruppenkohäsion und Gruppenleistung. Je höher die Attraktivität der Gruppe für ihre Mitglieder ist, desto größer sollte auch das Interesse der Mitglieder sein, an sie gestellte Aufgaben erfolgreich zu bewältigen (vgl. Arnscheid, 1996).

Untersuchungen zur Gruppenkohäsions-Theorie zeigen überwiegend gleiche Ergebnisse. Der Zusammenhang zwischen Kohäsion und Leistung ist sehr ausgeprägt, wenn hohe Interaktions- und Koordinationsanforderungen sowie aufgabenbezogene Verpflichtungen in der Gruppe existieren (vgl. Mullen & Copper, 1994; Carron, 1980; Zaccaro & McCoy, 1988; Bakeman & Helmreich, 1975).

Die Kausalität zwischen Kohäsion und Leistung ist jedoch zu hinterfragen. Der positive Zusammenhang kann auch damit begründet werden, dass die Gruppenleistung und somit der Erfolg sich auf die Gruppenkohäsion auswirkt und nicht umgekehrt. Zahlreiche Untersuchungen belegen, dass generell die Attraktion zu erfolgreichen Gruppen größer ist als zu nicht erfolgreichen (vgl. Widmeyer & Williams, 1991; Ruder & Gill, 1982; Snyder, Lassegard & Ford, 1986).

12.4.1.6 Identitäts-Effekte

Ein anderes theoretisches Modell geht davon aus, dass es in Gruppen mit unterschiedlichen sozialen Kategorien zur leistungsförderlichen Nutzung unterschiedlicher Fähigkeiten dann kommt, wenn die Gruppe trotz Unterschiedlichkeiten eine gemeinsame und übergeordnete Identität hat (vgl. van Knippenberg & Haslam, 2003).

---

[22] Für eine nähere Beschreibung der Teamrollen nach Belbin siehe: Belbin, R. M. (1993). *Team Roles at Work.* Oxford: Butterworh Heinemann.

12.4.2 Indirekte Einflussfaktoren auf den Gruppenerfolg

Neben direkten Einflussfaktoren auf den Gruppenerfolg existieren auch indirekte Einflussfaktoren, die den Gruppenerfolg entscheidend beeinflussen. Zu diesen gehören die Rahmenbedingungen der Gruppenarbeit sowie die Kontextfaktoren als Moderatorvariable zwischen Gruppenleistung und Gruppenerfolg, die im Kriterienmodell der Gruppenarbeit (vgl. Brodbeck, 1996) abgebildet werden. Diese Faktoren, die in den folgenden Abschnitten betrachtet werden, stellen weitere Erklärungsansätze für den Gruppenerfolg dar. Sie gehen jedoch nicht vertieft in die spätere Diskussion der eigenen empirischen Ergebnisse ein, da sie den Gruppenerfolg nicht unmittelbar beeinflussen.

12.4.2.1 Rahmenbedingungen der Gruppenarbeit

Zu den Rahmenbedingungen der Gruppenarbeit gehören der alternsgerechte Einsatz und die alternsgerechte Führung der Mitarbeiter sowie die langfristige Belastungsreduzierung durch systematischen Beanspruchungswechsel, durch die körperlichen und mentalen Verschleißerscheinungen vorgebeugt wird und Gruppenmitglieder ihren Fähigkeiten entsprechend eingesetzt werden. Ein systematischer Mitarbeitereinsatz und Beanspruchungswechsel findet in der Praxis kaum statt. Der Personaleinsatz orientiert sich nicht an langfristigen Zielen sondern an kurzfristigen Zwecken (vgl. Morschhäuser, 1999b, 45; Clemens, 2001, 141).

Tätigkeitsvielfalt über die gesamte Gruppenaufgabe hinweg ermöglicht den Aufbau flexibler Qualifikationsprofile aller Altersgruppen. Altersheterogene Gruppenarbeit kann in dieser Form der Entstehung von Qualifikationssackgassen entgegenwirken (vgl. Huber, 2002b, 65). Tätigkeitswechsel werden in der Praxis jedoch vermieden, da sie organisatorischen Mehraufwand erfordern.

Durch den intergenerativen Transfer von Wissens-, Informations- oder Erfahrungswerten zwischen Mitarbeitern entstehen informell strukturierte Lernprozesse (vgl. Köchling, 2000, 365; Menges, 2000, 338). Dabei kommt dem Wissenstransfer zwischen den Generationen sowie der Integration aller Gruppenmitglieder durch Interaktion und Kommunikation eine besonders zentrale Rolle zu. Derartige Prozesse werden in unterschiedlichen Arbeitsbereichen jedoch vielfach erschwert oder verhindert.

12.4.2.2 Kontextfaktoren

Kontextfaktoren gehören zu den Moderatorvariablen, die den Zusammenhang zwischen der Gruppenleistung und dem Gruppenerfolg beeinflussen. Sie stellen Bedingungen dar, die außerhalb von Gruppen bzw. unabhängig von Gruppeneffekten und -prozessen existieren. Zu diesen Bedingungen gehören z.B. technologische Gegebenheiten, Aufgabenkomplexität oder Qualität/Quantität materieller Ressourcen (vgl. Brodbeck, 2004, 420).

Eine Untersuchung von Goodman (1986) zeigte, dass unter schlechten Witterungsbedingungen (Kontextbedingung) sehr gut koordinierte Teams (kollektives Leistungsverhalten) mehr Tonnen Kohle (Erfolgskriterium) förderten als weniger gut koordinierte Teams. Hier scheint es, dass manche kollektiven Handlungsstrategien erst bei hoher Aufgabenkomplexität in Erscheinung treten.

12.5 Eine Zwischenbilanz der Erkenntnisse

Die vorherrschenden Erkenntnisse der Gruppenforschung zeigen, dass es unterschiedliche Faktoren gibt, die den Gruppenerfolg beeinflussen. Je nach Kontext ist es eine komplexe Aufgabe, die „richtige" Verteilungsform einer Gruppe zu bestimmen. Eine pauschale Festlegung der Gruppenzusammensetzung ohne die Berücksichtigung der Einflussfaktoren, wie der auftretenden Effekte und Prozesse innerhalb der Gruppe, der Rahmenbedingungen und der Kontextfaktoren, ist nicht erfolgswirksam.

Zu den direkten Einflussfaktoren, die den Gruppenerfolg maßgeblich bestimmen, gehören hauptsächlich Effekte und Prozesse, die innerhalb von Gruppen auftreten. Sie moderieren zwischen den gegebenen Leistungsressourcen und dem Gruppenerfolg, indem sie die individuellen Leistungsressourcen und die Art und Weise ihrer Nutzung beim kollektiven Handeln ändern.

Z.B. entstehen durch den Pooling- und Lerneffekt positive Verbundeffekte, die zu einer ausgeglichenen Verteilung von Fähigkeiten der Gruppenmitglieder führen. Dies wiederum hat eine Verbesserung des Fähigkeitsniveaus durch eine gegenseitige Vermittlung von Kenntnissen und dadurch eine höhere Leistungsfähigkeit der Gruppe zur Folge.

Selbstkategorisierungsprozesse führen z.B. dazu, dass es situationsbedingt zur Abnahme der Gruppenkohäsion, des Vertrauens, der Kommunikation und der Zunahme von sozialen Konflikten zwischen Gruppenmitgliedern kommt. Dies hat eine geringere Zufriedenheit sowie geringere Leistung innerhalb der Gruppe zur Folge. Jedoch können Gruppenprozesse nicht nur negative Effekte, sondern auch motivations- und leistungsförderliche Effekte nach sich ziehen.

Oft ist die Rede von der Eigendynamik des Sozialkörpers Gruppe. Ein Team entsteht nicht dadurch, indem mehreren Personen eine gemeinsame Aufgabe zugeteilt wird. Vielmehr müssen Teammitglieder unter Vorgabe einer minimalen Gruppenstruktur durch Kommunikation und Interaktion die Integration aller Mitglieder erarbeiten, um dann die ihnen gestellten Anforderungen erfüllen zu können (vgl. Buchinger, 2004). Dabei spielen unterschiedliche Persönlichkeiten der Gruppenmitglieder und die dadurch in der Gruppe entstehende Heterogenität an Eigenschaften und Fähigkeiten eine entscheidende Rolle. Kooperation und Kommunikation sind grundlegende Mechanismen in Unternehmen, die durch die Aufgaben- und Rollenstruktur von Individuen wirtschaftliche Handlungsorientierungen vermitteln (vgl. Oechsler, 1979, 60).

Die Merkmale bzw. Dimensionen der Heterogenität sind nicht immer einfach einzugrenzen. Neben „sichtbaren" Dimensionen (bspw. Nationalität, Geschlecht) existieren „unsichtbare" Dimensionen (bspw. Fremdenfeindlichkeit), die allerdings nicht messbar sind, jedoch einen wesentlichen Einfluss auf das Gruppengefüge haben können. Ziel sollte darum sein, bei gegebener Fragestellung, möglichst alle erklärenden Merkmale einer Gruppe zu erfassen, die zu einem Erkenntnisgewinn führen (vgl. Wegge, 2003).

Indirekte Einflussfaktoren auf den Gruppenerfolg sind Rahmenbedingungen der Gruppenarbeit sowie Kontextfaktoren als Moderatorvariable zwischen Gruppenleistung und Gruppenerfolg. Die Einhaltung von Rahmenbedingungen wie z.B. alternsgerechte Führung und alternsgerechter Einsatz von Mitarbeitern, Bildung und Weiterqualifizierung, Tätigkeitsvielfalt, Belastungswechsel sowie die Integration aller Gruppenmitglieder haben einen großen Einfluss auf die Gruppenleistung und den Gruppenerfolg. Nur dadurch ist eine vollständige Entfaltung des Gruppenpotentials möglich.

Kontextfaktoren wie z.B. technologische Gegebenheiten oder Aufgabenkomplexität sind Bedingungen, die meist unabhängig vorgegeben sind und nur selten beeinflusst werden können. Jedoch dürfen sie in einem ganzheitlichen Konzept der Gruppenarbeit nicht unberücksichtigt bleiben, da sie ebenso einen Einfluss auf den Gruppenerfolg ausüben.

Integration und Differenzierung in Gruppen sind gegenläufig. Das eine ist ohne das andere nicht vorstellbar (vgl. Schattenhofer & Velmerig, 2004). Damit ist im Prozess der Gruppenentwicklung das Pendeln zwischen Integration und Differenzierung der Mitglieder über die Zeit gemeint. Wenn sie die gleichen Meinungen teilen und ihre Verhaltensweisen weitgehend einander angeglichen haben, ist die Gruppe so homogen, dass keine weitere Integration möglich und notwendig ist. Auf der anderen Seite steht die Differenzierung, wenn keinerlei Gemeinsamkeiten und integrative Kräfte vorhanden sind. Daran ist zu erkennen, welche Sensibilität die Balance der Zusammensetzung von Arbeitsgruppen erfordert.

13 Diskussion der empirischen Ergebnisse mit den Erkenntnissen der Gruppenforschung

Der Erfolg von Gruppen wird von vielen Größen beeinflusst. Kapitel 12 hat versucht, einen Überblick über direkte und indirekte Einflussfaktoren zu geben und deren Beziehungen mit Hilfe bereits existierender Modelle abzubilden.

In der vorliegenden Untersuchung wird der Gruppenerfolg in der Fließbandproduktion möglicherweise von einer Vielzahl von Größen beeinflusst, die einerseits unabhängig voneinander wirken und andererseits in einer Beziehung zueinander stehen. Erkenntnisse aus bisherigen Forschungsarbeiten zeigen, dass Gruppenerfolg zum größten Teil von direkten Einflussfaktoren, d.h. von Effekten und Prozessen beeinflusst wird, die innerhalb von Gruppen auftreten.
Im Kern dieses Kapitels steht die Diskussion der direkten Einflussfaktoren auf den Gruppenerfolg, da sie unmittelbaren Einfluss auf die Gruppe haben. Hierbei werden bereits existierende Erkenntnisse der Gruppenforschung in das Erklärungsmuster der empirischen Untersuchungsergebnisse einbezogen.

Vor dem Licht der empirischen Untersuchungen kann der Erfolg in Arbeitsgruppen jedoch auch von indirekten Einflussfaktoren beeinflusst werden.
Systematischer Einsatz und Führung von Beschäftigten gehört zu den Rahmenbedingungen (vgl. Morschhäuser, 1999b, 45), die durch Führungstechnik, Motivation, Zielvorgaben usw. den Gruppenerfolg entscheiden können. Ebenso können die Heterogenität von Gruppen in Bezug auf Alter, Nationalität, Beruf und anderen Merkmalen gezielt gesteuert und diejenigen Effekte bewusst gelenkt werden, die den Gruppenerfolg beeinflussen.
Beanspruchungswechsel und Tätigkeitsvielfalt können dabei zum Gesundheitserhalt beitragen und Qualifikationssackgassen entgegenwirken (vgl. Huber, 2002b, 65). Weiterbildung und Qualifizierung können Leistungsdruck verhindern, der sonst zur Leistungsabnahme und Ausgrenzung von Gruppenmitgliedern führt (vgl. Hainke, 1995, 53). In heterogenen Gruppen können durch intergenerativen und interdisziplinären Transfer von Wissen und Erfahrung strukturelle Lernprozesse erzeugt (vgl. Köchling, 2000, 365)

und damit der Gruppenerfolg positiv beeinflusst werden.
Auch Kontextfaktoren wie z.B. technologische Gegebenheiten (vgl. Brodbeck, 2004, 420) und die daraus entstehenden Anforderungen an Gruppenmitglieder können in Abhängigkeit vom Alter, Bildung, Zusammensetzung usw. unterschiedlichen Einfluss auf den Gruppenerfolg haben und selbst wiederum Gruppenprozesse auslösen.

Neben den indirekten Einflussfaktoren bestimmen jedoch die direkten Einflussfaktoren den Erfolg von Gruppen maßgeblich. Hierfür sind in Gruppen auftretende Effekte und Prozesse verantwortlich. Die Art und Weise, wie diese Effekte und Prozesse entstehen und wirken, steht im Zentrum der Diskussion folgender Untersuchungsergebnisse.

13.1 Der Effekt der Altersheterogenität auf den Gruppenerfolg

Höhere Altersheterogenität begünstigt eher die Leistung der Jüngeren. Je höher die Altersheterogenität in einer Arbeitsgruppe, desto weniger nehmen die Fehler in jüngeren Gruppen zu. Dieser Effekt wird weder vom Alter noch von der Erfahrung alleine bestimmt.

Diese Ergebnisse zur Alterszusammensetzung der Gruppen widersprechen der weitläufigen Meinung, dass altersgemischte Teams besser zusammenarbeiten. Existierende Forschungsergebnisse über Gruppenarbeit gehen in unterschiedliche Richtungen. Viele stellen die Symbiose von heterogenen altersgemischten Gruppen als einen großen Vorteil dar. Andere wiederum stellen die Problematik der sozialen Interaktion und Kommunikation in gemischten Gruppen in den Vordergrund, um zu erklären, wie gut oder schlecht gemischte Teams funktionieren.

Das Zusammenwirken der Gruppenmitglieder durch Interaktion und Kommunikation gehört zu den Schlüsselfaktoren des Gruppenerfolgs. In jüngeren Gruppen scheinen diese sozialen Interaktionsprozesse zwischen unterschiedlich alten Gruppenmitgliedern besser zu funktionieren als in älteren Gruppen. Dies hat Auswirkungen auf weitere gruppeninterne Effekte und Prozesse. Jüngere Arbeitsgruppen scheinen auf Grund der Altersheterogenität positive Verbundeffekte wie Pooling-, Lern- und Motivationseffekte, die vom Interaktionsgrad und von Persönlichkeitsmerkmalen der Gruppenmitglieder abhängen, (vgl. Bürkle, 2004; Brandstätter, 1989; Brodbeck & Frey, 2002; Ulich,

2005) besser zu nutzen als ältere Gruppen. Statuskonflikte werden vermieden. Demnach treten negative Verbundeffekte eher in älteren Arbeitsgruppen auf, die eine Abnahme des Erfolgsbeitrags der einzelnen Gruppenmitglieder zur Folge haben. Die Teamrollenverteilung für die richtige „Chemie“ innerhalb der Gruppen gelingt älteren Arbeitsgruppen möglicherweise nicht so gut wie jüngeren.

Alter gehört zu den Merkmalen, die einen Bezug zu sozialen Beziehungen in der Gruppe haben und Gruppenleistung beeinflussen. Scheinbar kommt es in älteren Arbeitsgruppen wegen Altersheterogenität eher zu Prozessverlusten als in jüngeren. Diese Prozessverluste können durch Selbstkategorisierungsprozesse (vgl. Haslam, 2001; Wegge, 2003) und emotionale Konflikte (vgl. Pelled, et al., 1999) hervorgerufen werden. Die unterschiedliche Ausprägung des Altersmerkmals löst emotionale Konflikte aus, die sich in aufgabenbezogene Konflikte wandeln können. Diese Situation hat eine Spaltung der Gruppe in Ingroup und Outgroup zur Folge. Die Polarisierung führt zur Abnahme der Gruppenkohäsion und damit zur Abnahme des Gruppenerfolgs.

Mit höherer Arbeitsauslastung können eher altersheterogene Gruppen besser umgehen.

Eine erhöhte Arbeitsauslastung ist mit erhöhtem Zeitdruck in der Produktion verbunden. Dies führt sowohl zu mentalen als auch zu physischen Stresssituationen. Mit dieser Situation haben altersheterogene Gruppen weniger Schwierigkeiten als altershomogene. Hierfür scheinen positive Verbundeffekte (vgl. Gebert, 1992), ausgelöst durch unterschiedliche Persönlichkeitsmerkmale der Gruppenmitglieder, verantwortlich zu sein.

Ältere Mitglieder bringen mehr Lebenserfahrung, Weisheit und Gelassenheit mit sich, jüngere dagegen neues Wissen und mehr physische Stabilität. Da erhöhte Arbeitsauslastung beides gleichzeitig erfordert, dominieren positive Verbundeffekte, die durch Pooling-, Lern- und Motivationseffekte ausgelöst werden. Stärken und Schwächen werden gegenseitig ausgeglichen bzw. ergänzt. Es werden neue Strategien entwickelt und verbessert (vgl. Argote & Epple, 1990).

Erhöhte Arbeitsauslastung scheint die Gruppenkohäsion in altersgemischten Gruppen zu fördern. Denn die Kohäsion ist dann sehr ausgeprägt, wenn hohe Interaktions- und Koordinationsanforderungen sowie aufgabenbezogene Verpflichtungen in der Gruppe existieren (vgl. Mullen & Copper, 1994; Carron, 1980). Eine erhöhte Arbeitsauslastung fordert in Arbeitsgruppen genau diese Fähigkeiten, um die erhöhten Belastungssituationen bewältigen zu können. Negative Gruppenprozesse, ausgelöst durch die Altersmischung, scheinen dabei nicht ins Gewicht zu fallen.

13.2 Der Effekt der Nationalitätsheterogenität auf den Gruppenerfolg

Von nationalitätsgemischten Gruppen profitieren vor allem die jüngeren Beschäftigten. Je höher die Nationalitätsmischung in einer Arbeitsgruppe, desto stärker nehmen die Fehler in jüngeren Gruppen ab. Dies wird überwiegend durch die abnehmende Betriebserfahrung bestimmt.

Wie mit Altersheterogenität gehen jüngere und unerfahrene Arbeitsgruppen auch besser mit Nationalitätsheterogenität um. Nationalität gehört ebenso wie Alter, zu den Merkmalen mit Bezug zu sozialen Beziehungen in der Gruppe, die Gruppenleistung beeinflussen können.

In jüngeren Gruppen mit wenig Betriebserfahrung scheinen die sozialen Interaktionsprozesse zwischen Mitgliedern unterschiedlicher Nationalität besser zu funktionieren als in älteren und erfahrenen Gruppen. Dies hat Auswirkungen auf weitere gruppeninterne Effekte und Prozesse. Jüngere nationalitätsgemischte Arbeitsgruppen scheinen positive Verbundeffekte besser zu nutzen, als ältere nationalitätsgemischte Gruppen. Niedrige Betriebserfahrung vermeidet dabei Statuskonflikte. Älteren Arbeitsgruppen gelingt dies nicht. Trotz unterschiedlicher Nationalitäten finden jüngere Gruppen eine gemeinsame übergeordnete Identität, die möglicherweise zur leistungsförderlichen Nutzung unterschiedlicher Fähigkeiten führt (vgl. van Knippenberg & Haslam, 2003).

Scheinbar kommt es in älteren und erfahrenen Arbeitsgruppen wegen Nationalitätsheterogenität eher zu Prozessverlusten als in jüngeren. Selbstkategorisierungsprozesse und emotionale Konflikte können ein Grund dafür sein. Es fehlt das Zusammengehörigkeitsgefühl der Gruppe, das trotz unterschiedlicher Ziel- und Wertvorstellungen positiv zum Gruppenerfolg beitragen kann (vgl. Jehn, Northcraft & Neale, 1999; Wegge, 2002). Die unterschiedliche Ausprägung des Nationalitätsmerkmals löst emotionale

Konflikte aus, die sich in aufgabenbezogene Konflikte wandeln können. Diese Polarisierung führt zur Spaltung der Gruppe in Ingroup und Outgroup, zur Abnahme der Gruppenkohäsion und damit zur Abnahme des Gruppenerfolgs.

13.3 Der Effekt der Bildungsheterogenität auf den Gruppenerfolg

Bildungsheterogenität hat einen negativen Einfluss auf den Gruppenerfolg. Je gemischter die Mitglieder in ihrer Bildung, desto mehr Fehler entstehen in der Arbeitsgruppe.

Höhere Bildungsheterogenität bedeutet eine höhere Mischung des Wissens und der Fähigkeiten der Gruppenmitglieder. Bildung gehört zu den Merkmalen, die einen Bezug zur Aufgabenbearbeitung haben und Gruppenleistung beeinflussen. Einerseits können positive Verbundeffekte entstehen, durch die die gegenseitigen Wissens- und Fähigkeitslücken ausgeglichen und Stärken ergänzt werden. Diese Effekte scheinen nicht hervorzutreten. Andererseits können gerade wegen der Unterschiedlichkeit in Bildung negative Verbundeffekte auftreten, die scheinbar in der Tat dominieren. Auch die Verteilung der Teamrollen scheint nicht zu funktionieren, obwohl ein unterschiedliches Bildungsniveau der Gruppenmitglieder vorliegt, das eine anforderungsgerechte Rollenverteilung ermöglichen würde (vgl. Belbin, 1993).

Wegen unterschiedlichem Bildungsstand der Gruppenmitglieder tritt möglicherweise eine kontraproduktive Spaltung der Gruppe ein. Unterschiedliche Arbeitsweisen, Ansichten und Einstellungen führen zu aufgabenbezogenen Konflikten, die negative Einflüsse auf die Gruppen haben (vgl. Pelled, et al., 1999). Aufgabenbezogene Konflikte können ebenfalls emotionale Konflikte induzieren, die zu weiteren negativen Prozessen innerhalb der Arbeitsgruppe führen. Letztlich kann somit eine Abnahme der Gruppenkohäsion zu einer Abnahme des Gruppenerfolgs führen.

13.4 Der Effekt der Berufs- und Erfahrungsheterogenität auf den Gruppenerfolg

Berufs- und Erfahrungsmischung hat keinen Einfluss auf den Gruppenerfolg.

Warum Heterogenität im Beruf und in der Erfahrung der Gruppenmitglieder keinen Einfluss hat, ist nicht eindeutig. Aus der Berufsheterogenität wären einerseits positive Verbundeffekte zu erwarten, die zur Wissensbereicherung der Gruppe führen und zur optimalen Teamrollenverteilung beitragen. Andererseits können durch Unterschiedlichkeiten im Beruf und der bewussten Wahrnehmung dieser Unterschiede negative Prozesse angestoßen werden, die zu Prozessverlusten führen. Möglicherweise kompensieren sich beide Effekte gegenseitig.

Von der Erfahrungsheterogenität wären überwiegend positive Effekte zu erwarten. Jedoch treten diese nicht ein. Das unterschiedliche Erfahrungsspektrum der Gruppenmitglieder scheint nicht bewusst wahrgenommen zu werden oder es kommt zur Kompensation von gegenläufigen Effekten, so dass Erfahrungsheterogenität keinen Einfluss auf den Gruppenerfolg hat. Synergieeffekte werden durch Prozessverluste aufgezehrt.

13.5 Der Effekt des Frauenanteils auf den Gruppenerfolg

Steigender Frauenanteil begünstigt eher die Leistung der Älteren. Je höher der durchschnittliche Frauenanteil in einer Arbeitsgruppe, desto stärker nehmen die Fehler mit zunehmendem Alter der Gruppen ab. Dieser Effekt wird weder vom Alter noch von der Erfahrung alleine bestimmt.

Geschlecht gehört zu den Merkmalen, die einen Bezug zu sozialen Beziehungen in der Gruppe haben und die Gruppenleistung beeinflussen. Scheinbar lösen Frauen positive Effekte aus, die sich bspw. durch Pooling- und Lerneffekte erklären lassen. Dabei bringen sie neues Wissen und Fähigkeiten in die Gruppe ein, die den Gruppenerfolg fördern.

Jedoch treten scheinbar Gruppenprozesse auf, die sich in alten und jungen Gruppen unterschiedlich auswirken. Steigender Frauenanteil beeinflusst die Leistung der Gruppenmitglieder in jüngeren Gruppen negativ, in älteren Arbeitsgruppen positiv. Der

Frauenanteil in der Produktion ist allgemein sehr gering. Möglicherweise finden bei steigendem Frauenanteil in jüngeren Gruppen Statuskämpfe statt, die soziale Konflikte verursachen und eine Abnahme des Gruppenerfolgs mit sich bringen. In älteren Gruppen sind diese Konflikte weniger zu erwarten, vielmehr treten positive Verbundeffekte hervor. Darüber hinaus kann die Attraktivität von älteren Gruppen für Frauen höher sein. Das führt zur erhöhten Leistungsbereitschaft von Frauen und insgesamt zur Leistungsverbesserung der Gruppe (vgl. Arnscheid, 1996). Allerdings ist nicht bekannt, ob die Fehler durch Frauen oder Männer verursacht werden.

13.6 Der Effekt des Springeranteils auf den Gruppenerfolg

Von höherem Springeranteil profitieren vor allem die jüngeren Beschäftigten. Je höher der durchschnittliche Springeranteil in einer Arbeitsgruppe, desto stärker nehmen die Fehler in jüngeren Gruppen ab. Hauptsächlich wird dies durch die abnehmende Betriebserfahrung bestimmt.

In jüngeren Gruppen mit wenig Betriebserfahrung scheinen soziale Interaktionsprozesse zwischen der Stammbelegschaft einer Gruppe und fremden Gruppenmitgliedern besser zu funktionieren als in älteren und erfahrenen Gruppen. Dies hat Auswirkungen auf weitere gruppeninterne Effekte und Prozesse. Jüngere Arbeitsgruppen scheinen positive Verbundeffekte, ausgelöst durch neuen Input der Springer (fremde Gruppenmitglieder), besser zu nutzen, als ältere Gruppen. Niedrige Betriebserfahrung in jungen Gruppen vermeidet gleichzeitig Statuskonflikte.

Zugehörigkeit zu einer fremden Arbeitsgruppe gehört zu den Merkmalen, die einen Bezug zur Aufgabenbearbeitung in der Gruppe haben und Gruppenleistung beeinflussen. Scheinbar kommt es in älteren und erfahrenen Arbeitsgruppen bei zunehmendem Springeranteil eher zu Prozessverlusten als in jüngeren. Diese Prozessverluste können durch Selbstkategorisierungsprozesse und emotionale Konflikte hervorgerufen werden. Die unterschiedliche Gruppenzugehörigkeit löst emotionale Konflikte aus, die sich in aufgabenbezogene Konflikte wandeln können. Möglicherweise wird dabei das Gefühl der Zusammengehörigkeit innerhalb der Gruppe negativ beeinflusst.

13.7 Der Effekt der Gruppengröße auf den Gruppenerfolg

Zunehmende Gruppengröße bringt am stärksten in jungen Gruppen Vorteile mit sich. Je größer die Gruppe, desto mehr nehmen die Fehler in jüngeren Gruppen ab. Dies wird überwiegend durch das Alter der Gruppen bestimmt.

Über Gruppengröße wird berichtet, dass in zu großen Gruppen der wachsenden Leistungsfähigkeit Reibungsverlust bzw. Prozessverluste entgegenwirken (vgl. Hackman, 2002). Mit steigender Gruppengröße besteht die Gefahr, dass Koordinationsverluste entstehen sowie negative Effekte und Gruppenprozesse ausgelöst werden, die den Gruppenerfolg mindern.

In jungen Arbeitsgruppen scheinen die Gefahren und Prozessverluste durch eine zu große Gruppe nicht zu existieren. Junge Gruppen nutzen positive Verbundeffekte stärker als ältere, indem sie vermehrt Wissen poolen, voneinander lernen und sich gegenseitig motivieren. Negative Gruppenprozesse werden vermieden. Steigende Gruppengröße erhöht den Interaktions- und Koordinationsbedarf der Gruppenmitglieder. Dies festigt die Gruppenkohäsion und fördert die Gruppenleistung (vgl. Mullen & Copper, 1994). Potentielle Koordinationsverluste werden dadurch vermieden.

13.8 Der Effekt der unveränderten Gruppenzusammensetzungsdauer auf den Gruppenerfolg

Von der zunehmenden Dauer der unveränderten Gruppenzusammensetzung profitieren überwiegend die jüngeren Beschäftigten. Je länger die unveränderte Gruppenzusammensetzungsdauer, desto stärker nehmen die Fehler in jüngeren Gruppen ab. Dieser Effekt wird weder vom Alter noch von der Erfahrung alleine bestimmt.

In jungen Arbeitsgruppen scheinen sich die Teamrollen bei langer unveränderter Zusammensetzung besser zu festigen als in älteren. Nach dem Teamrollenmodell von Belbin (1993) ist für den Gruppenerfolg eine ausgeglichene Rollenverteilung innerhalb einer Gruppe erforderlich. Jungen Gruppen gelingt es besser als älteren, mit zunehmender Dauer der unveränderten Zusammensetzung die Balance der Beziehungen zwischen den Gruppenmitgliedern zu finden und positive Effekte auszunutzen. Negative Beziehungskonflikte werden durch klare Rollenverteilung vermieden.

In älteren Arbeitsgruppen werden möglicherweise positive Verbundeffekte, ausgelöst durch die zunehmende Dauer der Zusammenarbeit, von sozialen Konflikten überkompensiert.

14 Zweites Resümee

Erkenntnisse darüber, welche Auswirkungen die Gruppenstruktur auf den Gruppenerfolg hat, gehen bisher in unterschiedliche Richtungen. Oft wird über Vorteile von gemischten Gruppen gesprochen. Die Ergebnisse der eigenen Untersuchung bringen jedoch neue Erkenntnisse zu Arbeitsgruppen in der Fließbandproduktion. Meist ist niedrige Betriebserfahrung in jungen Arbeitsgruppen eher von Vorteil als hohe Betriebserfahrung, da sich so oft auf den Gruppenerfolg negativ wirkende Statuskonflikte vermeiden lassen.

Altersheterogenität hat eher in jüngeren Arbeitsgruppen Vorteile. In älteren Gruppen führt sie dagegen zum Rückgang des Gruppenerfolgs. In jungen Gruppen funktionieren die Interaktionsprozesse zwischen den Mitgliedern besser. Es entstehen positive Verbundeffekte und Statuskonflikte werden vermieden.

Höhere Arbeitsauslastung bereitet altersheterogenen Gruppen weniger Schwierigkeiten. Durch die Mischung von Weisheit, Erfahrung und physischen Stärken treten positive Verbundeffekte hervor. Dadurch werden Stresssituationen in der Gruppe besser bewältigt.

Nationalitätsheterogenität erweist sich in jüngeren Arbeitsgruppen als vorteilhaft. Eine Polarisierung wegen unterschiedlicher Herkunft der Gruppenmitglieder findet nicht statt. Es werden Synergien genutzt und Stauskonflikte vermieden, die vermehrt in älteren Gruppen auftreten.

Unterschiedlicher Bildungsstand der Gruppenmitglieder mindert den Gruppenerfolg. Unterschiedliches Wissen und unterschiedliche Arbeitseinstellung lösen eine kontraproduktive Spaltung der Gruppen aus, die zu aufgabenbezogenen und emotionalen Konflikten führt.

Berufs- und Erfahrungsheterogenität hat keinen Einfluss auf den Gruppenerfolg. Unterschiedliche berufliche Qualifikationen lösen positive Verbundeffekte und gleichzeitig aufgabenbezogene Konflikte aus, deren Effekte sich gegenseitig kompensieren. Der Vorteil der unterschiedlichen Erfahrungshintergründe der Mitglieder wird nicht bewusst wahrgenommen und bleibt damit in der Gruppe ungenutzt oder er wird durch negative Effekte kompensiert.

Frauen bremsen den Gruppenerfolg eher in jüngeren Gruppen als in älteren. In ihnen entstehen Statuskämpfe, die soziale und emotionale Konflikte auslösen und den Gruppenerfolg negativ beeinflussen. Ältere Gruppen nutzen die neuen Perspektiven der weiblichen Gruppenmitglieder positiv. In ihnen treten Statuskonflikte nicht auf.

Von Springern lassen sich am meisten ältere Gruppen stören. In jüngeren Gruppen kommt es überwiegend zu Synergieeffekten; in älteren zu potentiellen Prozessverlusten durch Selbstkategorisierungsprozesse. Fremde Gruppenmitglieder bringen das Statusgleichgewicht in langjährig erfahrenen Gruppen durcheinander.

Große Arbeitsgruppen sind erfolgreicher, wenn sie jung sind. Möglicherweise nutzen sie Pooling- und Lerneffekte besser als ältere Gruppen. Reibungsverluste kommen dabei kaum zum Vorschein.

Lange unveränderte Gruppenzusammensetzung hat in jüngeren Gruppen Vorteile. Ihnen gelingt es besser als älteren, eine Rollenverteilung innerhalb der Gruppe vorzunehmen und damit positive Effekte zu nutzen. Durch klare Rollenverteilung werden negative Beziehungskonflikte vermieden.

15 Wirkungszusammenhänge zwischen Alter, Gruppenzusammensetzung und Innovationen

Befragungen des Deutschen Instituts für Betriebswirtschaft (dib) haben ergeben, dass Mitarbeiter von Industriebetrieben und Dienstleistern im Jahr 2006 ca. 1,2 Millionen Verbesserungsvorschläge eingereicht haben (vgl. iwd, 2007). Schätzungsweise konnten Unternehmen dadurch ihre Kosten um 1,5 Milliarden Euro senken. Nach Berechnungen des dib betrug der Realisierungsgrad bei Verbesserungsvorschlägen zuletzt im Durchschnitt aller Branchen 64 %.

Die Beteiligung von Mitarbeitern an Innovationen durch Verbesserungsvorschläge ist jedoch immer noch gering. Viele trauen sich nicht, ihre Ideen an die Öffentlichkeit zu bringen. Laut der Untersuchung des dib beteiligen sich erst zwei von zehn Mitarbeitern am Ideenmanagement.

Die Beteiligung an Innovationen ist vor allem in der Industrie sehr stark ausgeprägt; bei den Dienstleistern eher schwach. In der Industrie macht jeder dritte Beschäftigte seinen Meister auf Einsparungen aufmerksam. Vorreiter ist die Kautschuk-Industrie. Im Jahr 2006 entfielen auf je 100 Beschäftigte 209 Verbesserungsvorschläge. In der Autozulieferindustrie sind es 114 Verbesserungsvorschläge pro 100 Beschäftigte und in der Automobilindustrie 59 Verbesserungsvorschläge.

Im Schnitt bringt jeder Mitarbeiter seinem Unternehmen durch seine Ideen pro Jahr rund 650 Euro ein. Die Deutsche Post gehört zu den Unternehmen, die im Jahr 2006 am meisten vom Einfallsreichtum ihrer Mitarbeiter profitierte. Jeder Mitarbeiter brachte dem Unternehmen durchschnittlich 1 485 Euro ein. Im Gegenzug dazu wurden 163 Millionen Euro Prämien ausgeschüttet. Je prämierter Vorschlag waren dies im Mittel 183 Euro.

Diese Zahlen machen den Stellenwert der Beteiligung von Mitarbeitern an Innovationen durch Verbesserungsvorschläge deutlich. Der Anteil der älteren Erwerbstätigen in Unternehmen wird in den nächsten Jahren spürbar steigen. Der Anteil der lebenslang kinderlosen Frauen in Deutschland beträgt etwa 20%. Unter Akademikerinnen beläuft er sich auf etwa 40% (vgl. Schuler & Görlich, 2007, 46). „Ausgerechnet die Gruppe, die zu kreativen Leistungen am ehesten imstande ist, wird künftig weit unterrepräsentiert sein“ (Schuler & Görlich, 2007, 46). Bisherige Erkenntnisse über die Auswirkungen der

Alterung auf Innovationen halten sich sehr begrenzt. Vor diesem Hintergrund ist es wichtig, die Zusammenhänge zwischen Alter und Innovationsfähigkeit besser zu verstehen.

Leichter Zugang zu Informationsquellen und individuelle Freiräume mit Zeit für Ideenfindung, offenes und lebhaftes Klima sowie einfache Kommunikationswege gehören zu den Grundvoraussetzungen zur Förderung der Innovationsfähigkeit von Mitarbeitern.

Neben diesen Voraussetzungen sind für Innovationen Persönlichkeitseigenschaften von Individuen entscheidend. Über diese besitzt die Innovationsforschung ausführliche Kenntnisse, zu denen bspw. Neugier- und Explorationsverhalten, Autonomiestreben, niedrige Ängstlichkeit, positive Neigung zur Übernahme von Risiken sowie Toleranz gegenüber mehrdeutigen Situationen gehören.

Welche Folgen die Mischung dieser unterschiedlichen Persönlichkeiten auf Innovationen in Gruppen hat, ist nicht eindeutig. Innovationen in Gruppen werden durch zwei gegenläufige Effekte beeinflusst: Synergie- und negative Sekundäreffekte. Einerseits kommt es durch unterschiedliche Persönlichkeiten zu Synergien, andererseits zu Konflikten gerade wegen den Unterschiedlichkeiten. Synergien rufen durch Kombination von neuen Ideen neue Innovationen hervor. Konflikte hemmen den Ideenaustausch.

Oft wird die Generierung von kreativen Ideen Jungen zugesprochen, die Umsetzungsfähigkeit von kreativen Ideen in Innovationen wird jedoch Alten zugewiesen.

In Anbetracht dieser komplexen Wirkungsmechanismen ist es wichtig, ein besseres Verständnis über die Zusammenhänge zwischen Alter, Gruppenzusammensetzung und Gruppeninnovationen zu bekommen. In den Folgekapiteln werden die eigenen empirischen Untersuchungsergebnisse vorgestellt und mit den Erkenntnissen der Innovationsforschung in Gruppen diskutiert.

16 Empirische Untersuchungen bei der DaimlerChrysler AG

In diesem Untersuchungsabschnitt geht es darum, welchen Einfluss das Alter und die unterschiedliche Gruppenzusammensetzung auf Gruppeninnovationen haben. Als Innovationsmaß werden hier Verbesserungsvorschläge herangezogen, aus denen sich für das Unternehmen ergebende Einsparungen berechnen lassen.

16.1 Deskriptives

Eine deskriptive Darstellung der Mitarbeiter- und Gruppenmerkmale wurde bereits in den vorangegangenen Kaptiteln abgehandelt.

Die Verteilung der Verbesserungsvorschläge, die von Beschäftigten in den Gruppen eingereicht werden, variiert zwischen 1 und 25 600 Euro. Die Verbesserungsvorschläge sind als jährliche Einsparungen für das Unternehmen, berechnet auf Basis des jeweiligen Verbesserungsvorschlags, abgebildet. Die Hauptmasse liegt zwischen 130 und 1 200 Euro. Insgesamt liegen 3 366 einzelne Verbesserungsvorschläge vor.

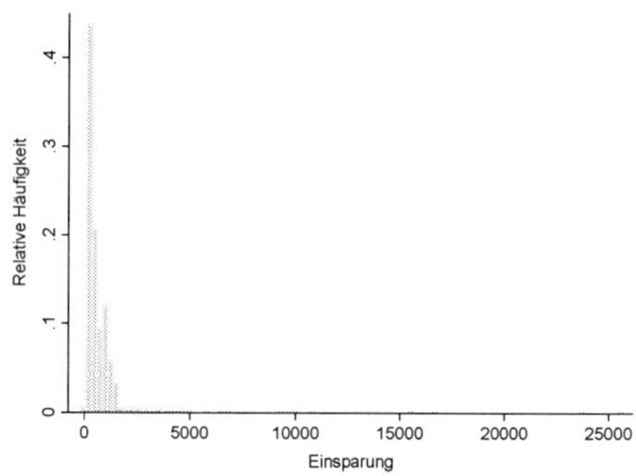

Abb. 38: Verteilung der Einsparungen

16.2 Multivariate Ergebnisse

Dieses Kapitel befasst sich mit dem letzten Teil der Ergebnisse aus der eigenen empirischen Untersuchung. Eine Diskussion der Ergebnisse mit den bisherigen Erkenntnissen der Innovationsforschung in Gruppen findet in Kapitel 18 statt. Hier steht der Zusammenhang zwischen Alter, Gruppenzusammensetzung und Gruppeninnovationen im Vordergrund. In Kapitel 8 wurde der Zusammenhang zwischen Alter, Erfahrung und Gruppenerfolg thematisiert; in Kapitel 13 der Zusammenhang zwischen Gruppenzusammensetzung und Gruppenerfolg.

Es werden die Effekte von Alter und Erfahrung, von weiteren Einflussfaktoren sowie Effekte der Heterogenität in Arbeitsgruppen hinsichtlich verschiedener Merkmale auf Gruppeninnovationen untersucht.

In allen Spezifikationen ist die abhängige Variable die jährliche Einsparung pro Person an einem Tag in einer Gruppe. Die Einsparungen werden vom Innovationsmanagement berechnet, die sich aus den eingereichten Verbesserungsvorschlägen der Beschäftigten ergeben.

Diese Einsparungen werden pro Gruppe pro Tag aufaddiert und die Summe anschließend durch die Gruppengröße geteilt. Wenn also beispielsweise ein Gruppenmitglied einer Gruppe an einem Tag einen Verbesserungsvorschlag mit einer Einsparung von 500 Euro und ein anderer einen weiteren Verbesserungsvorschlag mit einer Einsparung von 300 Euro einreicht, ergibt sich eine Gesamteinsparung von 800 Euro. Wenn an diesem Tag acht Personen in der Gruppe arbeiteten, ergibt sich eine Gesamteinsparung pro Person von 100 Euro.

Die Regressionsergebnisse befinden sich in den folgenden Tabellen. Die Berechnung der marginalen Effekte erfolgt analog wie in Kapitel 6.2.

Tab. 10: Regressionsergebnisse

Abhängige Variable: Einsparung pro Person (gemessen als tägliche Summe der jährlichen Einsparungen, die durch Verbesserungsvorschläge in einer Arbeitsgruppe erbracht wurden, geteilt durch die Anzahl der an diesem Tag in dieser Gruppe arbeitenden Personen)

	Spezifikation 1		Spezifikation 2	
Anteil der Gruppenmitglieder zwischen...				
15 - 25 Jahren	-3.659546	(0.059)	-3.814693	(0.057)
25 - 35 Jahren	-2.461519	(0.045)	-2.567047	(0.041)
35 - 45 Jahren	- -	- -	- -	- -
45 - 55 Jahren	2.098677	(0.070)	2.286884	(0.062)
55 - 65 Jahren	2.890335	(0.220)	2.795604	(0.256)
Interaktion des durchschnittlichen Gruppenalters mit...				
Bildung in Jahren	-0.0376351	(0.002)	-0.0516982	(0.015)
Anteil der Frauen	-0.5063635	(0.094)	-0.5091253	(0.411)
Anteil der Springer	-0.218779	(0.219)	0.6010694	(0.136)
Gruppengröße	0.0138346	(0.030)	0.0158596	(0.227)
Frühschicht	0.0617949	(0.042)	0.0400234	(0.566)
Unveränderte Gruppenzusammensetzung in Tagen	-0.0009181	(0.284)	0.0005611	(0.803)
Arbeitsauslastung	-0.0485927	(0.370)	-0.2005902	(0.075)
Altersheterogenität	-0.0708197	(0.628)	-0.0796343	(0.787)
Nationalitätsheterogenität	0.3069488	(0.020)	0.4651636	(0.083)
Heterogeniotät in Bezug auf...				
Alter	3.367605	(0.545)	3.625214	(0.663)
Bildung in Jahren	0.6745702	(0.421)	0.626558	(0.458)
Nationalität	-12.01287	(0.017)	-15.51041	(0.036)
Beruf	-0.3538577	(0.488)	-0.3298641	(0.522)
Betriebserfahrung	- -	- -	-0.0540711	(0.948)
Kontrollvariablen				
Bildung in Jahren	1.633271	(0.000)	1.970942	(0.002)
Anteil der Frauen	16.57435	(0.132)	16.97184	(0.306)
Anteil der Springer	7.614577	(0.264)	-12.39028	(0.266)
Gruppengröße	-0.5231333	(0.029)	-0.5722221	(0.115)
Frühschicht	-2.349742	(0.042)	-1.809304	(0.345)
Unveränderte Gruppenzusammensetzung in Tagen	0.0356374	(0.252)	-0.0019307	(0.974)
Arbeitsauslastung	4.252311	(0.076)	7.708597	(0.021)
Anteil der Deutschen	-2.488399	(0.231)	-2.021477	(0.337)
Anteil der Franzosen	-2.745816	(0.124)	-2.606998	(0.158)
Anteil der Türken	-5.401618	(0.010)	-5.231752	(0.012)
Arb.ausl. x Altersheterogenität	-4.021697	(0.008)	-3.731581	(0.015)
Anteil der Gruppenmitglieder mit Betriebserfahrung zwischen...				
0 - 8 Jahren	- -	- -	-0.9835841	(0.567)
8 - 16 Jahren	- -	- -	-1.051596	(0.355)
16 - 24 Jahren	- -	- -	- -	- -
24 - 32 Jahren	- -	- -	-1.292592	(0.271)
32 - 40 Jahren	- -	- -	0.0047531	(0.998)

Fortsetzung nächste Seite...

Interaktion der durchschnittlichen Betriebserfahrung mit...				
Bildung in Jahren	--	--	0.0144392	(0.493)
Anteil der Frauen	--	--	-0.0432113	(0.948)
Anteil der Springer	--	--	-0.8658891	(0.022)
Gruppengröße	--	--	-0.0027411	(0.834)
Frühschicht	--	--	0.0210164	(0.752)
Unveränderte Gruppenzusammensetzung in Tagen	--	--	-0.0013797	(0.512)
Arbeitsauslastung	--	--	0.1663448	(0.118)
Altersheterogenität	--	--	0.011035	(0.968)
Nationalitätsheterogenität	--	--	-0.1815617	(0.500)
R^2 within	0.0010		0.0011	
R^2 between	0.0007		0.0016	
R^2 overall	0.0007		0.0009	

Anzahl Beobachtungen: 70 476 (100 Arbeitsgruppen bei 821 Arbeitstagen). Referenzkategorie für die Altersanteile: 35 - 45 Jahre. Referenzkategorie für die Anteile der Betriebserfahrung: 16-24 Jahre. p-Werte in Klammern. Beide Spezifikationen kontrollieren für Arbeitsplatz fixed-effects. Signifikanz: p-Wert < 0.10

Tab. 11: Marginale Effekte (Teil 1)

Abhängige Variable: Einsparung pro Person		
	Spezifikation 1	Spezifikation 2
Marginale Effekte der Anteile der Gruppenmitglieder zwischen...		
15 - 25 Jahren	0.985792 (0.317)	2.821651 (0.069)
25 - 35 Jahren	0.1339964 (0.876)	1.145489 (0.281)
35 - 45 Jahren	0 --	0 --
45 - 55 Jahren	-0.5010881 (0.596)	-1.430429 (0.255)
55 - 65 Jahren	-1.747921 (0.398)	-3.832776 (0.127)
Marginale Effekte aus der Interaktion des durchschnittlichen Gruppenalters mit...		
Bildung in Jahren	-0.0376351 (0.002)	-0.0516982 (0.015)
Anteil der Frauen	-0.5063635 (0.094)	-0.5091253 (0.411)
Anteil der Springer	-0.218779 (0.219)	0.6010694 (0.136)
Gruppengröße	0.0138346 (0.030)	0.0158596 (0.227)
Frühschicht	0.0617949 (0.042)	0.0400234 (0.566)
Unveränderte Gruppenzusammensetzung in Tagen	-0.0009181 (0.284)	0.0005611 (0.803)
Arbeitsauslastung	-0.0485927 (0.370)	-0.2005902 (0.075)
Altersheterogenität	-0.0708197 (0.628)	-0.0796343 (0.787)
Nationalitätsheterogenität	0.3069488 (0.020)	0.4651636 (0.083)
Marginale Effekte der Heterogenität in Bezug auf...		
Bildung in Jahren	0.6745702 (0.421)	0.626558 (0.458)
Beruf	-0.3538577 (0.488)	-0.3298641 (0.522)
Betriebserfahrung	-- --	-0.0540711 (0.948)
Marginale Effekte der Kontrollvariablen		
Anteil der Deutschen	-2.488399 (0.231)	-2.021477 (0.337)
Anteil der Franzosen	-2.745816 (0.124)	-2.606998 (0.158)
Anteil der Türken	-5.401618 (0.010)	-5.231752 (0.012)
Arb.auslastung x Altersheterogenität	-4.021697 (0.008)	-3.731581 (0.015)
Marginale Effekte der Anteile der Gruppenmitglieder mit Betriebserfahrung zwischen...		
0 - 8 Jahren	-- --	-2.953604 (0.079)
8 - 16 Jahren	-- --	-2.063085 (0.078)
16 - 24 Jahren	-- --	0 --
24 - 32 Jahren	-- --	-.5396556 (0.645)
32 - 40 Jahren	-- --	1.448392 (0.467)
Marginale Effekte aus der Interaktion der durchschnittlichen Betriebserfahrung mit...		
Bildung in Jahren	-- --	0.0144392 (0.493)
Anteil der Frauen	-- --	-0.0432113 (0.948)
Anteil der Springer	-- --	-0.8658891 (0.022)
Gruppengröße	-- --	-0.0027411 (0.834)
Frühschicht	-- --	0.0210164 (0.752)
Unveränderte Gruppenzusammensetzung in Tagen	-- --	-0.0013797 (0.512)
Arbeitsauslastung	-- --	0.1663448 (0.118)
Altersheterogenität	-- --	0.011035 (0.968)
Nationalitätsheterogenität	-- --	-0.1815617 (0.500)

Marginale Effekte berechnet auf Basis der Koeffizienten und Durchschnittswerte der Variablen. p-Werte in Klammern

Tab. 12: Marginale Effekte (Teil 2)

Abhängige Variable: Einsparung pro Person

Marginale Effekte von...

	Spezifikation 1	Spezifikation 2
Bildung bei einem Gruppendurchschnittsalter von...		
25 Jahren	0.6923922 (0.003)	0.7506832 (0.004)
35 Jahren	0.3160409 (0.114)	0.3058973 (0.149)
38 Jahren	0.2031354 (0.319)	0.1941203 (0.362)
45 Jahren	-0.0603105 (0.798)	-0.0666927 (0.784)
Frauenanteil bei einem Gruppendurchschnittsalter von...		
25 Jahren	3.915.258 (0.291)	4.114078 (0.280)
35 Jahren	-1.148.376 (0.489)	-1.236442 (0.487)
38 Jahren	-2.667467 (0.125)	-2.936663 (0.102)
45 Jahren	-6.212011 (0.050)	-6.716597 (0.036)
Springeranteil bei einem Gruppendurchschnittsalter von...		
25 Jahren	2.145102 (0.383)	-1.692992 (0.569)
35 Jahren	-0.0426879 (0.965)	-0.0117433 (0.990)
38 Jahren	-0.6990249 (0.391)	-0.8062024 (0.326)
45 Jahren	-2.230478 (0.132)	-2.659941 (0.075)
Gruppengröße bei einem Gruppendurchschnittsalter von...		
25 Jahren	-0.1772681 (0.042)	-0.1894371 (0.063)
35 Jahren	-0.0389221 (0.382)	-0.0445463 (0.324)
38 Jahren	0.0025818 (0.953)	-0.0051906 (0.908)
45 Jahren	0.099424 (0.141)	0.0866392 (0.223)
Frühschicht bei einem Gruppendurchschnittsalter von...		
25 Jahren	-0.8048692 (0.049)	-0.7036375 (0.163)
35 Jahren	-0.18692 (0.225)	-0.1983215 (0.200)
38 Jahren	-0.0015352 (0.991)	-0.0152021 (0.908)
45 Jahren	0.4310293 (0.093)	0.4120764 (0.113)
unveränderter Gruppenzusammensetzung bei einem Gruppendurchschnittsalter von...		
25 Jahren	0.0126841 (0.214)	0.0051981 (0.718)
35 Jahren	0.0035027 (0.379)	0.0039104 (0.328)
38 Jahren	.0007483 (0.860)	.0014544 (0.733)
45 Jahren	-0.0056786 (0.511)	-0.0042761 (0.622)
Arbeitsauslastung bei einem Gruppendurchschnittsalter von...		
25 Jahren	1.026646 (0.209)	1.659774 (0.071)
35 Jahren	0.5407195 (0.120)	0.4855961 (0.170)
38 Jahren	0.3949415 (0.138)	0.3828598 (0.159)
45 Jahren	0.0547929 (0.891)	0.1431418 (0.725)
Altersheterogenität mit einem Gruppendurchschnittsalter von...		
25 Jahren	-0.413736 (0.845)	3.555322 (0.150)
35 Jahren	-1.121933 (0.296)	2.814154 (0.018)
38 Jahren	-1.309605 (0.187)	-1.106828 (0.281)
45 Jahren	-1.83013 (0.204)	2.128161 (0.177)
Nationalitätsheterogenität mit einem Gruppendurchschnittsalter von...		
25 Jahren	-4.339146 (0.030)	-4.789127 (0.030)
35 Jahren	-1.269658 (0.303)	-1.0453 (0.400)
38 Jahren	-0.4562432 (0.705)	-0.1684769 (0.890)
45 Jahren	1.799831 (0.261)	1.790719 (0.275)

Marginale Effekte berechnet auf Basis der Koeffizienten und Durchschnittswerte. p-Werte in Klammern

16.2.1 Der Alters- und Erfahrungseffekt auf Gruppeninnovationen

Im Gesamteffekt zeigen sich keine signifikanten Einflüsse der Altersanteile der Gruppenmitglieder auf die Einsparungen.

Die Aufspaltung in Alters- und Erfahrungseffekte in Spezifikation 2 zeigt, dass unter konstanter Betriebserfahrung, eine Zunahme der Beschäftigten zwischen 15-25 Jahren eine Zunahme der Einsparungen bewirkt. Eine Zunahme des Anteils der Beschäftigten in dieser Altersklasse hat einen signifikant positiven Effekt auf Gruppeninnovationen. Die Effekte in den übrigen Altersklassen bleiben insignifikant.

In den Jahresklassen 0-8 Jahren sowie 8-16 Jahren Betriebserfahrung zeigt sich, dass unter konstantem Alter eine Zunahme des Anteils der Beschäftigten innerhalb dieser Jahresklassen eine Abnahme der Einsparungen bewirkt. Die Zunahme der Beschäftigten in diesen Jahresklassen hat einen signifikant negativen Effekt auf Gruppeninnovationen. Die Effekte in den übrigen Jahresklassen bleiben insignifikant.

Insgesamt verlaufen der Alters- und Erfahrungseffekt nahezu gegenläufig, so dass sie sich gegenseitig kompensieren. Erstaunlicherweise wirkt sich Betriebserfahrung negativ auf Gruppeninnovationen aus. Das Alter der Beschäftigten wirkt jedoch in der Altersklasse 15-25 Jahren positiv auf Gruppeninnovationen.

16.2.2 Der Bildungseffekt auf Gruppeninnovationen

Der Gesamteffekt zeigt, dass eine Zunahme der schulischen Bildung in Jahren lediglich in durchschnittlich sehr jungen Arbeitsgruppen zu einer Zunahme der Einsparungen führt. Mit steigendem Durchschnittsalter der Gruppen nimmt dieser positive Effekt auf Gruppeninnovationen ab. Die Interaktion der Schulbildung mit dem Durchschnittsalter zeigt, dass diese Abnahme signifikant ist.

Die Aufspaltung in Alters- und Erfahrungseffekte in Spezifikation 2 zeigt, dass die Unterschiede zwischen Gruppen unterschiedlichen Alters - unter Konstanthaltung der durchschnittlichen Betriebserfahrung - weiterhin signifikant sind. D.h. in Gruppen mit höherem Durchschnittsalter nehmen bei steigender Schulbildung im Vergleich zu Gruppen mit niedrigem Durchschnittsalter bei gleicher Betriebserfahrung die Gruppeninnovationen schwächer zu.

Unter Konstanthaltung des Durchschnittsalters ist bei steigender Schulbildung in Gruppen mit unterschiedlicher Betriebserfahrung der Unterschied zwischen den Gruppen jedoch insignifikant.

Insgesamt nimmt der positive Bildungseffekt mit steigendem Alter ab und dominiert den Gesamteffekt.

16.2.3 Der Effekt der Frühschicht auf Gruppeninnovationen

Der Gesamteffekt zeigt, dass Frühschicht zu einer Abnahme der Einsparungen in durchschnittlich jüngeren Arbeitsgruppen und zu einer Zunahme in durchschnittlich älteren Gruppen führt. Mit steigendem Durchschnittsalter der Gruppen nimmt der positive Effekt auf Gruppeninnovationen zu. Die Interaktion der Frühschicht mit dem Durchschnittsalter zeigt, dass diese Zunahme signifikant ist.

Die Aufspaltung in Alters- und Erfahrungseffekte in Spezifikation 2 zeigt, dass der Unterschied zwischen den Gruppen unterschiedlichen Alters sowohl unter Konstanthaltung der durchschnittlichen Betriebserfahrung als auch unter Konstanthaltung des Durchschnittsalters insignifikant ist.

Insgesamt nimmt der positive Effekt der Frühschicht mit steigendem Alter zu. Alters- und Erfahrungseffekte sind hier jedoch nicht maßgebend.

16.2.4 Der Effekt der Arbeitsauslastung auf Gruppeninnovationen

Der Gesamteffekt zeigt, dass eine Zunahme der Arbeitsauslastung keinen signifikanten Einfluss auf die Einsparungen hat. Der Interaktionsterm aus Arbeitsauslastung und Durchschnittsalter ist insignifikant.

Die Aufspaltung in Alters- und Erfahrungseffekte in Spezifikation 2 zeigt, dass die Unterschiede zwischen Gruppen unterschiedlichen Alters - unter Konstanthaltung der durchschnittlichen Betriebserfahrung - signifikant sind. In Gruppen mit höherem Durchschnittsalter nehmen bei steigender Arbeitsauslastung im Vergleich zu Gruppen mit niedrigerem Durchschnittsalter bei gleicher Betriebszugehörigkeit die Gruppeninnovationen schwächer zu.

Unter Konstanthaltung des Durchschnittsalters nehmen bei steigender Arbeitsauslastung in Gruppen mit durchschnittlich höherer Betriebserfahrung im Vergleich zu Gruppen mit niedriger Betriebserfahrung die Gruppeninnovationen zu. Der Unterschied zwischen den Gruppen ist schwach signifikant.

Insgesamt nimmt der positive Effekt der Arbeitsauslastung mit dem Alter ab, wird jedoch von der Betriebserfahrung kompensiert und hat damit insgesamt keinen Einfluss auf den Gesamteffekt.

16.2.5 Der Effekt der Altersheterogenität auf Gruppeninnovationen

Der Gesamteffekt zeigt, dass eine Zunahme der Altersheterogenität keinen signifikanten Einfluss auf die Einsparungen hat. Der Interaktionsterm aus Altersheterogenität und Durchschnittsalter ist insignifikant.

Die Aufspaltung in Alters- und Erfahrungseffekte in Spezifikation 2 zeigt, dass die Unterschiede zwischen den Gruppen unterschiedlichen Alters sowohl unter Konstanthaltung der durchschnittlichen Betriebserfahrung als auch unter Konstanthaltung des Durchschnittsalters ebenso insignifikant sind.

Insgesamt hat Altersheterogenität keinen Einfluss auf Gruppeninnovationen.

Aus dem Interaktionsterm aus Arbeitsauslastung und Altersheterogenität ergibt sich ein signifikant negativer Effekt auf Gruppeninnovationen. D.h. steigende Arbeitsauslastung wirkt sich in altersheterogenen Gruppen schlechter auf Innovationen aus als in weniger altersheterogenen Gruppen.

16.2.6 Der Effekt der Nationalitätsheterogenität auf Gruppeninnovationen

Der Gesamteffekt zeigt, dass eine Zunahme der Nationalitätsheterogenität in durchschnittlich jüngeren Gruppen zu einer Abnahme der Einsparungen führt. Mit steigendem Durchschnittsalter der Gruppen nimmt dieser negative Effekt auf Gruppeninnovationen ab. Die Interaktion der Nationalitätsheterogenität mit dem Durchschnittsalter zeigt, dass diese Abnahme signifikant ist.

Die Aufspaltung in Alters- und Erfahrungseffekte in Spezifikation 2 zeigt, dass der Unterschied zwischen Gruppen unterschiedlichen Alters - unter Konstanthaltung der durchschnittlichen Betriebserfahrung - weiterhin signifikant ist. D.h. in Gruppen mit höherem Durchschnittsalter nehmen bei steigender Nationalitätsheterogenität im Vergleich zu Gruppen mit niedrigerem Durchschnittsalter bei gleicher Betriebserfahrung die Gruppeninnovationen schwächer ab.

Unter Konstanthaltung des Durchschnittsalters ist bei steigender Nationalitätsheterogenität in Gruppen mit unterschiedlicher Betriebserfahrung der Unterschied zwischen den Gruppen jedoch insignifikant.

Insgesamt nimmt der negative Effekt der Nationalitätsheterogenität mit steigendem Alter ab und dominiert den Gesamteffekt.

Eine Zunahme des Anteils der Deutschen und Franzosen in einer Arbeitsgruppe hat insgesamt keinen signifikanten Einfluss auf Gruppeninnovationen. Die Zunahme des Anteils der Türken hat insgesamt einen signifikant negativen Effekt auf Gruppeninnovationen. D.h. eine Zunahme des Anteils der Türken führt zu einer Abnahme der Einsparungen.

16.2.7 Der Effekt der Heterogenität in Bezug auf Bildung, Beruf und Betriebserfahrung auf Gruppeninnovationen

Eine Zunahme der Heterogenität der Bildung in Jahren, der Berufe oder der Betriebserfahrung innerhalb der Arbeitsgruppen hat keinen signifikanten Effekt auf die Einsparungen und damit auf Gruppeninnovationen.

16.2.8 Der Effekt des Frauenanteils auf Gruppeninnovationen

Der Gesamteffekt zeigt, dass eine Zunahme des Frauenanteils zu einer Abnahme der Einsparungen in durchschnittlich alten Arbeitsgruppen führt. Mit steigendem Durchschnittsalter der Gruppen nimmt dieser negative Effekt auf Gruppeninnovationen zu. Die Interaktion des Frauenanteils mit dem Durchschnittsalter zeigt, dass diese Zunahme signifikant ist.

Die Aufspaltung in Alters- und Erfahrungseffekte in Spezifikation 2 zeigt, dass die Unterschiede zwischen den Gruppen unterschiedlichen Alters sowohl unter Konstanthaltung der durchschnittlichen Betriebserfahrung als auch unter Konstanthaltung des Durchschnittsalters insignifikant sind.

Insgesamt nimmt der negative Effekt des Frauenanteils mit dem Alter zu. Alters- und Erfahrungseffekte sind hier jedoch nicht maßgebend.

16.2.9 Der Effekt des Springeranteils auf Gruppeninnovationen

Der Gesamteffekt zeigt, dass eine Zunahme des Springeranteils keinen signifikanten Einfluss auf die Einsparungen hat. Der Interaktionsterm aus Springeranteil und Durchschnittsalter ist insignifikant.

Die Aufspaltung in Alters- und Erfahrungseffekte in Spezifikation 2 zeigt, dass der Unterschied zwischen Gruppen unterschiedlichen Alters - unter Konstanthaltung der durchschnittlichen Betriebserfahrung - weiterhin insignifikant ist.

Unter Konstanthaltung des Durchschnittsalters nehmen bei steigendem Springeranteil in Gruppen mit durchschnittlich höherer Betriebserfahrung im Vergleich zu Gruppen mit niedriger Betriebserfahrung die Gruppeninnovationen stärker ab. Der Unterschied zwischen den Gruppen ist signifikant.

Der negative Effekt des Springeranteils nimmt mit steigender Betriebserfahrung zu. Auf den Gesamteffekt hat er jedoch kaum einen Einfluss.

16.2.10 Der Effekt der Gruppengröße auf Gruppeninnovationen

Der Gesamteffekt zeigt, dass eine Zunahme der Gruppengröße zu einer Abnahme der Einsparungen in durchschnittlich jüngeren Gruppen führt. Mit steigendem Durchschnittsalter der Gruppen nimmt dieser negative Effekt auf Gruppeninnovationen jedoch ab. Die Interaktion der Gruppengröße mit dem Durchschnittsalter zeigt, dass diese Abnahme signifikant ist.

Die Aufspaltung in Alters- und Erfahrungseffekte in Spezifikation 2 zeigt, dass die Unterschiede zwischen den Gruppen unterschiedlichen Alters sowohl unter Konstanthaltung der durchschnittlichen Betriebserfahrung als auch unter Konstanthaltung des Durchschnittsalters insignifikant sind.

Insgesamt nimmt der negative Effekt der Gruppengröße mit steigendem Alter ab. Alters- und Erfahrungseffekte sind hier jedoch nicht maßgebend.

16.2.11 Der Effekt der unveränderten Gruppenzusammensetzungsdauer auf Gruppeninnovationen

Der Gesamteffekt zeigt, dass eine Zunahme der unveränderten Gruppenzusammensetzungsdauer keinen signifikanten Einfluss auf die Einsparungen hat. Der Interaktionsterm aus unveränderter Gruppenzusammensetzungsdauer und Durchschnittsalter ist insignifikant.

Die Aufspaltung in Alters- und Erfahrungseffekte in Spezifikation 2 zeigt, dass die Unterschiede zwischen den Gruppen unterschiedlichen Alters sowohl unter Konstanthaltung der durchschnittlichen Betriebserfahrung als auch unter Konstanthaltung des Durchschnittsalters ebenso insignifikant sind.

Insgesamt hat die unveränderte Gruppenzusammensetzungsdauer keinen Einfluss auf Gruppeninnovationen.

16.2.12 Zusammenfassung der Ergebnisse

Insgesamt lässt sich folgendes festhalten. Alter hat kaum einen Effekt auf Gruppeninnovationen. Lediglich der Anteil der sehr jungen Gruppenmitglieder zwischen 15 und 25 Jahren hat einen positiven Einfluss. Dieser wird jedoch erstaunlicherweise vom negativen Einfluss der Betriebserfahrung kompensiert, so dass das Alter der Arbeitsgruppen für Innovationen insgesamt keine Rolle spielt.

Von höherer Bildung profitieren vor allem die jüngeren Beschäftigten. Je höher die durchschnittliche Bildung in einer Arbeitsgruppe, desto weniger nehmen die Einsparungen mit zunehmendem Alter zu. Dieser Effekt wird vom Alter bestimmt.

Frühschicht begünstigt eher die Innovativität der älteren Beschäftigten. Je älter eine Arbeitsgruppe, desto stärker nehmen die Einsparungen in der Frühschicht zu. Dieser Effekt wird weder vom Alter noch von der Erfahrung alleine bestimmt.

Höhere Arbeitsauslastung hat insgesamt keinen Einfluss auf Innovativität. Der negative Effekt mit zunehmendem Alter wird durch den positiven Effekt der Betriebserfahrung kompensiert.

Höherer Frauenanteil mindert die Innovativität der älteren Beschäftigten. Je höher der Frauenanteil in einer Arbeitsgruppe, desto stärker nehmen die Einsparungen mit zunehmendem Alter ab. Dieser Effekt wird weder vom Alter noch von der Erfahrung alleine bestimmt.

Höherer Springeranteil hat keinen Einfluss auf Innovativität. Der negative Effekt bei zunehmender Betriebserfahrung wird durch andere Einflussgrößen kompensiert.

Größere Gruppen begünstigen eher die Innovativität der älteren Beschäftigten. Je größer eine Gruppe, desto weniger nehmen die Einsparungen mit zunehmendem Alter ab. Dieser Effekt wird weder vom Alter noch von der Erfahrung alleine bestimmt.

Zunehmende unveränderte Gruppenzusammensetzungsdauer hat keinen Einfluss auf Innovationen.

Zunehmende Altersheterogenität hat keinen Einfluss auf Innovationen. Steigende Arbeitsauslastung wirkt sich jedoch in altersheterogenen Gruppen schlechter auf Innovationen aus als in weniger altersheterogenen Gruppen.

Zunehmende Nationalitätsheterogenität mindert die Innovativität der jüngeren Beschäftigten. Je höher die Nationalitätsheterogenität in einer Arbeitsgruppe, desto weniger nehmen die Einsparungen mit zunehmendem Alter ab. Dieser Effekt wird vom Alter bestimmt. Deutsche und Franzosen haben keinen Einfluss auf Innovationen, Türken jedoch einen negativen.

Zunehmende Heterogenität in Bezug auf Bildung, Beruf und Betriebserfahrung hat keinen Einfluss auf Innovationen.

17 Erkenntnisstand der Innovationsforschung

Ziel dieses Kapitels ist es, den aktuellen Stand der Innovationsforschung zu skizzieren. Um potentielle Einflussfaktoren auf Innovationen zu identifizieren, wird das Drei-Ebenenmodell für Innovationen (vgl. Guldin, 2006) als Grundlage herangezogen. Darüber hinaus existieren viele Modelle, die große Ähnlichkeiten zu Modellen der Gruppenleistung haben. Die ermittelten Einflussfaktoren gehen im Folgekapitel als Diskussionsgrundlage in das Erklärungsmuster der eigenen empirischen Ergebnisse ein.

17.1 Die Begriffe Kreativität und Innovation

17.1.1 Definitionsversuch

Kreativität wird als ein Eigenschaftsmerkmal einer Person aufgefasst. Sie wird als eine Menge von erforderlichen Merkmalen verstanden, um besondere Leistungen hervorzubringen. Kreativität stellt die Fähigkeit zur Realisierung von Innovationen dar, der kreative Prozess das Mittel dazu (vgl. Kieser, 1969). Im Diskurs über Kreativität wird oft von kreativer Atmosphäre von Arbeitsgruppen oder Organisationen gesprochen (vgl. Schuler & Görlich, 2007). Durch die Umsetzung von kreativen Ideen gehen Innovationen hervor.

Innovationsfähigkeit beinhaltet die Entwicklung von Neuerungen, die Änderungsprozesse umfassen und zum ersten Mal durchgeführt werden (vgl. Oechsler, 2006, 508). Unter einer Innovation wird eine technologische Neuheit verstanden, welche als Produkt am Markt oder als Prozess im Unternehmen erstmalig etabliert wird (vgl. OECD, 1997). „Innovationen stellen einen wesentlichen Baustein zur Wettbewerbsfähigkeit und zum wirtschaftlichen Erfolg eines Unternehmens dar“ (Oechsler, 2000, 561). Um jedoch neue Ideen für Innovationen zu generieren, ist Kreativität erforderlich.

Die heute global vernetzten Wirtschaftsräume treiben die Konkurrenz so voran, dass das permanente Streben nach Verbesserung nicht nur auf organisationaler Ebene, sondern auch für Handels-, Rechts- und Sozialsysteme zunehmend Geltung erfährt. Dort wo natürliche Ressourcen begrenzt sind, kann durch kreative Leistung eine echte Vermehrung des Wohlstandes geschaffen werden (vgl. Kabanoff & Rossiter, 1994).

17.1.2 Arten kreativer Leistung

Mumford und Gustafson (1988) unterscheiden zwei Arten von kreativer Leistung:

- Major contributions: Kreative Beiträge großer Originalität, die zur Lösung einer Vielfalt von Problemen beitragen
- Minor contributions: Kreative Beiträge, die Verbesserungen oder Ausweitungen des Bestehenden darstellen und zu begrenzten, aber nützlichen Problemlösungen beitragen

Zu hinterfragen ist, ob kreative Leistungen nur dann kreative Leistungen sind, wenn sie sich in praktische Problemlösungen umsetzen lassen. Welche Problemlösung ermöglicht bspw. die kreative Leistung eines Künstlers? Daher scheint es sinnvoll zu sein, zwischen den Bewertungsdimensionen Originalität und Nützlichkeit zu trennen. Kreativität im engeren Sinne ist der Einfall oder die Idee selbst. Als Innovation wird oft die Umsetzung der Idee in eine nutzbare Anwendungsform bezeichnet (vgl. Schuler & Görlich, 2007).

17.1.3 Charakteristika kreativen Handelns

Innovation und Kreativität stellen zielorientiertes Handeln dar. Dieses Handeln unterscheidet sich von routinemäßigem Handeln dadurch, dass es nicht in wohlstrukturierten, sondern in schlecht strukturierten Problemssituationen auftritt. Kreativität ist immer das Resultat von Denkprozessen (vgl. Oechsler, 2006, 509).

Sichere Verfügbarkeit von Informationen, geringer Strukturierungsgrad von Aufgaben, gelockerte Autoritätsstrukturen, großzügige Kontrollstrukturen sowie der Einsatz von kreativitätsfördernden Arbeitsverfahren gehören zu innovationsförderlichen Situationsstrukturen. Uneinigkeit besteht allerdings darüber, ob die Ideenproduktion in einem Gruppenprozess mit heterogen zusammengesetzten Gruppenmitgliedern vorteilhafter ist als auf individueller Ebene (vgl. Oechsler, 2000, 562f.).

17.2 Erkenntnisse aus der betrieblichen Innovationsforschung

Der Begriff Innovation weist viele Facetten auf. Hierzu trägt die Forschung in unterschiedlichen Disziplinen bei. Neben der Psychologie und der Soziologie beschäftigen sich die Volks- und Betriebswirtschaft intensiv mit dem Themengebiet Innovation.

Aus ökonomischem Blickwinkel stehen im Betrieb die Aspekte Zeit, Kosten und Qualität im Mittelpunkt. Das betriebliche Vorschlagswesen, das Konzept des Qualitätszirkels sowie innovationsfördernde Führungsformen zur Kreativitätsförderung und Verhaltensflexibilisierung nehmen hierfür eine bedeutende Stellung ein.

Neben den Determinanten der Kreativität/Innovativität aus personalwirtschaftlicher Perspektive existieren bspw. soziokulturelle und bildungspolitische Rahmenbedingungen, die innovationsfördernd oder -hemmend wirken.

17.2.1 Ebenen betrieblicher Innovationen

Die Innovationsfähigkeit von Belegschaften nimmt in Unternehmen eine bedeutende Stellung ein, da Innovationen eine der zentralen Faktoren für den Unternehmenserfolg sind. Ein empirischer Beleg für den Zusammenhang zwischen Kreativität und Innovation ist bspw. der im Forschungs- und Entwicklungsbereich ermittelte positive Zusammenhang zwischen Kreativität und der Anzahl eingereichter und erlangter Patente (vgl. Schuler, Funke, Mose & Donat, 1995). Kreativität ist Mittel zum Zweck der Innovation und damit ein Erfolgsfaktor, um durch individuelle und kollektive Befähigung Neues zu erdenken und zu schaffen (vgl. Guldin, 2006). Dieser Erfolgsfaktor ist abhängig von der Selektion von kreativen Persönlichkeiten im Rahmen der Besetzung von Funktionen oder Arbeitsteams, von Trainingsmethoden und Techniken zur Verbesserung der Kreativität sowie vom Arbeitskontext, wie bspw. Organisationsklima und -kultur.

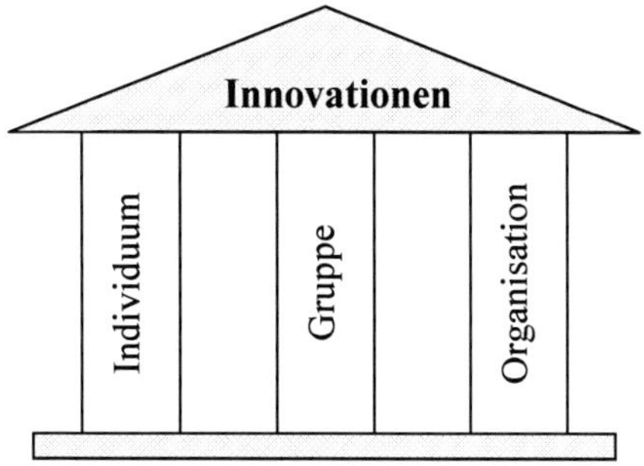

Abb. 39: Säulen betrieblicher Innovationen

Innovationen in Organisationen werden von Einflussgrößen gesteuert, die auf Individual-, Gruppen- und Organisationsebene wirken. Umwelt-, Strukturbedingungen sowie Persönlichkeitsmerkmale haben einen Einfluss auf betriebliche Innovationen (vgl. Guldin, 2006; Baldridge & Burnham, 1975; von Rosenstiel & Ewald, 1979).

Der Zugang zu Zeit-, Arbeits- und Informationsressourcen sowie Umfeldbedingungen, Unternehmenskultur und Organisationsklima entscheiden als Rahmenbedingungen über das kreative Verhalten der Mitarbeiter und damit über die Innovationsfähigkeit auf organisationaler Ebene. Auf Gruppenebene sind Gruppenstrukturen, Gruppenprozesse und das Teamklima von Bedeutung. Entscheidend auf individueller Ebene ist die Kreativitätseigenschaft des Individuums.

Gelenkt werden kann das kreative Verhalten durch Methoden der Kreativitätsförderung, die zur Generierung von neuartigen und lösungsfähigen Ideen beitragen. Auf allen drei Ebenen existieren zahlreiche Fördermöglichkeiten der Innovation: Vermittlung von speziellen Innovationstechniken, gezielte Steuerung des Teamklimas, großzügige Regelung von Zeitressourcen, Zugang zu Informationen, usw.

17.2.2 Eigenschaften betrieblicher Innovationen

Auf betrieblicher Ebene definieren die Dimensionen „Subjektivität“, „Objekt“ und „Intention“ eine Innovation (vgl. Staudt & Auffermann, 1996; West & Farr, 1990):

Die Subjektivität von Innovationen drückt die Abhängigkeit der Neuheit einer Innovation vom innovierenden Subjekt aus. Über die Erstmaligkeit bestimmt somit das innovierende Subjekt, das sowohl eine Person, ein Unternehmen als auch eine Volkswirtschaft sein kann. Aus betrieblicher Sicht gelten neue Produkte, Prozesse usw. als Innovationen.

Das Innovationsobjekt drückt die technische, soziale oder prozessuale Natur der Innovation aus. Prozessuale Objekte stehen für Neuerungen im Ablauf des Tätigkeitsflusses. Soziale Innovationsobjekte stehen für Änderungen des Arbeitsumfeldes. Technische Objekte stehen für Produkt- oder Materialänderungen. Oft ist auch von Produkt-, Verfahrens- und Sozialinnovationen die Rede (vgl. Thom, 1980).

Die Intention von Innovationen drückt im Gegensatz zu zufälligen Innovationen beabsichtigte Innovationen aus, die von Beginn des Innovationsprozesses an eine definierte Verbesserung für Anwender und Nutzer des Innovationsobjektes darstellen.

„Zentral für Definitionen von Innovationen ist somit die Erwartung einer Verbesserung; die tatsächliche Ausprägung kann hiervon sowohl in Qualität und Ausmaß abweichen" (Guldin, 2006, 307).

Anhand der Definitionskriterien lässt sich Innovation von Imitation abgrenzen. Die Subjektivität, einer dieser drei Definitionskriterien kann an folgendem Beispiel verdeutlicht werden. Stellt der Einsatz eines neu entwickelten Materials in der Produktion eines Gutes in einem Unternehmen eine Innovation dar, so ist das für ein anderes Unternehmen eine Imitation, wenn es nachträglich ebenfalls dieses Material einsetzt.

„Im Fall einer „betrieblichen Innovation" ist der Betrieb das Innovationsobjekt, die Änderung innerhalb des Betriebs kann dann technischer, prozessualer oder sozialer Art sein" (Guldin, 2006, 307). Es werden zwischen Push- und Pull bzw. potenzialorientierten und bedarfsorientierten Innovationen unterschieden, wenn es um die Auslösung der Innovationen geht. Wenn Innovationen keinem klar definierten Anwendungsgebiet zuzuordnen sind, werden sie als Push- oder potenzialorientierte Innovationen bezeichnet. Die Reaktion auf ein erkanntes Problem hingegen wird als Pull- oder bedarfsorientierte Innovation gekennzeichnet (vgl. Staudt, Kreka & Krause, 1996).

17.3 Der Entstehungsprozess von Innovationen

Das Ergebnis eines Neuerungsprozesses wird ebenso wie der Prozess selbst, der zur Neuerung führt, als Innovation bezeichnet (vgl. Meißner, 1988; Staudt & Auffermann, 1996). Daher haben Innovationen sowohl Ergebnis- als auch Prozesscharakter. In der Praxis steht die Frage der Förderung von Innovationen, damit der zum Ergebnis führende Prozess im Vordergrund.

17.3.1 Der Innovationsprozess

Ein Standardablaufplan für den Innovationsprozess existiert nicht. Dies zeigt die Vielzahl von Prozessabläufen, die in der Literatur diskutiert werden. Innerhalb der prozessualen Sichtweise von Innovationen existieren ganzheitliche und phasenorientierte Konzepte, die im Wesentlichen alle einen ähnlichen Aufbau haben (vgl. Basadur, Green & Green, 1982; Staudt & Auffermann, 1996; Thom, 1980; Marr, 1980; Röpke, 1977; von Wallas, 1926). Gegenüber ganzheitlichen Konzepten versuchen phasenorientierte Konzepte die Komplexität der Wechselbeziehungen innerhalb eines Prozesses durch Simplifikation des tatsächlichen Geschehens zu vereinfachen. Phasenmodelle erleichtern die praxisorientierte Diskussion über Maßnahmen zur Förderung von Innovationsprozessen (vgl. Guldin, 2006, 308).

Innovationen lassen sich in mehreren Prozessschritten beschreiben: Von der „Geburt" einer kreativen Idee bis zur Umsetzung und Implementierung. Der Gesamtprozess ist mit der Entdeckung eines Problems und dem Finden einer originellen Lösung nicht erledigt. Nach Prüfung und Verbesserung der Idee erfolgt die Umsetzung in produzierbare Produkte, d.h. in Innovationen.

Schuler und Görlich (2007, 30ff.) teilen den kreativen Prozess in acht Schritte auf:

1. Problementdeckung
2. Informationssuche, -aufnahme und -bewertung
3. Kombination von Konzepten
4. Ideenfindung

5. Ausarbeitung und Entwicklung des Lösungsansatzes
6. Ideenbewertung
7. Anpassung und Umsetzung
8. Implementierung

Es ist nicht erforderlich, dass alle kreativen Prozesse alle Schritte durchlaufen müssen. Oft können rekursive Teilphasen durchlaufen werden und Erweiterungen entstehen. Eine umfangreiche Wissensbasis und die Zusammenarbeit mehrerer Personen spielt dabei in allen Phasen eine wichtige Rolle, um die Brauchbarkeit und die Realisierbarkeit von Ideen bewerten zu können. Schuler (1994) drückt kreative Leistung sogar in der Gleichung „Kreativität = Inspiration + Transpiration + Kommunikation" aus. In der betrieblichen Praxis steht dabei immer die Kosten-Nutzen-Relation im Vordergrund.

17.3.2 Die Rolle des Alters im Innovationsprozess

Für die Befähigung zur Innovation sind nach der Kreativität noch andere, weitere Eigenschafts- und Verhaltensvoraussetzungen erforderlich: Kontaktfähigkeit, Anpassungsbereitschaft, Realitätssinn, verkäuferisches Geschick sowie die Fähigkeiten, Koalitionen zu bilden, organisationale Prozesse zu verstehen und zu gestalten, Ressourcen zu akquirieren und Macht auszuüben (vgl. Schuler, 2006).

Dieser Teil des Gesamtprozesses (Umsetzung und Implementierung von Ideen) kommt allerdings erst in der zweiten Lebenshälfte zur Wirkung, da kreative Leistungen alterskorreliert sind (vgl. Schuler, 2006, 684). „Bestimmte Elemente des kreativen Prozesses und ein Teil ihrer kognitiven Grundlagen sind an das junge Erwachsenenalter gebunden – nicht deterministisch, aber stark genug, dass beispielsweise Naturwissenschaftler ihre wichtigste Forschungsarbeit mit fünffach höherer Wahrscheinlichkeit im Alter von 30 als mit 50 Jahren veröffentlichen" (Schuler & Görlich, 2007, 3); Geisteswissenschaftler erreichen ihr Maximum im vierten Lebensjahrzehnt (vgl. Schuler & Görlich, 2007).

Die Personalpsychologie liefert bisher nur lückenhafte Erkenntnisse zum Altersverlauf von kreativen Leistungen. Vor allem fehlen sie besonders auf betrieblicher Ebene. Meist existieren Untersuchungen zu wissenschaftlichen Leistungen.

Kanazawa (2003) analysiert die Biographie von 280 Naturwissenschaftlern. Im Durchschnitt entstehen die bedeutsamsten Arbeiten mit 35 Jahren. Das Maximum der wissenschaftlichen Leistungen liegt bei 30 Jahren. Lehman (1953) untersucht die Altersabhängigkeit der Leistung in verschiedenen Forschungsbereichen getrennt. Der Verlauf der Leistungskurven zeigt ein ähnliches Bild wie die Ergebnisse von Kanazawa. Allerdings weisen sie leichte Verschiebungen zwischen den Fachgebieten auf. Eine andere Analyse von Lehman zeigt, dass Patenteinreichungen von Erfindern ihr Maximum bei 35 Jahren haben.

Kreative Leistungen von Wissenschaftlern zeigen alle ähnliche Altersverläufe. Sie weisen früh ein Maximum auf und zeigen bei Leistungen, die stärker von der Erfahrung und der Sprache abhängen, einen im Alter hinausgeschobenen Verlauf. Verantwortlich hierfür ist die unterschiedliche Entwicklung verschiedener kognitiver Fähigkeiten, wie der fluiden und kristallinen Intelligenz im Alter (vgl. Schuler & Görlich, 2007, 40ff.). Kreative Leistung ist damit von zwei Komponenten der Intelligenz abhängig, die sich im Altersverlauf in völlig unterschiedliche Richtungen entwickeln.

Die Fähigkeit, kreative Ideen in innovative Produkte umzusetzen, ist im Vergleich zum Kreativitätshöhepunkt um zwei Jahrzehnte verschoben. Die Überzeugung anderer, die Durchsetzung gegen konkurrierende Ansätze und die Einbindung in Gesamtprozesse sind abhängig von Status und Einflussstrukturen, die mit dem Alter zunehmen. Die Erfahrungsabhängigkeit kreativer Leistungsbeiträge ist daher generell hoch, in den verschiedenen Tätigkeitsbereichen jedoch unterschiedlich ausgeprägt (vgl. Schuler, 2006, 684).

Eine weitere Rolle in der personalpsychologischen Forschung spielt die Förderung der Kreativität als Eigenschaft. Die Erfolgswirksamkeit von Kreativitätsförderung nimmt jedoch mit zunehmendem Alter ab. Hier lassen sich durch Arbeitsgestaltung, Führung und personengerechte Zuordnung von Aufgaben und Mitarbeitern bessere Erfolge erzielen (vgl. Schuler & Görlich, 2007, 3).

17.4 Erklärungsansätze für Innovationen

Das Spektrum der psychologischen Theorie liefert keine Ansätze zur Innovativität. Jedoch lässt sich der Bezugsrahmen für das Verständnis von Innovationsprozessen aus Untersuchungen zur Kreativität ableiten. Es existieren zahlreiche Theorien und Modelle, die versuchen, Einflussfaktoren auf die Kreativität zu identifizieren und deren Beziehungen zueinander zu erklären. Aus ihnen lassen sich Einflussfaktoren auf unterschiedlichen Wirkungsebenen ableiten, die mögliche Erklärungsgrößen für die empirischen Ergebnisse dieser Arbeit darstellen und später in der Diskussion aufgegriffen werden.

Für betriebliche Innovationen lassen sich nach Guldin (2006) drei Kernfragen herausstellen, die die Grundlage für ein Drei-Ebenenmodell bilden:

1. Individualebene: Welche Persönlichkeiten sind für die Besetzung von Einzelfunktionen und in Arbeitsgruppen auszuwählen, um innovatives Verhalten von Individuen und Arbeitsteams hervorzurufen?
2. Gruppenebene: Wie sind Bedingungen für die Zusammenarbeit innerhalb von Innovationsprozessen zu gestalten?
3. Organisationsebene: Welche organisationalen Rahmenbedingungen sind zu schaffen, um Innovationsprozesse erfolgreich in einem Unternehmen zu initiieren?

Dieses Modell wird in den folgenden Ausführungen dazu dienen, Einflussfaktoren auf Innovationen ausfindig zu machen.

„Zur Bestimmung von innovationsfördernden Bedingungen bieten Evaluation von Gruppenstrukturen und -zusammensetzungen, soziale und arbeitsbezogene Prozesse innerhalb von Arbeitsteams, Organisations- und Teamklima, Organisationskultur und schließlich auch von Innovationen der eigenen (Arbeits-)Rolle im Rahmen von Organisationsveränderungen wichtige Ansatzpunkte“ (Guldin, 2006, 310).

Bspw. befragen Lapierre und Giroux (2003) 122 Individuen unterschiedlichen Alters, Geschlechts und Rangs in unterschiedlichen kanadischen High-Tech-Fimen, um Determinanten zu ermitteln, die kreatives Arbeiten beeinflusst. Sie stellen folgende hoch signifikante Einflussgrößen fest, die auf unterschiedlichen Ebenen wirken: „Humane“ Arbeitsatmosphäre, Kooperation und Informationsaustausch, Autonomie und Freiräume, Respekt und Vertrauen sowie eine gemeinsame Zielausrichtung.

17.4.1 Individualebene

Die Kreativitätsforschung hat unterschiedliche Ansichten, was die Einflussgrößen auf die Kreativität angeht. Einige heben die Bedeutung intellektueller Fähigkeiten hervor, andere halten eher das Zusammenspiel intellektueller Fähigkeiten und Persönlichkeitsmerkmale wie Temperament, Motivation für bedeutsam (vgl. King, 1990).

17.4.1.1 Biologische Erklärung der Kreativität

Das Prinzip der Kreativität ist dem Prinzip der Evolution sehr ähnlich. Denn wie die Konkurrenzexistenz in der Natur, konkurrieren ebenso die im Unternehmen eingebrachten Vorschläge für Fertigungsprozesse gegeneinander. Im Hintergrund konkurrieren die Vorschlagenden um Anerkennung, bessere Positionen und Belohnungen (vgl. Schuler & Görlich, 2007). Ausschlaggebend sind dabei nicht nur kognitive Fähigkeiten, sondern auch Kommunikationsfähigkeiten, Motivation sowie der Status in der sozialen Gemeinschaft und die Kultur. Kreative Leistungen werden durch die Anwesenheit anderer Personen beeinflusst.

Kennzeichnend für kreative Personen sind Eigenschaften wie die Neigung zu physiologischer Überreaktion, Hypersensibilität und eine geringe kognitive Hemmung, die divergentes Denken begünstigen (vgl. Schuler & Görlich, 2007, 26ff.). Eysencks (1995) beschreibt die kreative Leistung als eine abhängige Größe vom genetischen Erbgut, also von der Kreativität als menschliche Eigenschaft, von motivationalen und kognitiven (IQ) Variablen sowie von soziokulturellen Variablen.

17.4.1.2 Kreativität und Persönlichkeit

Wie kann kreative Leistung gefördert werden? Wodurch zeichnen sich kreative Menschen aus? Über kreativitätsfördernde Persönlichkeitsmerkmale liegt ein breiter Fundus vor. Einige wesentliche sind Offenheit für neue Erfahrungen, Neugier- und Explorationsverhalten, Autonomiestreben, niedrige Ängstlichkeit, positive Neigung zur Übernahme von Risiken, Toleranz gegenüber mehrdeutigen Situationen (Ambiguitätstoleranz) sowie Feldunabhängigkeit (Fähigkeit, sich von Einbettungszusammenhängen zu lösen und Einzelreize unabhängig vom Umfeld des Reizes analysieren zu können) (vgl. Guldin, 2006).

Die eigenschaftsorientierte Kreativitätsforschung liefert darüber hinaus eine Fülle von überlappenden Merkmalen, die kreative Personen kennzeichnen.

Nach Barron und Harrington (1981) sind das ästhetische Werte, breite Interessen, Anziehung zu Komplexität, hohe Energie, Unabhängigkeit des Urteils, Autonomie, Intuition, Selbstvertrauen, Aufklärung von Widersprüchen, kreatives Selbstbild. Mansfeld und Busse (1981) legen sich auf folgende Merkmale fest: Überdurchschnittliche Intelligenz, umfangreiche Ausbildung, emotionale Regulierung, Autonomie, Flexibilität und Offenheit, Bedürfnis nach Originalität, Bedürfnis nach beruflicher Anerkennung, Arbeitsengagement, ästhetisches Feingefühl.

Schuler und Görlich (2007, 14) versuchen die in der Literatur ansatzweise empirisch belegten kreativitätsbedingenden oder -begünstigenden Merkmale in folgender Liste zusammenzufassen, ohne Anspruch auf Unabhängigkeit und Überschneidungsfreiheit zu erheben:

- Intelligenz, Komplexität, Intuition, Einsicht, Fantasie, Bildung, Vorstellungskraft, Integrationsfähigkeit
- Intrinsische Motivation, Ehrgeiz, Ausdauer, Konzentration, Leistungsmotivation, Energie, Leistungsfreude, Antrieb, Belohnungsaufschub
- Nonkonformität, Originalität, Unkonventionalität, Autonomiestreben, Individualismus, Unabhängigkeit des Urteils, Eigenwilligkeit

- Selbstvertrauen (fähigkeits- und zielbezogen), emotionale Stabilität, Selbstbild „kreativ“, Risikobereitschaft
- Offenheit, Neugierde, Freude an Neuem, ästhetische Ansprüche, intellektuelle Werte, Bedürfnis nach Komplexität, breite Interessen, Flexibilität, Ambiguitätstoleranz
- Erfahrung, Wissen, Einstellungen und Werthaltungen, metakognitive Fertigkeiten (Planung, Monitoring, Feedback, Selbststeuerung, Selbstbeurteilung)

Andere empirische Untersuchungen versuchen die Idealkombination von kreativen Merkmalen einer Person herauszufinden (vgl. Cattell, Eber & Tatsuoka, 1970). Dabei stellen sie fest, dass kognitive Fähigkeiten zwar eine wichtige Rolle für kreative Leistungen einnehmen, jedoch aber von weiteren nichtkognitiven Merkmalen beeinflusst werden.

„Die kognitiven Fähigkeiten werden ergänzt zum einen durch die Erfahrung, den erforderlichen Wissenshintergrund und die Fertigkeiten der Selbststeuerung, zum andern durch die Offenheit gegenüber Neuem, die als kognitiver Stil verstanden werden kann und die darüber hinaus mit der Ambiguitätstoleranz, der Bereitschaft und Fähigkeit, Widersprüche und unsichere Situationen zu ertragen, auch ein nichtkognitiv verankertes Merkmal enthält“ (Schuler & Görlich, 2007, 14).

Unabdingliche Voraussetzung für hervorragende Leistungen ist die intrinsische Motivation. Belohnungsaufschub dient dem Erreichen größeren und entfernteren Zieles. Die Nonkonformität hat zwei Facetten. Bspw. wird das Streben nach Unabhängigkeit oder Eigenwilligkeit als störend und harmoniegefährdend erlebt. Unter günstigen Umständen tragen sie jedoch zur Beachtung und Durchsetzung einer Person und ihrer Ideen bei. Um aber kreative Leistungen entstehen lassen zu können, müssen jedoch die meisten begünstigenden Merkmale in hoher Ausprägung und unter förderlichen Situationen zusammentreffen (vgl. Schuler & Görlich, 2007).

Innovation ist die Umsetzung von kreativen Ideen oder originellen Einfällen in wirtschaftlich nutzbare Anwendungsmöglichkeiten wie neue Produkte oder Prozesse. Neben den für Kreativität erforderlichen Eigenschaften sind für die Befähigung zur Innovation zusätzliche, zum Teil wesentlich andere Eigenschaften erforderlich (vgl. Schuler & Görlich, 2007, 19):

- Kontakt- und Kommunikationsfähigkeit
- Überzeugungskraft
- Anpassungsbereitschaft
- Realitätssinn
- verkäuferisches Geschick
- unternehmerisches Denken und Handeln
- Ressourcen akquirieren können
- Teams und Koalitionen bilden können
- konkurrierende Ideen integrieren
- Probleme antizipieren
- Planen und Gestalten
- Mikropolitik gestalten
- Macht ausüben

17.4.1.3 Kreativität und Intelligenz

Erste Arbeiten zu kreativen Leistungen gehen von drei Merkmalen aus, die Kreativität beeinflussen (vgl. Galton, 1869): Intelligenz, Motivation und Power. Besonderes Augenmerk wird dabei auf die Intelligenz gerichtet. Untersuchungen über den Zusammenhang zwischen Kreativität und Intelligenz liefern unterschiedliche Ergebnisse. Sie reichen von keiner bis zu einer hohen Korrelation zwischen Kreativität und allgemeiner Intelligenz.

Terman (1959) bestätigt in einer Langzeitstudie, dass vor allem die Intelligenz maßgeblich für kreative Leistungen ist. Hierfür verfolgte er die Lebensläufe von 1500 hoch begabten Kindern bis ins hohe Alter, die eine IQ von mindestens 135 hatten. Die Intelligenz der begabten Testpersonen schlug sich im Vergleich zu einer normalbegabten Kontrollgruppe in verschiedenen Varianten überdurchschnittlichen Lebensleistungen wieder. Ob überdurchschnittliche Lebensleistungen ein Indiz für kreative Leistungen ist, erscheint jedoch diskussionsbedürftig.

Jäger (1984) ermittelte in Experimenten zur Intelligenz eine hohe Korrelation zwischen dem Kreativitätsfaktor „Einfallsreichtum“ und allgemeiner Intelligenz. Das bedeutet, dass kreative Leistungen von Personen mit höherem IQ eher zu Stande gebracht werden, als von Personen mit einem geringen IQ-Wert. Getzels und Jackson (1962) hingegen finden nur eine mittlere Korrelation zwischen der Gesamtintelligenz und der Kreativität. Die unterschiedlichen Ergebnisse können auf Messfehler wie unterschiedliche Aufgabentypen, Reliabilitätsmängel (Unzuverlässigkeiten der Messung) sowie auf Defizite der Konstruktvalidität (die Aufgaben erfassen möglicherweise etwas anderes als vorgesehen) zurückzuführen sein. Sternberg (2003) dagegen sieht keinen Zusammenhang zwischen analytischen, kreativen und praktisch intellektuellen Fähigkeiten.[23]

Der eigenschaftsorientierte Ansatz der Kreativität ist auf Guilford (1959) zurückzuführen, der kreative Fähigkeiten als Erweiterung in Intelligenzmodelle integriert. Dabei werden besonders die divergenten Denkprozesse als zentraler Bestandteil effektiven Problemlösens hervorgehoben. „Die für kreatives Problemlösen als relevant erachteten Fähigkeiten liegen im Bereich des divergenten Denkens (Flüssigkeit, Flexibilität, Originalität, Elaboration), des konvergenten Denkens (Umstrukturierung) und der Kognitionen (Problemsensibilität, Penetration)“ (Guldin, 2006, 311).

Kirtons (1978) eigenschaftsorientierter Ansatz zieht die bipolare Persönlichkeitsdimension „Adaption-Innovation“ als wesentliches Merkmal zur Erklärung von Verhalten heran. Die Verbesserung bereits existierender Vorgehensweisen innerhalb bestehender Strukturen wird dem „Adaptor“ zugewiesen. Der „Innovator“ dagegen tendiert zur Entwicklung neuen Vorgehens außerhalb der bestehenden Strukturen. Lediglich die Art des Verhaltens stellt einen Präferenzunterschied dar. Adaptoren und Innovatoren verfügen über das gleiche Kreativitätspotential (vgl. Guldin, 2006, 311). Da hohe Innovationsfä-

[23] Weiterführende Untersuchungen zur Kreativität und Intelligenz finden sich in Schoppe, 1975; Amthauer, 1970; Heller, Kratzmeier & Lengfelder, 1998; Rindermann & Neubauer, 2004; Schuler & Hell, 2005.

higkeit auch mit einer höheren Ausprägung in Kreativitätstests einhergeht, stellen empirische Befunde jedoch die Gleichheit des Kreativitätspotentials von Adaptoren und Innovatoren in Frage (vgl. Goldsmith & Matherly, 1987).

17.4.1.4 Kontextuelle Determinanten kreativen Verhaltens

Kreatives Verhalten von Individuen, das in ein Arbeitsumfeld eingebunden ist, wird von kontextuellen Determinanten mitbestimmt. Dabei nehmen Arbeitskollegen und -teams im unmittelbaren und die Gesamtorganisation im erweiterten Umfeld Einfluss. Als wesentlich fördernde oder hemmende Faktoren für kreatives Verhalten werden am häufigsten die Charakteristika der Gruppenstruktur und -zusammensetzung, die innerhalb der Gruppe ablaufenden Prozesse, die organisatorischen Rahmenbedingungen sowie das Teamklima und die Unternehmenskultur diskutiert (vgl. Guldin, 2006, 311).

Empirische Studien zeigen unterschiedliche Zusammenhänge zwischen kognitiven und nichtkognitiven Persönlichkeitsmerkmalen und kreativer Leistung. Neben diesen Merkmalen haben ebenso Arbeitsbedingungen großen Einfluss auf die erbrachte kreative Leistung. Hierzu gehören unter anderem die Ausgestaltung des Arbeitsplatzes, die Arbeitszeiten, die Arbeitsmittel und soziale Kontakte. Dass kreative Personen sich Umgebungsbedingungen suchen, die ihrer Art zu denken und zu arbeiten zugutekommen, ist ein erster Hinweis dafür (vgl. Csikszentmihalyi, 2003).

17.4.2 Gruppenebene

Das Untersuchungsfeld zur Gruppenkreativität ist sehr weit. Ganz besonders wird dabei die soziale Interaktion in den Vordergrund gestellt (vgl. Gebert, 2004a; Argote & Ingram, 2000; Nijstad & Paulus, 2003), bei der durch den Austausch von Ideen innerhalb von Gruppen Innovationen entstehen. Andere Arbeiten beschäftigen sich mit dem Einfluss von Organisationsbedingungen (vgl. Woodman, Sawyer & Griffin, 1993), der Führung (vgl. West, 2003), dem Erfahrungshintergrund (vgl. Argote & Kane, 2003) oder den kollektiven Lernprozessen in der Gruppe (vgl. Johnson & Johnson, 1998).

Schuler und Görlich (2007, 99) stellen eine umfangreiche Liste aller möglichen Einflussgrößen und Maßnahmen auf, die nicht alle empirisch belegt sind, jedoch eine Förderung kreativer Leistungen und Innovationen auf Gruppenebene erwarten lassen. Exemplarisch sind hier einige zu nennen, die auch in andere Arbeiten oft erwähnt werden: Ähnliches kognitives Niveau der Gruppenmitglieder, verschiedener Erfahrungshintergrund der Gruppenmitglieder, vertrauensvolle Atmosphäre, gegenseitige Unterstützung, positive Emotionalität, Freude, Humor, leistungsorientierte Atmosphäre, adäquates Maß an Autonomie und Selbstregulation, lebhafte sachliche Auseinandersetzung, ausgeprägte Partizipation aller Gruppenmitglieder, gruppenbezogene Anreize und Belohnungen.

Isaksen und Lauer (2002) werten 160 Interviews mit Managern aus 23 unterschiedlichen Regionen in Nordamerika aus, um Einflussgrößen zu ermitteln, die kreative Teams von weniger kreativen Teams unterscheiden. Ein Auszug aus den Ergebnissen zeigt, dass kreative Teams besser in der Lage sind, zusammenzuarbeiten und dabei persönliche Konflikte zu vermeiden, als weniger kreative Teams. Kreative Teams sind motivierter, um hart für das Gruppenziel hinzuarbeiten. In weniger kreativen Teams fehlt die Offenheit für neue Ideen. Vorgesetzte von kreativen Teams geben klare Anweisungen, halten die Gruppen zusammen und fördern sie. In weniger kreativen Teams existiert ein Klima des Misstrauens. In kreativen Teams dagegen vertraut jeder jedem, existiert ein humorvolles und herausforderndes Gruppenklima sowie eine Mischung von unterschiedlichen Talenten mit unterschiedlichen Erfahrungshintergründen.

17.4.2.1 Das Modell der Gruppenkreativität

Gruppenkreativität kann durch eine ganzheitliche Betrachtung der für die Kreativität verantwortlichen Determinanten erklärt werden (vgl. Hinsz, Tindale & Vollrath, 1997; Stasser & Birchmeier, 2003). Hierzu gehören die Gruppenmitglieder/-zusammensetzung, die Gruppenprozesse und der Gruppenkontext (Gruppenumfeld, Gruppenklima,...), die in den folgenden Abschnitten näher diskutiert werden.

Einzelne Gruppenmitglieder stellen die Ressourcen (z.B. Fähigkeiten, Qualifikation, individuelle Persönlichkeitsmerkmale) der Gruppe dar, die das Kreativpotential der Gruppe auf individueller Ebene entscheiden. Auf Gruppenebene müssen die Beiträge und Ideen einzelner Mitglieder diskutiert, kombiniert und auf eine gemeinsame Entscheidungsbasis gestellt werden. Die Art und Weise, wie individuelle Beiträge und Ideen kombiniert werden, löst Gruppenprozesse aus, die die gegenseitige Beeinflussung auf individueller Ebene und Gruppenebene verursachen. Der Gruppenkontext, das soziale Klima und das Umfeld entscheiden dann letztendlich, welche Gruppenprozesse auftreten und wie individuelle Beiträge zu einer Gruppenentscheidung gebracht und in Innovationen umgesetzt werden (vgl. Nijstad & Paulus, 2003, 332). Diese Idee veranschaulicht Abb. 40.

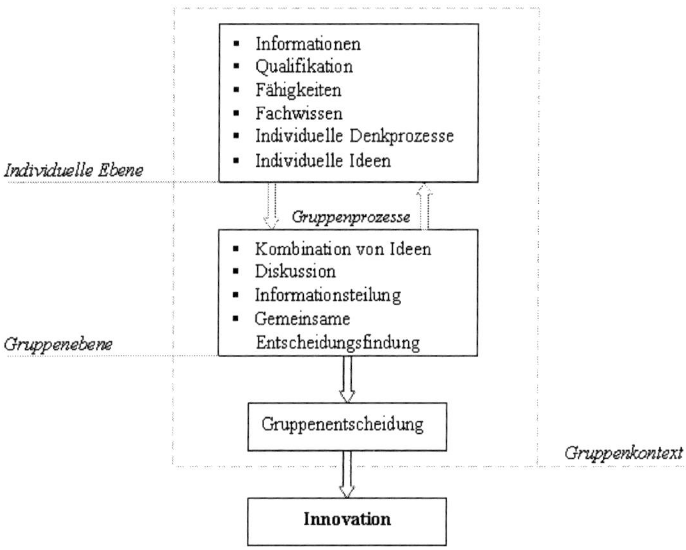

Abb. 40: Modell der Gruppenkreativität
(modifiziert nach Nijstad & Paulus, 2003, 334)

Die Zusammenarbeit in Gruppen ist für Gruppenkreativität[24] verantwortlich und erforderlich (vgl. Dunbar, 1997; Kanigal, 1993; Snyder, 1989; West, 2002). Empirische Untersuchungen, die eine durchdringende Beleuchtung der daraus entstehenden Gruppenprozesse vornehmen, sind jedoch sehr selten.

Daneben existiert ein wachsender Forschungszweig, der sich mit dem Einfluss von sozialen Umweltbedingungen auf die Kreativität beschäftigt. Amabile (1996), Hennessey (1995), Amabile, Conti, Coon, Lazenby und Herron (1996) sowie Csikszentmihalyi (1999) berichten über die Bedeutung der Motivation, Interaktion, Kooperationskultur sowie des Organisationsklimas.

17.4.2.2 GRUPPENSTRUKTUR

Die Innovationsfähigkeit einer Gruppe wird durch seine strukturellen Faktoren der Zusammensetzung beeinflusst (vgl. Guldin, 2006). Gruppenmitglieder bringen unterschiedliche Fähigkeiten und Kenntnisse mit. Erst dadurch kann die Gruppe seine Anforderungen erfüllen und kreativ aktiv werden. Die Wahrscheinlichkeit zur Entstehung von kreativen Ideen durch Kombination unterschiedlicher Potentiale innerhalb der Gruppe ist höher als die des Individuums. Das Kreativitätspotential einer Gruppe hängt dabei wesentlich von ihrer Zusammensetzung ab.

Als innovationsfördernd gelten verschiedene Faktoren: Der subjektiv empfundene Herausforderungscharakter der Aufgabe für die Gruppenmitglieder und die damit einhergehende Komplexität (vgl. Guzzo & Shea, 1992), Heterogenität in Fach- und Ablaufwissen sowie die Tiefe und Breite der Fähigkeiten und des Wissens der Gruppenmitglieder (Jackson, 1996; McGrath, 1984) und eine möglichst hohe Proportion von kreativen zu wenig kreativen Individuen innerhalb einer Gruppe (vgl. Burningham & West, 1995). Arbeiten zur Gruppenzusammensetzung berichten meist über Vorteile gemischter Gruppen.

---

[24] In der Literatur zur Gruppenforschung werden die Begriffe Gruppenkreativität und Gruppenleistung meist nicht sehr scharf voneinander getrennt. Im Rahmen der Diskussion über Gruppenprozesse und deren Einfluss wird Kreativität oft als ein potentielles Leistungsmaß von Gruppen herangezogen oder als Gruppenproduktivität bezeichnet.

Eine gemischte Zusammensetzung von Gruppen hat einen positiven Effekt auf die Gruppenkreativität (vgl. Nijstad & Paulus, 2003, 328). Einige Untersuchungen weisen darauf hin, dass funktionale, informationale und kognitive Heterogenität sehr stark positiv mit Gruppenkreativität und -innovation zusammenhängen (vgl. Milliken, Bartel und Kurzberg, 2003; West, 2003).

Nach Milliken, Bartel und Kurtzberg (2003) haben heterogene Gruppen ein höheres Kreativitätspotential als homogene Gruppen. In gemischt zusammengesetzten Gruppen bringen deren Mitglieder unterschiedliche Fähigkeiten, Kenntnisse und unterschiedlichen Erfahrungshintergrund mit. In gleichartigen Gruppen überschneiden sich in meisten Fällen die Eigenschaften der Mitglieder. Heterogene Gruppen scheinen daher durch die Kombination ihrer Diversitäten ein höheres Kreativitätspotential aufzuweisen (vgl. Sundstrom, McIntyre, Halfhill & Richards, 2000).

Die Unterschiedlichkeit von Sichtweisen und Erfahrungshintergründen (vermittelt über Crossfunktionalität, Interdisziplinarität und unterschiedliche Betriebszugehörigkeitsdauer) erweitert das auf der theoretischen Ebene entscheidende Neukombinationspotential von Ideen im Team (vgl. Gebert, 2004b). Neben Ideengenerierung erweist sich Crossfunktionalität dadurch innovationsförderlich, da sie entscheidende inhaltliche und zeitliche Koordinationsfunktionen erfüllt (vgl. Högl & Gemünden, 2001). Bspw. ist die Zusammenarbeit von Kaufleuten und Ingenieuren bei Umsetzung eines innovativen Produkts für die Einhaltung von Zeit- und Kostenzielen wichtig. Neue Teammitglieder, die aus anderen Organisationsbereichen stammen oder langjährige Betriebszugehörigkeit mitbringen, überwinden die Betriebsblindheit (vgl. Gebert, 2004a).

Gruppenmitglieder, die neu in eine Gruppe aufgenommen werden, führen zur Variation der Gruppenzusammensetzung und damit auch zur Variation des Wissensbestands, der Ideen sowie der sozialen Beziehung innerhalb der Gruppe. Darüber hinaus brechen sie vorherrschende Ansichten und können dadurch zur Erhöhung der Kreativität beitragen (vgl. Levine, Choi & Moreland, 2003; Nemeth & Nemeth-Brown, 2003).

Kreativitätsfördernd kann ebenso der Austausch von Gruppenmitgliedern zwischen verschiedenen Gruppen sein. Hierfür sind Lernprozesse und der Wissenstransfer zwischen den Gruppen verantwortlich (vgl. Argote & Kane, 2003).

Milliken, Bartel und Kurzberg (2003) fassen drei unterschiedliche Arten der Heterogenität mit unterschiedlichen Auswirkungen auf das Kreativpotential der Gruppe zusammen.

- „Leicht erkennbare Heterogenität“: Hier werden Merkmalen wie z.B. Alter, Nationalität, Geschlecht negative Effekte zugeordnet. Anderen Merkmalen wie z.B. Bildung, Werte, Persönlichkeit werden potentiell positive Effekte zugeordnet.
- „Phasenabhängige Heterogenität“: Ja nach Entwicklungsphase der Gruppe, wie z.B. in den Phasen „storming“ und „performing“, können diese unterschiedliche Auswirkungen haben.
- „Zusätzliche Heterogenität“: Hier sind unterschiedliche Faktoren wie z.B. Entscheidungsfindungsstrategien der Gruppe oder die Führung der Gruppe gemeint, die die Heterogenität zusätzlich beeinflussen.

Nemeth und Nemeth-Brown (2003) sprechen dem „gesunden Maß“ an unterschiedlichen Meinungen bzw. Ansichten innerhalb der Gruppe eine zentrale Rolle zu. Dies kann aus unterschiedlichem Erfahrungs- und unterschiedlichem Wissenshintergrund der Mitglieder entstehen. Demnach stimulieren unterschiedliche Perspektiven der Gruppenmitglieder das kreative Denken.

Nach Stasser und Birchmeier (2003) hat Informationsheterogenität eine positive Auswirkung auf Gruppenkreativität und damit auf innovative Entscheidungen, die Gruppenmitglieder alleine nicht in dieser Form treffen können. Es liegt nahe, dass in heterogenen Gruppen die Informationsheterogenität hoch ist. Das liegt daran, dass unterschiedliche Gruppenmitglieder aus unterschiedlichen sozialen Ebenen stammen. Zur Folge hat dies einen unterschiedlichen Informationsbestand innerhalb der Gruppe.

Nijstad, Diehl und Stroebe (2003) finden heraus, dass Interaktion in der Gruppe oft die Anzahl der hervorgebrachten Ideen verringert und damit zu weniger Ideenvielfalt führt. In heterogenen Gruppen ist dies jedoch nicht der Fall. Wenn Gruppenmitglieder unterschiedliche Vorstellungen und Ansichten haben, ist ein Umkehreffekt zu beobachten.

Pirola-Merlo und Mann (2004) sind der Meinung, dass die Kreativität einer Gruppe sehr gut aus der Zusammensetzung der Kreativität ihrer Mitglieder zu prognostizieren ist. Allerdings ist die Bestimmung eines optimalen Maßes an Heterogenität nicht einfach. Einerseits sind unterschiedliche Fähigkeiten bei unterschiedlichen Teilaufgaben nützlich, andererseits erleichtert ein gleiches kognitives Niveau die Verständigung der Mitglieder. „Leistungsmotive der Teilnehmer erfahren in Gruppen eine Anregung und werden dadurch homogenisiert. Hoch anschlussmotivierte Personen sind eher zu Kooperation und Anstrengung für die Gruppe bereit; kreative Leistungen im engeren Sinne scheinen dadurch nicht gefördert zu werden (im Unterschied zu motorischen Leistungen), aber ihrer Umsetzung kann dieses Engagement zugutekommen“ (Schuler & Görlich, 2007, 52).

Gebert (2004a) analysiert empirische Befunde zur Beziehung zwischen diversity (im Hinblick auf funktionalen Hintergrund und Betriebszugehörigkeitsdauer) und Teaminnovativität in Produktentwicklungsteams, in denen die Teaminnovativität besonders deutlich erkennbar sein müsste. Als Innovativitätsmaß legt er, wie es bei Produktentwicklungsteams üblich ist, die Neuartigkeit und Fruchtbarkeit von technischen Problemlösungen und die Einhaltung von Zeit- und Kostenbudgets zu Grunde. Insgesamt betrachtet Gebert acht Studien, die einen Stichprobenumfang zwischen 43 und 223 Teams haben und kommt zu einem erstaunlichen Ergebnis, das den diversity bezogenen Optimismus stark zurückweist. Sowohl in Bezug auf die technische Problemlösungsqualität als auch im Hinblick auf die Einhaltung der Zeit- und Kostenziele ergibt sich jeweils nur eine einzige signifikant positive Korrelation. Alle anderen Beziehungen sind nicht signifikant.

17.4.2.3 GRUPPENEFFEKTE UND -PROZESSE

Kreativität und Innovationsfähigkeit von Arbeitsgruppen und deren Mitgliedern wird durch die Art und Weise, wie in einer Arbeitsgruppe gearbeitet wird, beeinflusst. Klare, spezifische Ziele für das Team, die alle Teammitglieder kennen und teilen und bei deren Entwicklung idealerweise alle Teammitglieder involviert waren, steigern die Innovationsleistung. Austragen von sachorientierten, konstruktiven Kontroversen, Unterstützung und Belohnung von innovativem Verhalten innerhalb der Gruppe und durch die Organisation sowie ein hohes Ausmaß der Partizipation aller Teammitglieder fördern Kreativität (vgl. West & Anderson, 1996).

Gruppenkreativität wird oft als Formel, identisch zur Gruppenproduktivitätsformel, ausgedrückt (vgl. Nijstad & Paulus, 2003). Anstelle der Gleichung

Aktuelle Gruppenproduktivität = Potentielle Gruppenproduktivität – Prozessverluste

tritt die Gleichung

Aktuelle Gruppenkreativität = Potentielle Gruppenkreativität – Prozessverluste.

Die potentielle Gruppenkreativität ist von den in der Gruppe verfügbaren Ressourcen, wie z.B. Wissen, Zeit, Information sowie den Anforderungen an die Gruppe abhängig. Auch wenn optimale Bedingungen gegeben sind, kann Gruppenkreativität durch die in der Gruppe stattfindenden Prozesse negativ beeinflusst werden. Hauptgründe hierfür sind Motivations- und Koordinationsverluste. Wenn Informationen innerhalb der Gruppe nicht weitergegeben und ausgetauscht werden, ist die Entstehung von kreativen Ideen in der Gruppe sehr unwahrscheinlich (vgl. Nijstad & Paulus, 2003, 329). Um Kreativität innerhalb von Gruppen zu fördern, müssen Gruppenprozesse und Gruppenkommunikation so gestaltet werden, dass Prozessverluste minimiert werden.

Heterogenität stellt keinen Königsweg zur Steigerung der Teaminnovativität dar. Sie „verbindet sich vielmehr mit ungeplanten negativen Sekundäreffekten und Gruppenprozessen, die die innovationsbezogenen Potenziale der Heterogenität konterkarieren" (Gebert, 2004a, 412).

Entscheidend ist nicht die Heterogenität selbst, sondern die positive Einstellung zu

Heterogenität innerhalb der Gruppe. Es kommt darauf an, dass Heterogenität sowohl für den Teamerfolg als auch für das Wohlbefinden jedes Einzelnen vermittelt wird (vgl. Flynn, Chatman & Spataro, 2001).

Sichtbare Heterogenität (z.B. durch Alter, Geschlecht, Nationalität) stellt für die Innovativität bzw. Kreativität im Team gleichzeitig ein Risiko und eine Chance dar. Die Erkenntnisse über den Zusammenhang zwischen Heterogenität und Teamkreativität gehen in unterschiedliche Richtungen. Aus Heterogenität alleine lässt sich kein Nutzen ableiten. Entscheidend sind die Effekte und Prozesse sowie das Managen dieser Effekte und Prozesse in der Gruppe, damit die mit der Heterogenität einhergehenden Potentiale zu genutzten Potentialen werden. Genau hier liegt die Verantwortung der Teamführung (vgl. Gebert, 2004a, 425).

Ungeplante negative Sekundäreffekte

Neben erwünschten positiven Effekten, die die Heterogenität in Arbeitsgruppen mit sich bringt, treten ungeplante negative Sekundäreffekte auf, die sich im Ergebnis gegenseitig neutralisieren (vgl. Gladstein Ancona & Caldwell, 1992). Inhaltlich liegt der ungeplante negative Sekundäreffekt in zunehmenden Kommunikations- und Kooperationsbarrieren, die einerseits eine abnehmende Nutzung des Ideepools und andererseits eine Behinderung der Koordinations- und Integrationsprozesse bedingen.

Aus heterogener Teamzusammensetzung zu erwartenden Vorteile und die entgegenwirkenden negativen Effekte lassen sich wie folgt erklären. Eine zunehmende Heterogenität in einem Team verstärkt sog. zentrifugale Kräfte und stellt einen Öffnungsprozess dar (vgl. Sheremata, 2000; Gebert, Boerner & Lanwehr, 2001). Öffnungsprozesse sind tendenziell mit dem Verlust der Vorteile geschlossener (zentripetaler) Strukturen zu bezahlen (vgl. Gebert & Boerner, 1999). Mit zunehmender Heterogenität nimmt das Dissenspotential zu, was zugleich eine Abnahme des Konsenspotentials herbeiführt (vgl. Gebert, 2004a). Dies äußert sich durch zunehmend unterschiedlichen Auffassungen und Zielverständnissen im Team. Mit der Crossfunktionalität gehen Kommunikationsbarrieren einher, die die Nutzung der Potentiale der Crossfunktionalität behindern können (vgl. Argote & Ingram, 2000).

Gebert (2004a) analysiert 13 empirische Befunde zur Beziehung zwischen Heterogenität und Kooperations- bzw. Kommunikationsbarrieren, in denen Heterogenität im Hinblick auf funktionalem Hintergrund und Betriebszugehörigkeitsdauer mit einem Stichprobenumfang zwischen 20 bis 272 Teams untersucht wurden. Als Indikator für Kooperationsprobleme wurden hauptsächlich signifikant ansteigende Fluktuationsraten, Ziel-, Aufgaben- und Rollenkonflikte ermittelt. In nahezu allen Untersuchungen ist ein signifikant positiver Zusammenhang zwischen der Heterogenität (bezüglich des funktionalen Hintergrundes und der Betriebszugehörigkeitsdauer) und dem Auftreten von Kooperationsproblemen nachgewiesen worden. Heterogenität stellt damit ein Risiko dar, das die Nutzung des Ideenpools und Integrationspotentials erschwert.

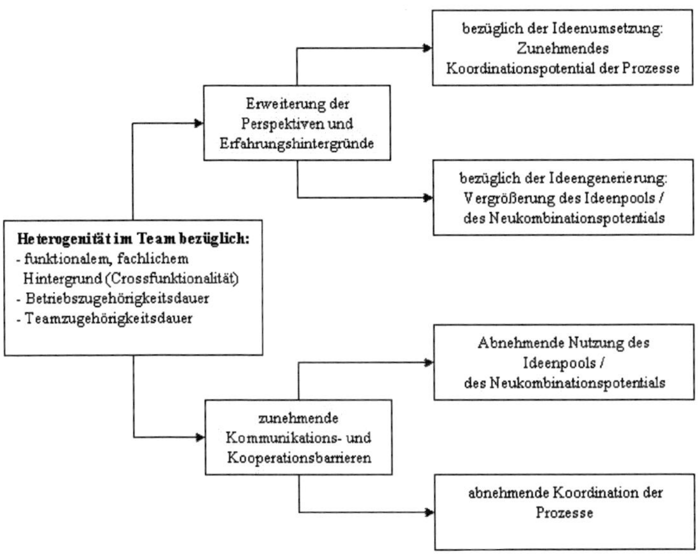

Abb. 41: Positive und negative Effekte der Heterogenität (modifiziert Darstellung nach Gebert, 2004a, 415)

Soziale Kategorisierung und Kommunikation

Erkenntnisse aus Untersuchungen zu Kommunikationsprozessen innerhalb Gruppen und den dadurch ausgelösten Effekten auf die Gruppenkreativität sind unterschiedlich.

Reagans und Zuckerman (2001) untersuchen die unterschiedliche Betriebszugehörigkeitsdauer in 223 Produktentwicklungsteams. Das Ergebnis zeigt zwei Phänomene. Erstens, es bilden sich Subgruppen zwischen den „Neuen“ und „Alten“ innerhalb der Teams. Dabei nimmt die Teaminnovativität zu, je häufiger Teammitglieder mit Teammitgliedern aus anderen Subgruppen kommunizieren. Zweitens, dieselbe Untersuchung zeigt jedoch auch, dass das Maß für die Heterogenität der Teamzusammensetzung bezüglich der Betriebszugehörigkeit mit der Teaminnovativität unkorreliert ist. Das macht deutlich, dass sich positive und negative Effekte der diversity wechselseitig aufheben und sich nur dann ein Nutzen einstellt, wenn durch Kommunikation die positiven Effekte überwiegen.

Kratzer, Leenders und van Engelen (2004) untersuchen empirisch den Effekt der Kommunikation auf die Gruppenkreativität in 44 Produktentwicklungsteams in insgesamt elf Unternehmen. Die Ergebnisse zeigen, dass die Häufigkeit der Kommunikation innerhalb der Gruppen und die Subgruppenbildung eine negative Wirkung auf die Gruppenkreativität hat. Je öfter die Gruppenmitglieder untereinander kommunizieren und je länger sie der Gruppe angehören, desto geringer ist die Gruppenkreativität. Ebenso hat die Zentralisierung der Kommunikation einen negativen Effekt. D.h., dass die Gruppenkreativität abnimmt, wenn Gruppenmitglieder nur in einem kleinen Kreis kommunizieren, Informationen nicht an andere weitergeben und somit Subgruppenbildung fördern.

Der Nachteil dieser Untersuchung ist, dass das Kreativitätsmaß durch Befragung der Gruppenmitglieder und Führungskräfte ermittelt wurde. Die Ergebnisse der Studie können dadurch verzerrt werden. Die Autoren gehen davon aus, dass das Gruppenalter keinen Einfluss auf die Gruppenkreativität hat. Vielmehr machen sie dafür die mit dem Alter verbundene Zugehörigkeit einer Person zur Gruppe verantwortlich.

Beziehungs- und Wertekonflikte

Um die Ursachen der durch Heterogenität ausgelösten positiven und negativen Effekte innerhalb Teams erklären zu können, bildet Gebert (2004a) die dafür verantwortlichen Prozesse in einem Modell ab (siehe Abb. 42).

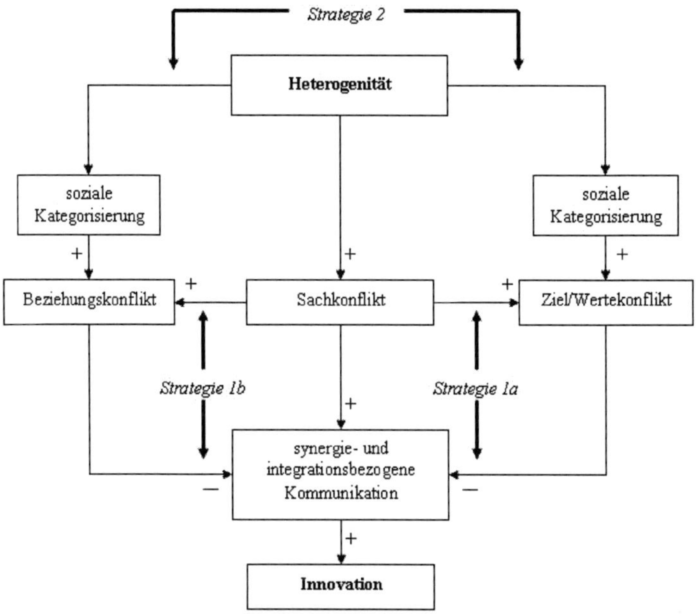

Abb. 42: Pfadmodell der durch Heterogenität ausgelösten Prozesse (Gebert, 2004a, 418)

Heterogenität löst Sach- und Aufgabenkonflikte aus, die bei gemeinsamen Zielen innerhalb des Teams in eine synergiebezogene Kommunikation übergehen und das Neukombinationspotential von Ideen im Team ausschöpfen (vgl. Jehn, Northcraft & Neale, 1999; Tjosvold, 1982; Brodbeck, 2001). Dieser Pfad ist erwünscht.

Falls sich jedoch Sach- und Aufgabenkonflikte systematisch mit Beziehungs- und Ziel/Wertkonflikten verknüpfen, ist dies unerwünscht (vgl. Gebert, 2004a).

Durch die Transformation von Sachkonflikten in Beziehungskonflikte werde die synergie- und integrationsbezogene Kommunikation behindert und damit die Innovativität des Teams beeinträchtigt (vgl. Pelled, 1996; Lovelace, Shapiro & Weingart, 2001). Durch Ziel/Werte-Konflikte werden unterschiedliche Zielvorstellungen offenkundig, die untereinander konfligieren und damit ebenso synergie- und integrationsbezogene Kommunikation behindern (vgl. Jehn, Northcraft & Neale, 1999; Lovelace, Shapiro & Weingart, 2001). Der in Abb. 42 gezeigte Zusammenhang zwischen der Heterogenität und den verschiedenen Indikatoren für Kommunikationsprobleme kann damit erklärt werden, „dass sich mit den über die Heterogenität vermittelten Sachkonflikten auch Beziehungskonflikte sowie Ziel/Werte-Konflikte vermitteln, die ihrerseits Kommunikations- und Kooperationsprobleme aufwerfen“ (Gebert, 2004a, 419).

Nach Gebert kann Heterogenität, die zu sozialen Kategorisierungsprozessen führt (vgl. Kapitel 12.4.1.2 diese Arbeit), Beziehungskonflikte und Ziel/Wertkonflikte induzieren. Nach der Ähnlichkeits-Attraktionsthese führt Unähnlichkeit - ein Zustand, der durch Heterogenität gegeben ist - zu abnehmender Attraktivität, Ähnlichkeit zu hoher Attraktivität der betreffenden Personen im Team (vgl. Flynn, Chatman & Spataro, 2001). Soziale Kategorisierung führt durch Stereotypisierung in ingroup (positiv belegt) und in outgroup (negativ belegt) zu emotionalen Spannungen und der Zuschreibung von Ziel/Wert-Unterschieden, die objektiv überhaupt nicht vorhanden sind.

Soziale Identität in Gruppen

In Teams mit hoher sichtbarer Heterogenität (z.B. durch Merkmale wie Alter, Geschlecht, Rasse, Nationalität) ist die Gefahr negativer Stereotypisierung und der Aufbau von Kommunikationsbarrieren zu Beginn der gemeinsamen Arbeit besonders hoch (vgl. Earley & Mosakowski, 2000; Chatman & Flynn, 2001). Stereotypisierung birgt die Gefahr der Cliquenbildung in Teams, die Kommunikations- und Kooperationsbarrieren mit sich bringen. Durch den Aufbau einer gemeinsamen sozialen Identität des Teams kann der Cliquenbildung entgegengewirkt werden (vgl. Tajfel, 1981).

Eine gemeinsame soziale Identität führt dazu, dass die soziale Kategorisierung von Teammitgliedern nicht primär von sichtbaren Merkmalen wie z.B. Alter, Geschlecht,

Nationalität usw. abhängig gemacht wird. Das Ziel dabei ist es, ein übergeordnetes Zugehörigkeitskriterium zu schaffen. Voraussetzungen hierfür sind eine hohe Aufgaben- und Ergebnisinterdependenz sowie die Fokussierung auf die gemeinsame soziale Identität der Gruppenmitglieder (vgl. Gebert, 2004a).

Chatman, Polzer, Barsade und Neale (1998) stellen in ihrer Untersuchung mit MBA-Studenten fest, dass bei ausgeprägter gemeinsamer sozialer Identität mit zunehmender demographischer Heterogenität die Gruppenkreativität zunimmt. Bei geringer gemeinsamer sozialer Identität nimmt dagegen mit zunehmender demographischer Heterogenität die Gruppenkreativität ab. Die demographische und nationale Heterogenität zu einem Vorteil zu machen gelingt erst dann, wenn sichtbare Unterschiedlichkeiten durch eine gemeinsame soziale Identität vereint werden. Dadurch erhöht sich das Neukombinationspotential von Ideen im Team. „Ohne gemeinsame soziale Identität erweist sich die demographische Heterogenität dagegen als Kreativitätsbremse" (Gebert, 2004a, 423).

Interpersonale Kongruenz

Kooperationsbehinderliche Spannungen treten in Gruppen auch durch Fehleinschätzung von Personen in ihrer Individualität auf. Individuen fühlen sich unangemessen behandelt und in der Gruppe falsch eingesetzt. Die Ressourcen eines Teams können besser ausgeschöpft und der einzelne gemäß seiner Stärken optimal eingesetzt werden, wenn die interpersonale Kongruenz hoch ist, d.h. dass die Stärken und Schwächen einer Person übereinstimmend von der Person selbst und der Gruppe wahrgenommen werden.

„Die interpersonale Kongruenz ist hoch, wenn das Bild, das eine Person von sich selbst hat, mit dem Fremdbild, dass die Gruppe von der Person hat, übereinstimmt" (Gebert, 2004a, 424). Interpersonale Kongruenz mit positiven Effekten entwickeln sich dann, wenn Personen die Möglichkeit erhalten, ihre personale Identität auszudrücken, d.h. sich selbst auszudrücken (vgl. Tajfel, 1981). Voraussetzung hierfür ist, dass Unterschiedlichkeit von Gruppenmitgliedern nicht als Problem, sondern als Potential und Chance gesehen wird.

Eine Untersuchung von Polzer, Milton und Swann (2002) mit MBA-Studenten zeigt, dass bei hoher interpersonaler Kongruenz und hoher demographischer Heterogenität die kreativitätsbezogene Gruppenleistung höher ist als bei niedriger Heterogenität. Personale Identität fördert das Neukombinationspotential von Ideen und schließlich die Kreativität. Andererseits zeigen die Ergebnisse dieser Untersuchung im Vergleich zur Untersuchung von Chatman, Polzer, Barsade und Neale (1998) eine weitere Perspektive. Wenn in der Gruppe keine interpersonale Kongruenz erreicht wird, so ist die Gruppenkreativität bei hoher demographischer Heterogenität niedriger als bei geringer demographischer Heterogenität.

17.4.2.4 Gruppenmotivation und -klima

Für kreative Personen sind zwei Grundkomponenten der intrinsischen Arbeitsmotivation maßgeblich: challenge (Gefordertsein) und enjoyment (positive Emotionalität) (vgl. Amabile, Hill, Hennessey, & Tighe, 1994). Wenn es Gruppen gelingt, durch Zielsetzung, Sinnstiftung sowie eine leistungsorientierte und gleichzeitig emotional positive Atmosphäre diese intrinsische Motivation bei den individuell weniger motivierten Mitgliedern zu fördern, sind positive Ergebnisse zu erwarten (vgl. Pirola-Merlo & Mann, 2004).

Freiheit und Offenheit in der Gruppe führen zur intrinsischen Motivation ihrer Mitglieder, die zur Erhöhung des Kreativitätspotentials der Gruppe führt (vgl. Hennessey, 2003). Die Entstehung von Gruppeninnovationen erfordert eine hohe Vertrauensbasis innerhalb der Mitglieder und eine partizipative Arbeitsatmosphäre (vgl. West, 2003). Andererseits wird die Wichtigkeit kritischer Gruppennormen betont, die das Gruppendenken vermeiden (vgl. Stasser & Birchmeier, 2003; Nemeth & Nemeth-Brown, 2003). Insgesamt müssen Gruppen ihren Mitgliedern Sicherheit, Offenheit, Raum für verrückte Ideen und gleichzeitig auch Raum für konstruktive Kritik bieten.

Wie der Einfluss der individuellen Kreativität der Gruppenmitglieder wirkt sich Gruppenklima auf die Gruppenkreativität aus. Durch soziale Kompetenzen scheint das Gruppenklima mehr gefördert zu sein als die Leistung. Jedoch können Kompetenzdefizite zur Beeinträchtigung der Interaktion und der Gruppenergebnisse führen (vgl. Pirola-Merlo & Mann, 2004).

Das vorherrschende Klima in der Gruppe wirkt auf unterschiedliche Weise auf die Kreativität. Im Wesentlichen können zwei unterschiedlich wirkende Klimatypen identifiziert werden.

Es ist nicht förderlich, wenn eine einschränkende und kritische Atmosphäre sowie Misstrauen unter den Gruppenmitgliedern herrscht. Das hindert den Austausch von Ideen und kreativen Einfällen. Ebenso wenig ist es förderlich, wenn ein zu harmonisches Gruppenklima vorherrscht. Gruppendenken und Übereinstimmung aller Gruppenmitglieder verhindern die Entstehung unterschiedlicher Ansichten und kreativer Ideen. Für die kreative Gruppenleistung ist daher die Balance zwischen Kritik und Harmonie entscheidend, die kreative Leistung in einer offenen Gruppenatmosphäre fördert (vgl. Nijstad & Paulus, 2003, 330).

Das Team Climate Inventory (TCI) von Anderson und West (1998) unterscheidet vier Faktoren, die als maßgeblich für Teaminnovationen nachgewiesen wurden:

- Vision (Ausrichtung auf gemeinsame Ziele)
- Aufgabenorientierung (Bemühen um hohe Leistung)
- Partizipative Sicherheit (Kooperative Haltung der Teammitglieder untereinander)
- Unterstützung von Innovationen (gegenseitige Unterstützung bei der Entwicklung und Verwirklichung neuer Ideen)

17.4.2.5 Groupthink

Über groupthink bzw. das Gruppendenken existieren unterschiedliche Meinungen. Einige Arbeiten über Kreativität in Gruppen zeigen, dass die meisten Gruppen zum Gruppendenken neigen und dadurch kreatives Potential verloren geht (vgl. Strasser,

1999). Gruppenmitglieder neigen dazu, ihre eigene Meinung an die vermutete Gruppenmeinung anzupassen, die unter Umständen nicht zur optimalen Entscheidung sondern zu Kompromissen führt. Andere Untersuchungen über den Einfluss von Minderheiten in Gruppen besagen, dass unterschiedliche und individuelle Ansichten von Gruppenmitgliedern eine positive, kreativitätsfördernde Wirkung auf kreatives Gruppendenken haben können (vgl. Nemeth, 1992).

Gruppendenken kann kreativitätsfördernd und kreativitätshemmend sein. Durch Anwesenheit anderer Personen werden komplexe, vor allem kognitiv bestimmte Leistungen gehemmt (vgl. Zajonc, 1965). „Dies ist für kreative Leistungen insofern von besonderer Bedeutung, als es sich hierbei zumeist um komplexe Aufgaben mit hohem kognitiven Anforderungsgehalt handelt und als kreative Personen häufig eher introvertiert sind, d.h. durch erzwungene soziale Kontakte tendenziell überaktiviert werden" (Schuler & Görlich, 2007, 51).

17.4.2.6 Ideenaustausch in Gruppen

Die Umsetzung und Implementierung von Ideen in Innovationen erfordert zwingend Kooperation. Andererseits benötigen kreative Leistungsträger individuellen Freiraum. Die Herausforderung für kreative Teams besteht deshalb darin, Vertrauen durch einen innovationsorientierten Teamgeist zu schaffen, in dem selbständiges Lernen und kritisches Hinterfragen eine Selbstverständlichkeit sind (vgl. Gebert, 2004a).

Eine zentrale Rolle spielen dabei die Ideen und die durch die Mitglieder bereitgestellten Informationen innerhalb der Gruppe. Einerseits wird argumentiert, dass die Existenz unterschiedlicher Meinungen und Ideen sich gegenseitig behindern (vgl. Smith, 2003). Andererseits können unterschiedliche Meinungen und Ideen, die untereinander ausgetauscht werden, sich gegenseitig ergänzen und Kreativität fördern (vgl. Strasser & Birchmeier, 2003). Paulus & Nijstad (2003) begründen die existierende Gefahr beim Ideenaustausch dadurch, dass die erste unter den Gruppenmitgliedern geteilte Idee das Hervorbringen aller weiteren Ideen durch andere Mitglieder negativ beeinflusst oder behindert.

17.4.2.7 Gruppengröße und Zusammensetzungsdauer

Gruppengröße ist ein weiterer Faktor, der Innovationen in Teams beeinflusst. Ein Optimum wird zwischen vier bis zwölf Mitgliedern geschätzt. Eine Gruppe darf nicht zu klein (zwei bis drei Personen) und nicht zu groß (mehr als zwölf Personen) sein. In zu kleinen Gruppen fehlen die notwendigen Anregungen, es mangelt an Unterschiedlichkeit der Meinungen und Perspektiven. In zu großen Gruppen nehmen Interaktionshemmnisse zu, die eine Spaltung der Gruppe in Subgruppen auslösen. Diese Gruppen leiden an der Ineffizienz und Ineffektivität der Kommunikation und Interaktion (vgl. Guzzo & Shea, 1992). Als teamfördernd dienen Regeln der Interaktion zur Konfliktvermeidung und zur Anregung konstruktiver Arbeitsweisen (vgl. Schuler & Görlich, 2007).

Zwischen Gruppengröße und Heterogenität wird kein Zusammenhang gefunden. Meist lassen sich auf den ersten Blick scheinbare Korrelationen durch andere Einflussgrößen wie Crossfunktionalität in Regressionsanalysen erklären (vgl. Lovelace, Shapiro & Weingart, 2001; Gebert, 2004a).

Die Dauer der Zusammenarbeit von Gruppen wird als innovationshemmender struktureller Gruppenfaktor gesehen. Sie wirkt sich bei unveränderter Zusammensetzung negativ auf die Innovation der Gruppe aus, da neue Anregungen fehlen (vgl. Schuler & Görlich, 2007, 53). Die Neigung der Gruppe, sich neuartigen Perspektiven zuzuwenden, nimmt mit zunehmender Dauer ab (vgl. Guldin, 2006).

Nach Levine, Choi und Moreland (2003) erfordern Innovationen in Gruppen einen permanenten Personalaustausch von Gruppenmitgliedern, da andernfalls eine Abnahme der Motivation und der Fähigkeit der Mitglieder für Innovationen droht. Neue Gruppenmitglieder können demnach neben neuen Ideen neue Motivationsschübe mitbringen, die neue Innovationen anregen und die dafür verantwortlichen Gruppenprozesse anstoßen und beeinflussen.

17.4.2.8 Strategien der Konfliktvermeidung

Gebert zeigt Strategien auf, um den durch das Modell in Abb. 42 skizzierten Konflikten entgegenzuwirken und bringt damit Ansatzpunkte für ein gezieltes, systematisches und wirkungsvolles diversity Management. In Strategie 1a und 1b geht es darum, Sachkonflikte von Beziehungskonflikten und Ziel/Wertkonflikten abzukoppeln und/oder die durch diese Konflikte erzeugten Kommunikationsprobleme abzumildern. Strategie 2 verfolgt das Ziel, negative soziale Kategorisierungsprozesse von der Heterogenität abzukoppeln.

Abkoppelung und Abpufferung von Ziel-Wertekonflikten (Strategie 1a):

Lovelace, Shapiro und Weingart (2001) zeigen durch die Untersuchung von Produktentwicklungsteams, dass sich die innovationsgefährdenden Zielkonflikte in der Tat reduzieren, wenn parallel zu den Sach-/Aufgabenkonflikten immer wieder versucht wird, ein klares und gemeinsames Zielverständnis zu vermitteln. Wenn durch Vorgesetzte strategische Oberziele als gemeinsame Plattform verankert werden, verwandeln sich Zielkonflikte in neue Sachkonflikte, die ein höheres Einigungspotential als genuine Ziel-/Wertkonflikte aufweisen (vgl. Gebert, 2004a).

Kommunikationsbarrieren können abgedämpft werden, wenn der Kommunikationsprozess nicht als Gewinner-Verlierer-Konstellation sondern als kooperativer Prozess verstanden wird, der ein verständigungsorientiertes Austauschen von Argumenten anstrebt (vgl. Tjosvold, 1982).

Abkoppelung und Abpufferung von Beziehungskonflikten (Strategie 1b):

Sachkonflikte, sofern sie von Beziehungskonflikten bereinigt sind, sind mit der Qualität der Gruppenproblemlösung positiv verbunden (vgl. Gebert, 2004a). Dies hebt die Bedeutung der Entkopplung von Sach- und Beziehungskonflikten hervor. Simons und Peterson (2000) zeigen, dass Sachkonflikte deutlich weniger positiv mit Beziehungskonflikten verbunden sind, sofern in einem Team wechselseitig Vertrauen aufgebaut ist.

Ebenso ist auch hier die Förderung von verständigungsorientierter Kommunikation durch Vorgesetzte sehr hilfreich. Die faktische Gültigkeit von Argumenten anderer darf nicht von vornherein bestritten werden (vgl. Gebert, 2004a).

Das Dilemma von Öffnungs- und Schließungsprozessen wird durch die Untersuchung von Jehn und Mannix (2001) deutlich. Sie stellen als synergiehinderlichen dysfunktionalen Effekt fest, dass mit zunehmender gemeinsamer Ziel- und Werteorientierung auch die Sachkonflikte so abnehmen, dass das Neukombinationspotential an Ideen eingeschränkt wird.

Abkoppelung von negativen sozialen Kategorisierungsprozessen (Strategie 2):

Ein Ansatzpunkt, negative soziale Kategorisierungsprozesse zu vermeiden besteht darin, neben Heterogenität auch die parallele Homogenisierung eines Teams anzustreben. Bspw. durch zunehmende Crossfunktionalität und gleichzeitiger Homogenisierung der Betriebszugehörigkeit. Zwar entstehen Verluste durch den Verzicht auf unterschiedliche Erfahrungshintergründe, möglicherweise ist der Gewinn durch die Reduzierung von Kategorisierungsprozessen jedoch größer (vgl. Gebert, 2004a). Reagans und Zuckerman (2001) zeigen, dass mit einer zunehmenden durchschnittlichen Dauer der Zugehörigkeit der Teammitglieder zur Organisation die Innovativität der untersuchten F&E-Teams steigt.

Eine andere Strategie, negative soziale Kategorisierungsprozesse zu vermeiden, besteht darin, Generalisten zusammenzubringen, von denen jedoch jeder für sich über crossfunktionale Erfahrungen verfügt. „Da bei hohem Generalistenniveau im Team tendenziell jeder jede Funktion bereits selber kennengelernt hat, erleben sich alle Teammitglieder als Generalisten und damit als ähnlich“ (Gebert, 2004a, 422), so dass die üblichen Kommunikationsbarrieren wegfallen. Bunderson und Sutcliffe (2002) zeigen, dass das durchschnittliche Generalistenniveau in Managementteams mit der Qualität des Informationsaustauschs hochsignifikant positiv verbunden ist.

Die Herausforderung besteht darin, aus der Vielzahl der möglichen Teamkombinationen die geeignete Balance zu finden, die potentielle negative soziale Kategorisierungsprozesse ausschaltet.

17.4.3 Organisationsebene

Neben persönlichen Voraussetzungen wie kognitive Befähigung, Neugierde, Leistungsmotivation, Unkonventionalität und Risikobereitschaft, lässt sich die Kreativität durch eine anregende, offene, freudvolle Arbeitsatmosphäre, durch Leistungsziele und durch erfolgreiche Vorbilder fördern (vgl. Schuler, 2006).

Wegen der Breite und gleichzeitigen Komplexität des Themenfeldes ist die Untersuchung des Einflusses von Arbeitsbedingungen auf kreative Leistung nicht einfach. Einerseits können mehrere Einflussgrößen gleichzeitig wirken und dabei interagieren, andererseits ist eine Operationalisierung solcher Größen schwierig. Die in der Literatur häufig zu findenden Einflussgrößen sind die Art der Organisation und ihrer Hierarchie, der Stil der Führung, Kultur und Werthaltungen, die Zugänglichkeit von Kommunikationswegen, die Rigidität bzw. Flexibilität des Regelsystems, die Bereitschaft zur Investition in Kreativität und Innovation, Beurteilungs- und Bewertungsprinzipien, das Lern- und Innovationsklima, das Belohnungssystem, leichter Zugang zu Informationen und Informationssystemen, Gruppenincentives, ausreichende Arbeitsressourcen, angemessene Vorbereitung auf die gestellte Aufgabe und eine prozess- und gruppendynamisch orientierte Begleitung der Teams (vgl. Schuler & Görlich, 2007; Guzzo, 1996).

Schuler und Görlich (2007) fassen alle möglichen Einflussgrößen und Maßnahmen in einer umfangreichen Liste zusammen, die eine Förderung kreativer Leistungen und Innovationen auf organisationaler Ebene erwarten lassen. Nicht für alle existieren empirische Belege. „Es gibt aber wenig Zweifel, dass ihr kombinierter, engagierter Einsatz dem Ziel, eine kreativitäts- und innovationsförderliche Organisation zu schaffen, dienlich sein sollte" (Schuler & Görlich, 2007, 99), wenn auf allen Ebenen der Organisation aktiv Maßnahmen ergriffen werden. Zu diesen gehören neben den bereits erwähnten Größen eine explizite Orientierung am Ziel der Kreativität, individuelle Freiräume, Zeit für Ideen, Fehlertoleranz, Dynamik, Lebhaftigkeit, Förderung eines aktiven Ideenmanagements sowie die Schaffung einer Anerkennungskultur für kreative Leistungen.

17.4.3.1 Organisationskultur und -klima

Kreativität erfordert eine kreativitätsfördernde Organisationskultur. Wenn einer Gruppe nicht die erforderliche Freiheit für die Entstehung kreativer Ideen gegeben wird, kann keine besondere Kreativität von der Gruppe erwartet werden (vgl. West, 2003; Hennessey, 2003). Gruppen sind keine geschlossenen Systeme. Sie sind in ständiger Interaktion mit ihrem Umfeld.

Amabile und Gryskiewitz (1989) identifizieren folgende durch die Organisation bedingte Einflussgrößen kreativen Verhaltens: Freiheit, Herausforderung, Ressourcen, Vorgesetzter als Rollenmodell, vertrauensvoller Umgang mit Kollegen, Anerkennung, Atmosphäre der Kooperation sowie Ermutigung. Als negative Einflussgrößen werden Zeitdruck, bedrohliche Bewertung sowie politische Probleme identifiziert.

Instrumente der Leistungsbeurteilung dienen nicht nur der Verhaltensbewertung, sondern bringen auch zum Ausdruck, ob innovatives Verhalten erwünscht ist und belohnt wird. In solchem Organisationsklima werden innovative Personen sichtbar gemacht und zu explorativem und kreativem Verhalten ermuntert (vgl. Schuler & Görlich, 2007).

Über den Ansatz, dass ungenutzte Arbeits- und Zeitressourcen für kreatives und innovatives Handeln förderlich sind, da diese ungebundene Ressourcen von den Mitarbeitern für die Entwicklung von Ideen genutzt wird und unter der Theorie des „sufficient slack" bekannt ist, existieren konträre empirische Befunde (vgl. Rogers, 1983; Payne, 1990).

Ekvall (1996, 111) untersucht Klimaprofile von innovativen und stagnierenden Organisationen und unterscheidet dabei zehn Klimafaktoren, die innovative Organisationen auszeichnen, von denen jedoch nur der Faktor Konflikte negativ belegt ist:

- Engagement (emotionales Involvement, Arbeitsfreude und Sinnerleben)
- Freiheit (Unabhängigkeit, Verhalten und Information selbst bestimmen)
- Unterstützung für neue Ideen und Vorschläge

- Vertrauen/Offenheit (emotionale Sicherheit in Beziehungen)
- Dynamik/Lebhaftigkeit (Ereignisreichtum des Lebens in der Organisation)
- Verspieltheit/Humor (Spontanität, entspannte Atmosphäre)
- Debatten (sachliche Auseinandersetzungen über Standpunkte und Ideen)
- Risikobereitschaft (Unsicherheitstoleranz, Experimentierfreudigkeit)
- Zeit für Ideen (Zeit, Ideen zu entwickeln und spontan zu diskutieren)
- Konflikte (persönliche und emotionale Spannungen)

Die von den unterschiedlichen Autoren aufgeführten Charakteristika des Organisationsklimas sind weitgehend gleich und unterscheiden sich teilweise nur in der Formulierung. Einige betonen die Gewährung von Autonomie und Fehlertoleranz, um kreative Kräfte zur Entfaltung zu bringen, andere betonen die Gewährung von Ressourcen und stellen die Bedeutung von Rollenmodellen und Ermutigungen in den Vordergrund.

Anderson und West (1996) untersuchten unter einem anderen Konzept zum Teamklima folgende Faktoren:

- Partizipation und Sanktionsfreiheit bei der Generierung neuartiger Vorschläge
- Wechselseitige Unterstützung bei der Ideenentwicklung
- Klarheit der Ziele
- Orientierung an der Sache und an hohen Standards

Die Ergebnisse zeigen ähnliche Resultate wie die Untersuchungen von Ekvall (1996), was die Ausprägung der Klimafaktoren betrifft. Je höher die Faktoren ausgeprägt sind, desto höher ist die Kreativität im Team.

Eine durchschlagende Erkenntnis über den Einfluss der Unternehmenskultur/-klima auf die Innovationsleistung bleibt jedoch bisher offen. Die Orientierung an gemeinsamen Zielen, das Vorhandensein optimaler Kommunikations- und Informationsstrukturen und der Verzicht auf Kontrollsysteme sind die Hauptargumente für eine positive Auswirkung der Unternehmenskultur auf die Innovationsfähigkeit des einzelnen Mitarbeiters (vgl. Peters & Waterman, 1982; Schein, 1985). Starke Kulturen tragen das Risiko eines geschlossenen Systems in sich (vgl. Liepmann, König & Stübig, 1995), so dass bei der obigen Aussage vergessen wird, dass gemeinsame Wert- und Orientierungssysteme in starken Unternehmenskulturen für innovatives und kreatives Verhalten durchaus auch einen dysfunktionalen Charakter bekommen können. So führen bspw. Konformitätsdruck, bestehende Wertesysteme und Normen zu rigiden Reaktionsmustern sowie zum Verlust des „Blicks von außen“ (vgl. Guldin, 2006, 313). Nach Schreyögg (1989) sind innovationsfördernde Einstellungen nicht mit einer starken Kultur vereinbar. Denn das erfolgreiche Unternehmen von gestern hat ein von allen getragenes „richtiges Wissen“. „Dieses „richtige Wissen“ verhindert aber, alternative Denkstrategien einzubeziehen und hat einen bewahrenden Ansatz zur Lösung von Problemen der Zukunft zur Folge“ (Guldin, 2006, 313).

17.4.3.2 Führung

Wenn Geführte eine betriebliche Situation als veränderungsbedürftig und veränderungsfähig wahrnehmen und eine praktische Umsetzung und Durchsetzung von neuen Ideen möglich ist, spiegelt das innovationsförderliches Führungsverhalten wider (vgl. Gebert, 2002).

Der Fragebogen zum Innovationsklima (INNO) von Kauffeld, Jonas, Grote, Frey und Frieling (2004) ist neben Teams auch auf die Organisation und die Führung ausgerichtet. Untersuchungen mit ihm identifizieren als ein wesentlicher Faktor auf Innovationen die aktivierende Führung (z.B. mein Vorgesetzter unterstützt mich, wenn ich einen Verbesserungsvorschlag habe).

Wandel wird als Herausforderung und Chance wahrgenommen, wenn Situationen veränderungsfähig eingestuft werden. Dies geschieht häufig dann, wenn Personenmerkmale wie Selbstvertrauen, Selbstwertgefühl, Risikotoleranz vorliegen (vgl. Ashforth & Saks, 2000). Gestärkt und gefördert werden diese Merkmale durch delegatives Führen (vgl. Axtell, et al., 2000) und Schaffen von Freiräumen für Experimente und Lernen (vgl. Alban-Metcalfe & Alimo-Metcalfe, 2000) sowie kritisches Feedback (vgl. Wolfe Morrison & Milliken, 2000).

Schuler und Görlich (2007, 99) stellen eine Liste aller möglichen Einflussgrößen und Maßnahmen für das Führungsverhalten auf. Auch wenn nicht für alle empirische Belege existieren, lassen sie eine Förderung kreativer Leistungen und Innovationen erwarten. Exemplarisch sind hier folgende zu nennen: Vorbildwirkung, erkennbare Wertschätzung, Anregung und Inspiration, Förderung von Eigenständigkeit, Förderung der Identifikation mit Aufgabe, Vorgesetztem und Organisation, Förderung der kreativen Potenziale der Mitarbeiter und Teams, Ermunterung und Ansporn, ausdrückliche Anerkennung und Unterstützung neuer Ideen sowie Fehlertoleranz.

Innovationsfördernde Führungsformen

Die transaktionale und transformationale Führung gehört zu den am meist diskutierten Führungsstilen in der Literatur. Transaktionale Führung zeichnet sich durch sozialen Austausch aus. Ziele, Aufgaben und Rollen werden durch den Führer vorgegeben. Der Geführte erfüllt die Anforderungen und erhält dafür seine Belohnung. Bei der transformationalen (visionär-charismatischen) Führung stehen dagegen Anregung, Inspiration, Vorbild und Wertschätzung im Vordergrund. „Transformationale Führung fördert die Freisetzung innovationsbezogener Initiativen und ein veränderungsbezogenes Engagement: Das Aufzeigen der Vision und Hinterfragen des Status quo fördert dabei die Wahrnehmung der Veränderungsbedürftigkeit der Situation, das Aufbrechen traditioneller Sichtweisen und Aufzeigen von Alternativen erhöht die wahrgenommene Veränderungsfähigkeit" (Guldin, 2006, 319). Hierbei soll sich der Geführte selbst entwickeln, eigenständige Ziele setzen, mit der Aufgabe und der Organisation identifizieren und auf Zielerreichung hinarbeiten (vgl. von Rosenstiel & Wegge, 2004). Diese Form der Führung zeichnet sich somit durch seine Dimensionen Charisma, inspirierende Vision sowie durch intellektuelle Stimulierung aus (vgl. Avolio & Dodge, 2001; Avolio, Bass & Jung, 1999).

Unter idealer Führung wird die situative Führung aufgefasst. Je nach Anforderung wechselt der Führungsstil flexibel zwischen transaktional und transformational (vgl. van Dick & West, 2005). Vorbildwirkung, Ermutigung, Begeisterung und Förderung der Potentiale sind Kennzeichen der transformationalen Führung. Aufgrund dieser Bedingungen führt eher transformationale Führung als transaktionale Führung zur Förderung der Kreativität und Innovation. Zusätzliche führungsstilneutrale Determinanten, die zu den wichtigsten kreativitätsförderlichen Maßnahmen gehören sind sachliche und informatorische Unterstützung zu leisten, Anerkennung auszusprechen, den angemessenen Zeitrahmen vorzugeben, für ein gutes Projektmanagement und für die erforderlichen Ressourcen zu sorgen sowie anspruchsvolle Ziele vorzugeben und zu vereinbaren (vgl. Wegge, 2004).

Nach Comelli und von Rosenstiel (2001) liegt innovationsförderndes Führungsverhalten dann vor, wenn:

- die Überzeugung von Sinn und Vernünftigkeit der Innovation vorhanden ist
- die Fähigkeit des Anwenders zur Realisierung der Innovation gegeben ist
- die äußeren Rahmenbedingungen (Fertigungstechnik, Informationstechnologie, Organisationsstruktur) das innovative Verhalten ermöglichen
- die Innovation von Vorgesetzten gebilligt und erwünscht ist.

Um einen Konflikt zwischen kreativer Fachleistung des Vorgesetzten und seinen Leitungsaufgaben zu vermeiden, ist es angebracht, Leitungsaufgaben nicht der besten Fachkraft, sonder der besten Führungskraft anzuvertrauen. Diese hat die Aufgabe, den gegenwärtigen Zustand für die Mitarbeiter als veränderungsbedürftig erscheinen zu lassen und sie in ihrer Motivation und Erfolgszuversicht zu bestärken sowie sich permanent ändernde Anforderungen auszubalancieren (vgl. Gebert, 2002).

17.5 Methoden zur Kreativitätsförderung

Das Ziel von Methoden zur Kreativitätsförderung ist es, das Potential eines Individuums oder einer Gruppe zur Hervorbringung von Ideen, Fakten, Alternativen und Lösungen zu steigern (vgl. Guldin, 2006). Da der Innovationsprozess als Sequenz von kognitiven Teilschritten auf individueller Ebene zu verstehen ist, setzen die Techniken zur Verbesserung der Innovationsfähigkeit an diesen kognitiven Schritten an. Unterscheiden lassen sich vier Methodengruppen (vgl. Guldin, 2006, 313):

- Analyse und Prognosemethoden zur Analyse und Definition eines Problems
- Kreativitätstechniken zur Findung möglichst vielfältiger und neuartiger Ideen
- Bewertungs- und Selektionsmethoden für die Bewertung und Auswahl von Ideen hinsichtlich ihrer Problemlösungsqualität
- Planungs- und Kontrolltechniken, um Ideen zu implementieren

Die Literatur stellt eine Vielzahl von Kreativitätstechniken zur Verfügung. Exemplarisch sind hier das Brainstorming und die Metaplan-Technik zu nennen.

Allerdings ist die Behauptung, dass Ideengenerierung durch Brainstorming in Gruppen besser gelingt als die Ideengenerierung von Individuen, empirisch nicht haltbar. „Individuen produzieren in der gleichen Zeit nicht nur mehr, sondern auch bessere Ideen als interagierende Gruppen" (Schuler, 2006, 684). Die Gründe für das Versagen dieser Kreativitätstechnik sind Bewertungsangst, „Trittbrettfahren" sowie die Produktionsblockierung von Ideen bei Äußerung von Ideen durch andere. Eine Studie aus der britischen Lebensmittelindustrie zeigt, dass nur etwa 1 % der Produktinnovationen dem Brainstorming oder ähnlichen Arbeitstechniken zu verdanken ist (vgl. Schuler, 2006, 685).

Zu den in der betrieblichen Praxis häufig angewandten Methoden zur Kreativitätsförderung und Verhaltensflexibilisierung gehören das betriebliche Vorschlagswesen und das Konzept der Qualitätszirkel. „Während das betriebliche Vorschlagswesen auf die Generierung von neuen Ideen zu Arbeitsabläufen und Produkten durch den einzelnen Mitarbeiter fokussiert, zielt die Nutzung von Qualitätszirkeln neben der Generierung reiner Vorschläge zur Qualitätsverbesserung zusätzlich auch auf Verhaltens- und Einstellungsänderungen ab" (Guldin, 2006, 315). Ziel beider Konzepte ist es, die Veränderung von Ablaufprozessen in Organisationen zur Verbesserung der Trias Kosten-Zeit-Qualität zu ermöglichen, die Kern von derzeit häufig angewandten Management-Konzepten wie z.B. Total Quality Management oder Business Reengineering sind.

17.5.1 Das betriebliche Vorschlagswesen

Das betriebliche Vorschlagswesen ist ein Konzept, das die Verhaltensflexibilität und Kreativität der Mitarbeiter sowohl erfordert als auch bewirkt (vgl. Guldin, 2006, 316). Zentral ist in diesem Ansatz die Generierung von neuen Ideen zu Arbeitsabläufen und Produkten durch den einzelnen Mitarbeiter. Ein Praxisbeispiel aus Guldin (2006, 315-316) zeigt den Erfolg der Neuausrichtung und Verankerung eines betrieblichen Vorschlagswesens bei der Porsche AG:

„Im Rahmen der Neuausrichtung der Porsche AG wurde im Jahr 1991 auch das betriebliche Vorschlagswesen neu konzipiert. Die wesentlichen Merkmale sind (1) die schnelle Bearbeitung (2 Wochen) und Bewertung der Vorschläge durch einschlägige Kommissionen, die bereichsübergreifend besetzt sind, was etwaige Widerstände des eigenen Fachbereichs auf Grund der im Verbesserungsvorschlag implizierten Kritik am bisherigen Vorgehen abbaut; (2) ein transparentes und von daher leicht verstehbares Punktesystem für die Vorschlagsbewertung; (3) die hohe Attraktivität der Maximalprämie von 100 TDM pro Vorschlag; (4) die Möglichkeit einer Anerkennungsprämie für gute, aber dennoch nicht umsetzbare Vorschläge und (5) die schnelle, unmittelbar erfahrbare Prämierung durch Auszahlung an der Kasse (Bargeld) und Übernahme des Steueranteils durch Porsche.

Weiterhin wurden bei der Einführung des neuen Systems alle Mitarbeiter mit dem Ablauf und den Zielsetzungen in Form von Workshops intensiv vertraut gemacht, dazu ergänzend wurde die Generierung, Bewertung und Prämierung von Verbesserungsvorschlägen zu einer Führungsaufgabe gemacht.“

Das Deutsche Institut für Betriebswirtschaft dokumentiert den Erfolg des Konzepts in der Statistik. Im Jahr 1995 haben bei der Porsche AG 55,5% aller Berechtigten Verbesserungsvorschläge eingereicht. Im Durchschnitt entfielen auf jeden Berechtigten 12,8 Vorschläge. Bei Mercedes-Benz reichten im Vergleich nur 14,4% der Berechtigten und bei Volkswagen nur 13,9% Verbesserungsvorschläge ein. Im Durchschnitt betrugen die Vorschläge pro Berechtigtem 1,9 Vorschläge bei Mercedes-Benz und 2,6 bei Volkswagen (vgl. BVW-Statistik, 1995; Krause, 1996).

17.5.2 Qualitätszirkel

Auch das Konzept der Qualitätszirkel entspricht dem Ansatz des Vorschlagswesens. Zentral ist hier, dass die Verhaltensflexibilität und Kreativität der Mitarbeiter sowohl erfordert als auch bewirkt wird. Zusätzlich wird eine Verhaltens- und Einstellungsänderung hervorgerufen. Hierzu treffen sich Mitarbeiter in regelmäßigen Abständen und auf freiwilliger Basis in kleinen Gruppen, um selbst gewählte Probleme aus ihrem Arbeitsbereich zu bearbeiten und zu lösen (vgl. Guldin, 2006).

Ziel ist die Verbesserung von Arbeitsprozess- und Produktqualität, Kostensenkung und Optimierung. Auf persönlichkeitsbezogener Ebene wird die Möglichkeit geboten, bestehende Einstellungen zu verändern und neue Verhaltensweisen einzuüben. Qualitätszirkel ermöglichen den Zugang zu neuen Techniken und Kompetenzen, ermöglichen das Denken in Gesamtzusammenhängen und ermöglichen den Ideenaustausch (vgl. Bungard & Antoni, 1993).

17.6 Eine Zwischenbilanz der Erkenntnisse

Kreative Leistungen führen zu neuartigen Lösungen von Problemen und zu Verbesserungen von Produkten oder Prozessen. Dabei kann Kreativität als Eigenschaft, als Produkt, als Anforderung und Förderungsziel in der Organisation aufgefasst werden (vgl. Schuler & Görlich, 2007). Sie ist ein komplexes Gebilde, die von individuellen Eigenschaftsfaktoren und Kontextbedingungen in der Arbeitsorganisation beeinflusst wird. Damit individuelle Kreativität wirksam werden kann, müssen Fördermaßnahmen bei Arbeitsbedingungen und der Führung sowie auf der Ebene der Gruppe und Organisation ansetzen, um ein innovationsförderndes Organisationsklima zu schaffen.

Kreativen Persönlichkeiten werden folgende Eigenschaften zugewiesen: Neugier- und Explorationsverhalten, Autonomiestreben, niedrige Ängstlichkeit, positive Neigung zur Übernahme von Risiken, Toleranz gegenüber mehrdeutigen Situationen sowie Feldunabhängigkeit.

Wird Kreativität unter dem Gesichtspunkt Alter betrachtet, ergeben sich zwei Pfade: Kreativität und die Umsetzung in Innovationen. Die wichtigsten kreativen Leistungen kommen im jungen Erwachsenenalter zu Stande. Kreative Leistungen in Innovationen umzusetzen, erfordert Erfahrung und Weitsicht, die allerdings erst mit zunehmendem Alter in Erscheinung treten. Der demographischen Entwicklung kommt daher in den nächsten Jahren unter Betrachtung des Altersverlaufs der Kreativität eine enorme Bedeutung zu.

Über den Einfluss von Gruppen, Arbeitsbedingungen und Führung existieren überwiegend folgende Vorstellungen.

Die Bedingungen für Kreativität in Gruppen sind gut, wenn ihre Mitglieder unterschiedlichen Erfahrungshintergrund mitbringen, deren kognitives Niveau jedoch ähnlich ist; wenn Gruppendenken vermieden wird und eine emotional positive, humorvolle Arbeitsatmosphäre erzeugt und mit anspruchsvoller Zielsetzung und einem hohen Partizipationsgrad aller Mitglieder verbunden wird. Darüber hinaus wird Innovativität in Teams durch zwei gegenläufige Effekte beeinflusst, die durch Gruppenprozesse ausgelöst werden und sich oft gegenseitig neutralisieren. Synergieeffekte fördern Innovationen, parallel laufende negative Sekundäreffekte wirken jedoch behindernd. Einerseits kommt es zur Nutzung eines durch das Team entstandenen reichen Ideenpools andererseits führen Beziehungs- und Ziel-Wertkonflikte zu Kommunikations- und Kooperationsbarrieren.

Ziel ist es daher, unerwünschte negative Effekte von erwünschten positiven Effekten zu entkoppeln, um die Chancen und Vorteile der Heterogenität innovationsförderlich nutzen zu können.

Hohe, fähigkeitsangemessene Leistungsziele, leichter Zugang zu Informationsquellen und individuelle Freiräume mit Zeit für vertiefte Ideenfindung sprechen für gute Arbeitsbedingung hinsichtlich der Kreativitätsförderung. Die Forderung und Belohung von kreativer Leistung, vertrauensvolles, offenes und lebhaftes Klima sowie einfache Kommunikationswege mit geringen bürokratischen Einschränkungen in der Organisationsgestaltung fördern Kreativität.

Kreativitätsfördernde Führung zeichnet sich dadurch aus, wenn sie Wertschätzung mit Inspiration und Ansporn zu verbinden weiß, die Identifikation mit gemeinsamen Zielen durch Vorbildwirkung und motivierende Gesprächsführung unterstützt und sich auch in der Ressourcenbeschaffung und Durchsetzung innovativer Ideen bewährt.

Gebert (2004a) fordert sogar diversity Management als eine eigenständige und notwendige Aufgabe jeglicher Teamführung und betont die dilemmatische Konstellation des diversity Managements. Im Vordergrund steht die Aufklärung ungeplanter negativer Sekundäreffekte sowie Theorien zur Erklärung dieser Effekte.

Erfolgsentscheidend für innovative Unternehmen sind ausgeprägte Innovationssysteme auf allen Ebenen der Organisation, verbunden mit koordinierten Maßnahmen, die Ideenproduktion fördern, unterstützen und in innovative Produkte und Prozesse umsetzen.

18 Diskussion der empirischen Ergebnisse mit den Erkenntnissen der Innovationsforschung

Gruppeninnovationen werden von einer Vielzahl von Faktoren beeinflusst. Kapitel 17 hat versucht, einen Überblick über mögliche Einflussfaktoren auf unterschiedlichen Wirkungsebenen zu geben. Innovationen in Organisationen werden von drei Säulen getragen. Neben dem Individuum und der Organisation selbst, ist die dritte Säule, die Gruppe von entscheidender Bedeutung.

Am stärksten werden Innovationen in Gruppen durch ihre Zusammensetzung, der sozialen Interaktion ihrer Mitglieder und durch in ihnen entstehende Effekte und Prozesse beeinflusst. Vor dem Licht der empirischen Untersuchungen können Gruppeninnovationen in der Fließbandmontage darüber hinaus von unterschiedlichen Faktoren gelenkt werden.

Zahlreiche Arbeiten (vgl. King, 1990; Schuler & Görlich, 2007) berichten über kreativitäts- und damit innovationsfördernde Persönlichkeitsmerkmale. Dazu gehören bspw. Intelligenz, intrinsische Motivation, Nonkonformität und Offenheit gegenüber Neuem. Gemeinsames Fazit aller Vorschläge ist allerdings die richtige Chemie und die Kombination aus diesen Persönlichkeitseigenschaften.

Auf organisationaler Ebene haben unterschiedliche Klimafaktoren Einfluss auf Innovationen. Durch Zugang zu Informationen und Freiräume zur Ideengenerierung entsteht eine Arbeitsatmosphäre, die zur Kreativität anregt (vgl. Amabile & Gryskiewitz, 1989). Vertrauen sowie der Verzicht auf Kontrollsysteme haben großen Einfluss auf die Innovationsfähigkeit von Mitarbeitern (vgl. Ekvall, 1996; Schein, 1995). Die Unterstützung für neue Ideen und damit verbundenes Führungsverhalten sind entscheidende Regelmechanismen für Innovationen. Dabei lässt sich gute Führung durch Vorbildwirkung, Motivation sowie flexiblem Führungsstil identifizieren (vgl. Wegge, 2004; van Dick & West, 2005).

Die Diskussion der folgenden Untersuchungsergebnisse geht auf potentielle Einflussgrößen ein, von denen Innovationen abhängen. Dabei wird der Gruppenebene besondere Aufmerksamkeit geschenkt, da von ihr der größte Einfluss auf Gruppeninnovationen zu erwarten ist.

18.1 Der Alters- und Erfahrungseffekt auf Gruppeninnovationen

Alter hat kaum einen Effekt auf Gruppeninnovationen. Lediglich der Anteil der sehr jungen Gruppenmitglieder zwischen 15 und 25 Jahren hat einen positiven Einfluss. Dieser wird jedoch erstaunlicherweise vom negativen Einfluss der Betriebserfahrung kompensiert, so dass das Alter der Arbeitsgruppen insgesamt keine Rolle spielt.

Die Befähigung zu Innovationen erfordert neben der Kreativität weitere Eigenschaften wie das vernetzte Denken und die Übersicht über Gesamtprozesse, die durch das Alter begünstigt werden. Kreative Ideen werden eher in jungen Jahren geschaffen, die Fähigkeit zur Umsetzung der kreativen Ideen in Innovationen kommt jedoch erst im Alter zur Wirkung (vgl. Schuler & Görlich, 2007).

Scheinbar trifft nur ein Teil dieser Erkenntnis auf die in dieser Arbeit untersuchten Arbeitsgruppen zu. Junge Gruppenmitglieder fördern zwar die Gruppeninnovativität, Betriebserfahrung wirkt dem aber überraschenderweise entgegen, so dass das Alter insgesamt keinen Einfluss auf Innovationen in der Gruppe hat.

In jungen Jahren scheint die Kombination aus Exploration, Leistungsmotivation, Energie, Leistungsfreude und Antrieb zu dominieren und das Einreichen von Verbesserungsvorschlägen zu fördern. Ein Anstieg der Betriebserfahrung demgegenüber deutet möglicherweise auf Routinisierung hin, die das Einreichen von Verbesserungsvorschlägen hemmt. Die Routinisierung hat einen Rückgang des Neugier- und Explorationsverhaltens, der Offenheit, der Freude an Neuem sowie der Motivation zur Folge, die zu den Persönlichkeitseigenschaften gehören, die für Kreativität unabdinglich sind (vgl. Mansfeld & Busse, 1981; Guldin, 2006).

18.2 Der Bildungseffekt auf Gruppeninnovationen

Von höherer Bildung profitieren vor allem die jüngeren Beschäftigten. Je höher die durchschnittliche Bildung in einer Arbeitsgruppe, desto weniger nehmen die Einsparungen mit zunehmendem Alter zu. Dieser Effekt wird vom Alter bestimmt.

Bildung beeinflusst kognitive Fähigkeiten und Intelligenz. Für diese Persönlichkeitseigenschaften wurde in verschiedenen Untersuchungen und Experimenten (vgl. Cattell, et al. 1970; Jäger, 1984) ein positiver Zusammenhang mit Kreativität festgestellt. Daneben sind Wissen und Fähigkeiten sowie divergentes Denken zentrale Voraussetzungen für Innovationen (vgl. Guldin, 2006; Nijstad & Paulus, 2003).

Bildung scheint mehr die Fähigkeiten der jüngeren Beschäftigten positiv zu beeinflussen und befähigt durch mehr Wissen zu divergentem Denken (Flüssigkeit und Flexibilität in der Leistung) und damit zu mehr Innovationen. Älteren Beschäftigten gelingt das divergente Denken nicht so gut wie jüngeren. Im Gegensatz zu kristallinen, erfahrungsgestützten Intelligenzleistungen, nehmen die physiologienahen, an das neurologische Funktionieren gebundene Komponenten der Intelligenz ab dem frühen Erwachsenenalter ab und wirken sich negativ auf die Kreativität aus.

18.3 Der Effekt der Frühschicht auf Gruppeninnovationen

Frühschicht begünstigt eher die Innovativität der älteren Beschäftigten. Je älter eine Arbeitsgruppe, desto stärker nehmen die Einsparungen in der Frühschicht zu. Dieser Effekt wird weder vom Alter noch von der Erfahrung alleine bestimmt.

Bereits frühere Arbeiten gehen davon aus, dass Motivation die Kreativität beeinflusst (vgl. Galton, 1869). Nach Amabile et al. (1994) sind für kreative Personen zwei Grundkomponenten der intrinsischen Arbeitsmotivation maßgeblich: challenge (Gefordertsein) und enjoyment (positive Emotionalität).

Vermutlich ist die Arbeitsmotivation und damit verbundene positive Emotionalität und positive Einstellung zur Arbeit an Frühschichten eher in älteren Gruppen ausgeprägt. Zu frühen Arbeitszeiten führt dies in älteren Gruppen zur allgemein motivierteren Einstellung zur Arbeit im Vergleich zu jüngeren Gruppen. Dies fördert die Innovativität der älteren Gruppen stärker als die der jüngeren.

18.4 Der Effekt der Arbeitsauslastung auf Gruppeninnovationen

Höhere Arbeitsauslastung hat insgesamt keinen Einfluss auf Innovativität. Der negative Effekt bei zunehmendem Alter wird durch den positiven Effekt der Betriebserfahrung kompensiert.

Hohe Arbeitsauslastung bedeutet hoher Zeitdruck für die Beschäftigten. Dies hat Auswirkungen auf die Arbeitsatmosphäre und beeinflusst innovationsfördernde Arbeitsbedingungen negativ. Zu diesen gehören u.a. ausreichende Arbeits- und Zeitressourcen, Freiheit und Zeit für Ideen (vgl. Guzzo, 1996; Ekvall, 1996). Amabile und Gryskiewitz (1989) bestätigen in ihrer Arbeit den negativen Einfluss von Zeitdruck auf kreatives Verhalten.

Scheinbar bereitet höhere Arbeitsauslastung und der damit verbundene Zeitdruck älteren Beschäftigten größere Schwierigkeiten als jüngeren. Es entstehen bedrängliche Situationen, die die Arbeitsatmosphäre innerhalb der Gruppe beeinflussen und damit die für Innovationen erforderliche Freiheit und Zeit einschränken. Bei älteren Beschäftigten hat dies negative Auswirkungen. Höhere Arbeitsauslastung und daraus resultierende Kompetenzdefizite können auch zur Beeinträchtigung der Interaktion und der Gruppenprozesse führen (vgl. Pirola-Merlo & Mann, 2004).

Jedoch scheint höhere Arbeitsauslastung und der damit verbundene Zeitdruck erfahrene Beschäftigte weniger zu bedrängen als unerfahrene. Dies wirkt sich positiv auf kreatives Verhalten und auf die Gruppenharmonie aus. Der Einfluss von Alter und Erfahrung heben sich nahezu vollständig auf, so dass höhere Arbeitsauslastung keine Auswirkungen auf Innovationen hat.

18.5 Der Effekt der Altersheterogenität auf Gruppeninnovationen

Zunehmende Altersheterogenität hat keinen Einfluss auf Innovationen. Steigende Arbeitsauslastung wirkt sich jedoch in altersheterogenen Gruppen schlechter auf Innovationen aus als in weniger altersheterogenen Gruppen.

Das Kreativitätspotential und die Innovationsfähigkeit einer Gruppe wird durch seine strukturellen Faktoren der Zusammensetzung beeinflusst (vgl. Guldin, 2006). Über die Zusammensetzung und dem Einfluss verschiedener Persönlichkeitsmerkmale herrschen jedoch unterschiedliche Meinungen. Einige Arbeiten berichten über Vorteile der Heterogenität in Wissen und der Fähigkeiten (vgl. Jackson, 1996; McGrath, 1984; Burningham & West, 1995); andere über die Vorteile von unterschiedlichem Erfahrungshintergrund (vgl. Milliken et al., 2003), Lernprozessen und Wissenstransfer (vgl. Argote & Kane, 2003). Nach einer Untersuchung von Gebert (2004a) in Bezug auf die Unterschiedlichkeit in funktionalem Hintergrund und Betriebserfahrung wird dieser heterogenitätsbezogene Optimismus jedoch stark zurückgewiesen.

Andere Arbeiten machen einerseits Synergieeffekte, die sich aus der Interaktion unterschiedlicher Gruppenmitglieder ergeben, für den Vorteil von heterogenen Gruppen verantwortlich (vgl. West, 2002; Dunbar, 1997; Nijstad, Diehl & Stroebe, 2003). Hierzu zählen unter anderem die Vergrößerung des Ideenpools und das Neukombinationspotential von Ideen. Andererseits existieren Aufsätze, die gerade wegen Interaktion von unterschiedlichen Gruppenmitgliedern über negative Sekundäreffekte sowie Beziehungs- und Wertekonflikte berichten, die die innovationsbezogenen Potentiale der Heterogenität sowie synergiebezogene Kommunikationen konterkarieren (vgl. Gebert, 2004a; Pelled, 1996; Reagans & Zuckerman, 2001). Überwiegend werden dabei die gegenseitige Behinderung der Ideengenerierung, Koordinations- und Kooperationsprobleme, Gruppendenken sowie Beziehungs- und Zielkonflikte aufgeführt.

Die Vor- und Nachteile, die die unterschiedlichen Persönlichkeitsmerkmale mit sich bringen, scheinen sich in altersgemischten Arbeitsgruppen zu kompensieren. Synergieeffekten wirken möglicherweise negative Sekundäreffekte und Konflikte entgegen, die dazu führen, dass Altersheterogenität keinen Einfluss auf die Innovativität der Arbeitsgruppen hat. Die potentielle Gruppenkreativität wird durch Prozessverluste aufgezehrt.

Steigende Arbeitsauslastung wirkt sich in altersheterogenen Gruppen schlechter auf Innovationen aus als in weniger altersheterogenen Gruppen.

Möglicherweise haben altersgemischte Gruppen größere Schwierigkeiten mit steigender Arbeitsauslastung und dem dadurch steigenden Zeitdruck, als weniger altersgemischte Gruppen. Hier können die fehlenden Ressourcen in Zeit und Freiräumen negative Sekundäreffekte stärken. Kommunikations- und Koordinationsbarrieren nehmen zu, die eine abnehmende Nutzung des Ideenpools verursachen. Es treten zunehmend Beziehungs- und Zielkonflikte auf, die zur Zunahme des Dissenspotentials innerhalb der Gruppe führen und damit Innovationen verhindern.

18.6 Der Effekt der Nationalitätsheterogenität auf Gruppeninnovationen

Zunehmende Nationalitätsheterogenität mindert die Innovativität der jüngeren Beschäftigten. Je höher die Nationalitätsheterogenität in einer Arbeitsgruppe, desto weniger nehmen die Einsparungen mit zunehmendem Alter ab. Dieser Effekt wird vom Alter bestimmt. Deutsche und Franzosen haben keinen Einfluss auf Innovationen, Türken jedoch einen negativen.

Neben negativen Sekundäreffekten sowie Beziehungs- und Zielkonflikten, geht von Heterogenität die Gefahr der negativen Stereotypisierung aus (vgl. Tajfel, 1981), die den Abbau der gemeinsamen sozialen Identität der Gruppe bewirkt und damit Innovationen behindert. Persönlichkeitsmerkmale wie Rasse und Nationalität gehören zu den Eigenschaften, die eine negative Stereotypisierung in der Gruppe auslösen und soziale Identität in Gruppen abbauen. Diese Erkenntnis wird von Chatman et al. (1998) in einer Untersuchung bestätigt. Erst wenn sichtbare Unterschiedlichkeiten durch eine gemeinsame soziale Identität vereint werden, kann die nationale Heterogenität zu einem Vorteil gemacht werden.

Scheinbar führen unterschiedliche Nationalitäten in jüngeren Gruppen mehr zu negativen Stereotypisierungen als in älteren. Ihnen fehlt die gemeinsame soziale Identität. Dies löst negative soziale Prozesse aus, die zu unerwünschten Konflikten, zur Abnahme der Kommunikation und damit zur Abnahme der Innovationen führen. Unterschiede in Kultur und Sichtweisen werden nicht zur Ideenbereicherung genutzt.

Zunehmender Anteil der Türken beeinflusst Innovationen negativ. Möglicherweise führen unterschiedliche Kulturen und Sprachschwierigkeiten zur Subgruppenbildung innerhalb der Gruppen. Dadurch entstehen Beziehungs- und Wertekonflikte, die Kommunikationsbarrieren zwischen den Gruppenmitgliedern aufbauen und damit Innovationen negativ beeinflussen.

18.7 Der Effekt der Heterogenität in Bezug auf Bildung, Beruf und Betriebserfahrung auf Gruppeninnovationen

Zunehmende Heterogenität in Bezug auf Bildung, Beruf und Betriebserfahrung hat keinen Einfluss auf Innovationen.

Die Ergebnisse über Arbeiten zur heterogenen Zusammensetzung von Gruppen gehen, wie mehrfach berichtet, in unterschiedliche Richtungen. Zwar erweist sich Crossfunktionalität vermittelt durch Unterschiedlichkeiten in Bildung, Beruf und Betriebserfahrung innovationsförderlich, jedoch wirken Reibungsverluste wegen unterschiedlicher Sichtweise und Einstellung der Gruppenmitglieder dem entgegen. Das führt zur Subgruppenbildung sowie zu Konflikten und damit zu einer Abnahme der Innovationen. Diese Erkenntnis wird in einer Untersuchung von Reagans und Zuckerman (2001) bestätigt. Es stellt sich erst dann ein Nutzen ein, wenn durch Kommunikation positive Effekte überwiegen.

Möglicherweise kompensieren sich in Gruppen mit unterschiedlicher Bildung, unterschiedlichem Beruf und unterschiedlicher Betriebserfahrung Nutzen und Reibungsverluste in der Weise, dass sie sich gerade gegenseitig aufheben.

18.8 Der Effekt des Frauenanteils auf Gruppeninnovationen

Höherer Frauenanteil mindert die Innovativität der älteren Beschäftigten. Je höher der Frauenanteil in einer Arbeitsgruppe, desto stärker nehmen die Einsparungen mit zunehmendem Alter ab. Dieser Effekt wird weder vom Alter noch von der Erfahrung alleine bestimmt.

Wie das Merkmal Nationalität birgt auch Geschlecht die Gefahr der negativen Stereotypisierung und den Aufbau von Kommunikationsbarrieren. Andererseits vergrößern Frauen durch unterschiedliche Denkstrukturen den Ideenpool und das Neukombinationspotential in der Gruppe. Möglicherweise überwiegen hier die negativ wirkenden Stereotypisierungsprozesse und Kommunikationsschwierigkeiten, die aus verschiedenen Gründen besonders in älteren Gruppen stark ausgeprägt sind. Die Bereicherung und die unterschiedliche Herangehensweise der Frauen an neue Ideen wird nicht ausreichend genutzt. Das Merkmal Geschlecht verhindert den Aufbau einer gemeinsamen sozialen Identität in den Gruppen und verursacht damit eine Cliquenbildung (vgl. Tajfel, 1981).

18.9 Der Effekt des Springeranteils auf Gruppeninnovationen

Höherer Springeranteil hat keinen Einfluss auf Innovativität. Der negative Effekt durch zunehmende Betriebserfahrung wird durch andere Einflussgrößen kompensiert.

Hier laufen wieder zwei Effekte in gegensätzliche Richtungen. Möglicherweise treten in Gruppen mit erfahrenen Mitgliedern vermehrt Kooperationsschwierigkeiten auf, wenn fremde Mitglieder in die Arbeitsgruppe aufgenommen werden. Erfahrene lassen sich weniger auf neue Ideen und Sichtweisen von Springern ein. Anderseits führen diese neuen Perspektiven, die Springer in eine Gruppe einbringen, zur Erweiterung des Ideenpools und des Neukombinationspotentials, so dass sich positive und negative Effekte gegenseitig kompensieren. Durch Kooperations- und Vertrauensbarrieren wird der aktive Ideenaustausch erschwert (vgl. Gebert, 2004a).

18.10 Der Effekt der Gruppengröße auf Gruppeninnovationen

Größere Gruppen begünstigen eher die Innovativität der älteren Beschäftigten. Je größer eine Gruppe, desto weniger nehmen die Einsparungen mit zunehmendem Alter ab. Dieser Effekt wird weder vom Alter noch von der Erfahrung alleine bestimmt.

Bei der optimalen Gestaltung der Gruppengröße besteht die Schwierigkeit darin, eine Balance zwischen der Bereicherung durch unterschiedliche Ideen und der Vermeidung von Konflikten durch zu große Unterschiede der Gruppenmitglieder herzustellen. Eine Arbeitsgruppe darf nicht zu groß und nicht zu klein sein. In zu kleinen kann es an unterschiedlichen Meinungen, Ideen und Perspektiven mangeln, die Voraussetzungen für Gruppeninnovationen sind. In zu großen Gruppen können Interaktionshemmnisse zunehmen, die eine Spaltung der Gruppen in Subgruppen auslösen. Sie leiden an Ineffizienz und Ineffektivität der Kommunikation und Interaktion (vgl. Guzzo & Shea, 1992).

Scheinbar überwiegen aus unterschiedlichen Gründen die Vorteile einer großen Gruppe eher in älteren Gruppen als in jüngeren. In älteren treten vermehrt Synergieeffekte auf, die durch die Vielzahl und die Verschiedenheit der Gruppenmitglieder entstehen. In jüngeren Gruppen dagegen bilden sich verstärkt Subgruppen, die Kommunikation und Interaktion zwischen Gruppenmitgliedern behindern. Große Gruppen begünstigen daher eher die Innovativität der älteren Beschäftigten.

18.11 Der Effekt der unveränderten Gruppenzusammensetzungsdauer auf Gruppeninnovationen

Zunehmende unveränderte Gruppenzusammensetzungsdauer hat keinen Einfluss auf Innovationen.

Überwiegend herrscht die Meinung, dass lange unveränderte Zusammensetzung von Gruppen innovationshemmend wirkt (vgl. Kratzer et al. 2004; Schuler & Görlich, 2007; Guldin, 2006). Unveränderte Zusammensetzung wirkt sich negativ auf Innovationen der Gruppe aus, da neue Anregungen fehlen. Die Neigung der Gruppe, sich neuartigen Perspektiven zuzuwenden, nimmt mit zunehmender Dauer ab. Neue Gruppenmitglieder und damit neue Gruppenzusammensetzungen können neben neuen Ideen neue Motivationsschübe mitbringen, die Innovationen anregen und dafür verantwortliche Gruppenprozesse anstoßen (vgl. Levine, Choi & Moreland, 2003).

Die zunehmende unveränderte Gruppenzusammensetzungsdauer scheint Innovationen in Gruppen in der Fließbandmontage nicht negativ zu beeinflussen. Unveränderte Zusammensetzungsdauer fördert möglicherweise - im Gegensatz zur allgemeinen Meinung - Synergien und den Abbau von Kommunikationsbarrieren, die für Innovationen in Gruppen Voraussetzung sind. Diesem positiven Effekt wirkt der Mangel an neuen und frischen Ideen entgegen. Es fehlt der Anstoß zu Motivationsschüben und positiven Gruppenprozessen, so dass insgesamt die Dauer der unveränderten Zusammensetzung Innovationen in Gruppen nicht beeinflusst.

19 Drittes Resümee

Es existiert ein weites Spektrum an Arbeiten mit recht unterschiedlichen Ergebnissen, die sich mit der Frage beschäftigen, welche Faktoren die Innovationsfähigkeit in Gruppen beeinflussen und in welchem Ausmaß sie dies tun. Untersuchungen in Arbeitsgruppen in der Fließbandmontage, wie sie in dieser Arbeit vorgenommen wurden, sind jedoch nicht anzutreffen. Die Ergebnisse der vorliegenden Arbeit liefern neue Erkenntnisse.

Alter beeinflusst Innovationen in Gruppen nicht. Erstaunlicherweise wirkt der Kreativität in jungen Jahren die negative Wirkung der Erfahrung durch Routinisierung und Motivationsrückgang entgegen. Die Leistungsfreude, Exploration und Energie in jungen Jahren wird bei steigender Betriebserfahrung durch den Rückgang der Offenheit, Flexibilität, Originalität und der Freude an Neuem kompensiert. Kreative Ideen werden in jungen Jahren geschaffen, jedoch gelingt es Erfahrenen nicht, diese in Innovationen umzusetzen.

Höhere Bildung erweist sich in jüngeren Gruppen als vorteilhaft. Bildung regt das divergente Denken (Flüssigkeit und Flexibilität in der Leistung) in jüngeren Gruppen eher an als in älteren. Divergentes Denken ist eine zentrale Voraussetzung für Innovationen.

In der Frühschicht sind ältere Gruppen innovativer. Hierfür sind Einstellung und Motivation verantwortlich, die in ältern Gruppen in der Frühschicht positiver ausgeprägt sind als in jüngeren.

Höhere Arbeitsaulastung hat keine Auswirkungen auf die Innovativität. Hier kompensieren sich zwei gegenläufige Effekte. Höhere Arbeitsauslastung bereitet mit zunehmendem Alter mehr Schwierigkeiten und engt Freiräume ein. Die zunehmende Betriebserfahrung und die damit verbundene Gelassenheit bei Zeitdruck und Stress wirken dem entgegen, so dass für Innovationen erforderliche Arbeits- und Zeitressourcen nicht negativ beeinflusst werden.

Altersheterogenität beeinflusst Innovationen nicht. Vor- und Nachteile, die unterschiedliche Persönlichkeiten in altersgemischten Gruppen mit sich bringen, gleichen sich aus. Einerseits nehmen der Ideenpool und das Neukombinationspotential von Ideen zu, andererseits treten negative Sekundäreffekte sowie Kooperations- und Koordinationsprobleme auf, die sich gegenseitig kompensieren.

Gleichzeitig führt zunehmende Arbeitsauslastung in altersgemischten Gruppen zu einem Übergewicht negativer Effekte, die positive Effekte überkompensieren. Dadurch haben altersheterogene Gruppen bei steigender Arbeitsauslastung größere Probleme und weniger Freiräume zur Ideengenerierung und sind damit weniger innovativ.

Nationalitätsheterogenität mindert Innovationen in jüngeren Gruppen. Neben Beziehungs- und Zielkonflikten nimmt die soziale Identität auf Grund von Rasse und Nationalität wegen negativer Stereotypisierung innerhalb der Gruppe ab. Dadurch abnehmende Kommunikation und Kooperation führen zum Rückgang der Innovationen in jungen Gruppen.

Heterogenität in Bildung, Beruf und Betriebserfahrung spielt für Innovationen keine Rolle. Die Vorteile von unterschiedlichem Wissen, unterschiedlichen Perspektiven und unterschiedlichem Erfahrungshintergrund werden durch Reibungsverluste gerade wegen der Unterschiedlichkeiten aufgezehrt.

Frauen wirken in älteren Gruppen negativ auf Innovationen. Wegen Stereotypisierungsprozesse überwiegen in älteren Gruppen Kommunikationsbarrieren, die Innovationen mindern.

Der Einsatz von Springern hat keinen Einfluss auf Innovationen in der Gruppe. Hier kompensieren sich positive und negative Effekte. Einerseits kommt es zur Bereicherung an Ideen und andererseits zu Kooperationsschwierigkeiten mit Erfahrenen wegen Fremdartigkeit der Springer.

Gruppen mit älteren Mitgliedern nutzen Synergieeffekte effizienter, wenn ihre Gruppe groß ist. Dies hat einen positiven Einfluss auf Innovationen in diesen Gruppen. Großen jungen Gruppen gelingt dies nicht. In ihnen treten Interaktionshemmnisse und Spaltungsprozesse auf, die sich negativ auf Gruppeninnovationen auswirken.

Die Dauer der unveränderten Gruppenzusammensetzung hat keine Auswirkung auf Innovationen. Der Mangel an neuen Anregungen und Ideen wird durch Vorteile der gefestigten Kommunikations- und Kooperationsstrukturen ausgeglichen, so dass Innovationen dadurch nicht beeinflusst werden.

20 Fazit der Arbeit

Das Hauptziel dieser Arbeit war es, den Zusammenhang zwischen dem Erfolg von Arbeitsgruppen und dem Alter ihrer Gruppenmitglieder sowie den Zusammenhang zwischen der Innovationsfähigkeit von Gruppen und dem Alter ihrer Mitglieder explorativ zu untersuchen. Daneben wurden weitere mögliche Einflussfaktoren betrachtet. Hierzu wurden Daten aus der Fließbandproduktion in dem Lkw-Montagewerk Wörth der DaimlerChrysler AG ausgewertet.

Um den Gruppenerfolg zu messen, wurde in der Untersuchung die Variation in der Produktionsqualität genutzt. Um die Innovationsfähigkeit von Gruppen zu messen, wurden Verbesserungsvorschläge herangezogen.

Daten über Produktionsqualität und über Verbesserungsvorschläge wurden mit verfügbaren Daten der Gruppenmitglieder (Alter, Geschlecht, Ausbildung, Beruf, Nationalität, Zugehörigkeitsdauer zur Arbeitsgruppe und zum Unternehmen) sowie dem Schweregrad der Produktion (Arbeitsauslastung) vereint, um den Zusammenhang zwischen Alter und Gruppenerfolg sowie Alter und Innovationsfähigkeit unter Berücksichtigung weiterer Einflussfaktoren zu untersuchen.

Die Arbeit hat versucht, den bisherigen Erkenntnisstand der Forschung zu umreißen und bestehende Lücken durch die eigenen empirischen Untersuchungen zu schließen. Bisherige Arbeiten haben meistens nur isolierte Einzelkomponenten der Leistung und Kreativität im Alter untersucht, die zu unvollständigen Bildern geführt haben. Die vorliegende Arbeit verfolgte einen ganzheitlichen und quantitativen Ansatz, die bisherige Erkenntnisse aus unterschiedlichen Forschungsdisziplinen in die Erklärungsmuster ihrer empirischen Ergebnisse einbezieht.

Im Kern lassen sich die Ergebnisse wie folgt zusammenfassen, die gleichzeitig die zu Beginn der Arbeit erwähnten Fragestellungen in Kapitel 1 beantworten.

„Wie entwickelt sich der Gruppenerfolg in Abhängigkeit vom Alter ihrer Gruppenmitglieder?"

Der Gruppenerfolg ist nur sehr schwach vom Alter ihrer Gruppenmitglieder abhängig. Lediglich junge Beschäftigte haben einen positiven Einfluss, sehr junge und ältere Gruppenmitglieder beeinflussen den Gruppenerfolg nicht. Dagegen wirkt sich Betriebserfahrung sehr stark auf den Gruppenerfolg aus. Erstaunlich ist, dass Betriebserfahrung alleine, isoliert von weiteren Einflussgrößen, den Gruppenerfolg negativ beeinflusst, jedoch von anderen unbekannten Faktoren kompensiert wird.

Unter Einbezug von weiteren Einflussfaktoren hat Betriebserfahrung unterschiedliche Auswirkungen. Bildung hat einen stärkeren positiven Einfluss in Gruppen mit höherer Betriebserfahrung. Sie wirkt dem altersbedingten Abbau der fluiden Leistungskomponenten entgegen, die neben der kristallinen Leistungskomponente die Gesamtleistung bestimmen. Dagegen wirkt sich die mit Betriebserfahrung verbundene Routine in der Frühschicht, gerade zu fehleranfälligen Arbeitszeiten, negativ auf den Gruppenerfolg aus. Bei höherer Arbeitsauslastung erweist sich die Betriebserfahrung als ein entscheidender Vorteil älterer Beschäftigter in den Arbeitsgruppen, da sie in Stressmomenten die notwendige Gelassenheit und den Überblick behalten.

„Sind altersgemischte Arbeitsgruppen erfolgreicher als altershomogene?"

Im Gegensatz zur landläufigen Meinung sind altersgemischte Arbeitsgruppen nicht pauschal erfolgreicher. Die Heterogenität hinsichtlich weiterer Merkmale muss ebenso differenziert betrachtet werden. Alters- und Nationalitätsheterogenität hat in jungen Gruppen einen positiven und in alten Gruppen einen negativen Einfluss auf den Erfolg. Hierfür sind Synergien und Verbundeffekte verantwortlich, die in jüngeren Gruppen besser genutzt werden und Statuskonflikte, die in älteren Gruppen dominieren.

Unterschiedlicher Bildungsstand mindert den Gruppenerfolg. Unterschiede im Beruf haben keinen Einfluss. Hier dominieren entweder Konflikte, die eine kontraproduktive Spaltung der Gruppen herbeiführen oder sie werden von positiven Verbundeffekten kompensiert.

Frauen beeinflussen den Erfolg eher in jüngeren Gruppen negativ und Springer eher in älteren. In jungen Gruppen treten wegen Frauen und in alten Gruppen wegen fremder Gruppenmitglieder Statuskämpfe auf, die zu emotionalen Konflikten führen.

Bei erhöhter Arbeitsauslastung erweist sich Altersgemischtheit als Vorteil, da bei Stresssituationen Verbundeffekte durch Kombination aus Erfahrung und physischer Stärkern effektiv genutzt werden.

„Wie entwickelt sich die Innovationsfähigkeit einer Gruppe in Abhängigkeit vom Alter und der Zusammensetzung ihrer Gruppenmitglieder?“

Alter hat keinen Einfluss auf Innovationen in Gruppen. Der Kreativität in jungen Jahren wirkt die Routinisierung durch Betriebserfahrung entgegen. Steigende Arbeitsauslastung hat ebenso keinen Einfluss auf Gruppeninnovationen. Die negative Auswirkung des Zeitdrucks wird durch die Erfahrung und Gelassenheit der Gruppenmitglieder gut kompensiert.

Bildung beeinflusst Innovationen in jungen Arbeitsgruppen positiv, indem sie das divergente Denken in ihnen anregt. Die Frühschicht hat dagegen Vorteile in älteren Gruppen, die mit der positiven Einstellung und Motivation verbunden sind.

Altersheterogenität sowie Heterogenität in Bildung, Beruf und Betriebserfahrung haben keinen Einfluss auf Gruppeninnovationen. Vor- und Nachteile, die durch die Mischung unterschiedlicher Persönlichkeiten entstehen, gleichen sich aus. Die positiven Einflüsse durch Erweiterung des Ideenpools und des Neukombinationspotenials werden durch negative Sekundäreffekte sowie durch Kooperations- und Koordinationsprobleme aufgezehrt.

Altersheterogenität hat jedoch bei erhöhter Arbeitsauslastung einen negativen Einfluss auf Gruppeninnovationen. Positive Synergieeffekte werden durch die Abnahme von Freiräumen zur Ideengenerierung und negativen Effekten überkompensiert.

Nationalitätsheterogenität hat einen negativen Einfluss auf Innovationen in jungen Gruppen. Beziehungskonflikte und negative Stereotypisierung mindern die Kommunikation.

Der Einsatz von Springern und die unveränderte Gruppenzusammensetzungsdauer haben keine Auswirkung auf Innovationen. Der Ideenbereicherung durch Springer stehen Kooperationsschwierigkeiten gegenüber. Bei langer unveränderter Zusammenarbeit fehlen zwar neue Anregungen in der Gruppe, jedoch werden Kommunikationsstrukturen für Innovationen gefestigt.

Insgesamt spielt das Alter für den Erfolg und für Innovationen in Arbeitsgruppen in der Fließbandproduktion kaum eine Rolle. Vielmehr hat die Betriebserfahrung oft einen starken, allerdings nicht wie zu erwartenden durchweg positiven Einfluss. Hierfür sind Statuskonflikte aufgrund der Erfahrung verantwortlich, die die Kommunikation und die Gruppenkohäsion mindern.

Die Ergebnisse hinsichtlich der Heterogenität im Alter und anderen Merkmalen entsprechen auch nicht der weit verbreiteten Meinung. Oft hat Heterogenität differenzierten oder keinen Einfluss auf Gruppenerfolg und Gruppeninnovationen.

Wenn Gruppenerfolg und Gruppeninnovationen abnehmen, werden sie meist von Konflikten gesteuert, die wegen Unterschiede in den Persönlichkeitsmerkmalen zu Stande kommen. Entweder verhindern sie die aktive Kooperation der Gruppenmitglieder oder deren Kommunikation, die wesentliche Voraussetzungen für erfolgreiche Gruppenarbeit und für Gruppeninnovationen sind.

Offen bleibt die Frage, ob die Komplementaritäten durch entsprechendes Management der Arbeitsgruppen besser genutzt und gleichzeitig Kommunikation und Gruppenkohäsion gestärkt werden können. Dies setzt Rahmenbedingungen und die Beachtung der Erkenntnisse aus der Gruppen- und Innovationsforschung voraus. Hierzu gehören der systematische und alternsgerechte Mitarbeitereinsatz sowie die Orientierung nicht an kurzfristigen, sondern an langfristigen Zielen. Hier ist der Prozess der Personalauswahl entscheidend, der in der Praxis oft nach Willkür erfolgt. Darüber hinaus sind der Belastungswechsel am Arbeitsplatz, die gezielte Ausbalancierung von gruppeninternen Prozessen und Effekten, die Förderung eines aktiven Ideenmanagements sowie die Schaffung einer Anerkennungskultur für kreative Leistungen auf allen Ebenen der Organisation entscheidend.

Die Arbeit zeigt insgesamt, dass der Zusammenhang zwischen Alter, Gruppenerfolg und Gruppeninnovationen sehr komplex ist. Der überaus reiche Datensatz ermöglichte eine sehr präzise Messung des Gruppenerfolgs und der Gruppeninnovationen sowie eine sehr präzise Schätzung der Zusammenhänge.

Einschränkend ist anzumerken, dass sich die Ergebnisse zunächst auf ein ganz spezielles Werk beziehen und Verallgemeinerungen nicht einfach möglich sind. Die Fließbandproduktion in Gruppenarbeit entspricht jedoch der weit verbreiteten Arbeitsform, wie sie in anderen großen Produktionsunternehmen anzutreffen ist. Es ist allerdings bemerkenswert, dass selbst am Fließband, bei Tätigkeiten, die körperlich anspruchsvoll und taktgebunden sind, der Gruppenerfolg und die Gruppeninnovationen mit dem Alter nicht abnehmen.

Auch die Ergebnisse hinsichtlich der altersgemischten Arbeitsgruppen gelten zunächst lediglich für das betrachtete Montagewerk. Interessant ist allerdings, dass die Ergebnisse die landläufige Meinung nicht pauschal bestätigen und zum Teil widerlegen.

Die Arbeit bringt insgesamt neue Erkenntnisse über den Zusammenhang zwischen dem Alter, dem Erfolg und den Innovationen in Arbeitsgruppen in der Fließbandproduktion und leistet damit nur einen kleinen Beitrag über die komplexen Wirkungsmechanismen dieser Größen.

Die Arbeit hat versucht, die eigenen empirischen Ergebnisse mit einem überschaubaren Ausschnitt über die Erkenntnisse der Alterns-, Gruppen- und Innovationsforschung zu diskutieren und zu erklären. Es ist jedoch weitere Forschung nötig, um die quantitativen Resultate dieser Arbeit qualitativ durch Interviews in Arbeitsgruppen und durch Analysen von organisationalen Rahmenbedingungen zu validieren.

Weitere Forschung ist auch nötig, um zu sehen, wie der Zusammenhang in anderen Branchen ist. Allerdings kann jetzt schon festgehalten werden, dass es keine Patentrezepte für eine alternde Belegschaft und altersgemischte Arbeitsgruppen gibt. Erforderlich sind individuelle Lösungsansätze, die vom Arbeitsumfeld und von gegebenen Rahmenbedingungen abhängen.

21 LITERATURVERZEICHNIS

Alban-Metcalfe, R.J. & Alimo-Metcalfe, B. (2000). An analysis of the convergent and discriminant validity of the Transformational Leadership Questionnaire. *International Journal of Selection and Assessment,* 8, 158-175.

Amabile, T.M. & Gryskiewicz, N.D. (1989). The creative environment scales: Work Environment Inventory. *Creativity Research Journal,* 2, 231-253.

Amabile, T.M.; Hill, K.G; Hennessey, B.A. & Tighe, E.M. (1994). The Work Preference Inventory: Assessing intrinsic and extrinsic motivational orientations. *Journal of Personality and Social Psychology,* 66, 950-967.

Amabile, T.M. (1996). *Creativity in context.* Boulder, CO: Westview Press.

Amabile, T.M.; Conti, R.; Coon, H.; Lazenby, J. & Herron, M. (1996). Assessing the work environment for creativity. *Academy of Management Journal,* 39, 1154-1184.

Amthauer, R. (1970). *Intelligenz-Struktur-Test (IST-70).* Göttingen: Hogrefe.

Anderson, N. & West, M.A. (1996). The Team Climate Inventory: Development of the TCI and its applications in teambuilding for innovativeness. *European Journal of Work and Organizational Psychology,* 5, 53-66.

Anderson, N. & West, M.A. (1998). Measuring climate for work group innovation: Development and validation of the Team Climate Inventory. *Journal of Organizational Behavior*, 19, 235-258.

Antoni, C.H. (1994). Gruppenarbeit – mehr als ein Konzept. Darstellung und Vergleich unterschiedlicher Formen der Gruppenarbeit. In: Antoni, C.H. (Hrsg.), *Gruppenarbeit – Konzepte, Erfahrungen, Perspektiven* (S. 19-48). Weinheim: Psychologie Verlags Union.

Antoni, C.H.; Eyer, E. & Kutscher, J. (1996). *Das flexible Unternehmen. Arbeitszeit, Gruppenarbeit, Entgeltsysteme.* Wiesbaden: Gabler.

Antoni, C.H. (1997). Soziale und ökonomische Effekte der Einführung teilautonomer Arbeitsgruppen – eine quasi-experimentelle Längsschnittstudie. *Zeitschrift für Arbeits- und Organisationspsychologie,* 41, 131-142.

Antoni, C. (2004). Gruppen- und Teamarbeit in der Industrie. Erfahrungen und Konsequenzen für die Gestaltung. In: Velmerig, C.O.; Schattenhofer, K. & Schrapper, C. (Hrsg.), *Teamarbeit. Konzepte und Erfahrungen – eine gruppendynamische Zwischenbilanz* (S. 45-58). Weinheim, München: Juventa Verlag.

Argote, L. & Epple, D. (1990). Learning curves in manufacturing. *Science*, 247, 920-923.

Argote, L. (1993). Group and organizational learning curves: Individual, system and environmental components. *British Journal of Social Psychology*, 32, 31-51.

Argote, L. & Ingram, P. (2000). Knowledge Transfer: A basis for competitive advantage in firms. *Organizational Behavior and Human Decision Processes,* 82, 150-169.

Argote, L. & Kane, A.A. (2003). Learning from Direct and Indirect Experience in Organizations: The Effects of Experience Content, Timing, and Distribution. In: Paulus, P.B. & Nijstad, B.A. (Eds.), *Group Creativity: Innovation Through Collaboration* (pp. 277-303). Oxford: Oxford University Press.

Arnscheid, R. (1996). *Gruppenkohäsion und Gruppenleistung: Zur moderierenden Rolle individueller Attributions- und Motivationsprozesse.* Dissertation an der Eberhard-Karls-Universität Tübingen. Tübingen: Rathgeber-Druck.

Ashforth, B.E. & Saks, A.M. (2000). Personal control in organizations: A longitudinal investigation with newcomers. *Human Relations,* 53, 311-339.

Audia, P.G.; Locke, E.A. & Smith, K.G. (2000). The paradox of success: An archival and a laboratory study of strategic persistence following radical environment change. *Academy of Management Journal*, 43, 837-853.

Avolio, B. J. (1991). A levels-of-analysis perspective of aging and work research. In: Schaie, K. W. & Lawton, M. P. (Hrsg.), *Annual Review of Gerontology and Geriatrics 11* (pp. 239-260). New York: Springer.

Avolio, B.J.; Bass, B.M. & Jung, D.I. (1999). Re-examining the components of transformational and transactional leadeship using the Multifactor Leadership Questionnaire. *Journal of Occupational and Organizational Psychology,* 72, 441-462.

Avolio, B.J. & Dodge, G.E. (2001). E-Leadership: Implications for theory, research, and practice. *Leadership Quarterly,* 11, 615-668.

Axtell, C.M.; Holman, D.J.; Unsworth, K.L.; Wall, T.D. & Waterson, P.E. (2000). Shop-floor innovation: Facilitating the suggestion and implementation of ideas. *Journal of Occupational and Organizational Psychology,* 73, 265-285.

Baldridge, J.V. & Burnham, R.A. (1975). Organizational innovation: Individual, organizational, and environmental impacts. *Administrative Science Quarterly,* 20, 165-176.

Barney, J.B. (1991). Firm resources and sustained competitive advantage. *Journal of Management*, 17, 99-120.

Barron, F. & Harrington, D. (1981). Creativity, intelligence, and personality. *Annual Review of Psychology,* 32, 439-476.

Basadur, M.; Green, G.B. & Green, G. (1982). Training in creative problem solving: effects on ideation and problem finding and solving in an industrial research organization. *Organizational Behaviour and Human Performance*, 30, 41-70.

Bäcker, G. & Naegele, G. (1983). Früher in den Ruhestand – aber wie? Sozial- und arbeitsmarktpolitische Probleme einer weiteren Absenkung der Altersgrenze. *Sozialer Fortschritt*, Jg. 32, 27-34, 59-64, 79-83.

Bäcker, G. & Naegele, G. (1989). Wann und wie das Arbeitsleben beenden? Gleitender Ruhestand, Altersteilzeitarbeit und Teilrente in der sozialpolitischen Diskussion. In: *WSI-Studie zur Wirtschafts- und Sozialforschung*, Nr. 65. Köln: Bund-Verlag.

Bäcker G. & Naegele, G. (1993). *Alternde Gesellschaft und Erwerbstätigkeit. Modelle zum Übergang vom Erwerbsleben in den Ruhestand.* Herausgegeben von der Hans-Böckler-Stiftung. Köln: Bund-Verlag.

Bakeman, R. & Helmreich, R. (1975). Cohesiveness and performance: Covariation and causality in an undersea environment. *Journal of Experimental Social Psychology*, 46, 9-23.

Baltes, M.M. (1987). Erfolgreiches Altern als Ausdruck von Verhaltenskompetenz und Umweltqualität. In: Niemitz, C. (Hrsg.). *Erbe und Umwelt. Zur Natur von Anlage und Selbstbestimmung des Menschen* (S. 353-376). Frankfurt/Main: Suhrkamp.

Baltes, P.B. & Baltes, M.M. (1990). Psychological perspectives on successfull aging: The model of selective optimization with compensation. In: Baltes, P.B. & Baltes, M.M. (Eds.), *Successful aging: Perspectives from the behavioral sciences* (pp. 1-34). New York: Cambridge University Press.

Baron, L.J. (1997). The effects of kooperative training and ability grouping on microcomputer learning. *Computers in Human Behavior*, 13, 285-304.

Belbin, R.M. (1967). *Methoden der Aus- und Weiterbildung älterer Arbeitskräfte.* Übersetzung des englischen Originaltextes des OECD-Berichts „training methods for older workers“ von R.M. Belbin, M.A., Ph.D., Cambridge. Berlin, Köln, Frankfurt/Main: RKW Schriftenreihe.

Belbin, R. M. (1993). *Team Roles at Work.* Oxford: Butterworh Heinemann.

Birg, H. (2005). *Die ausgefallene Generation. Was die Demographie über unsere Zukunft sagt.* München: Beck.

Bisani, F. (1985). *Personalführung.* Wiesbaden: Gabler.

Bisani, F. (1995). *Personalwesen und Personalführung. Der State of the Art der betrieblichen Personalarbeit.* Wiesbaden: Gabler.

Boockmann, B. & Steiner, V. (2000). Gesellschaftliche Alterung, Humankapital und Produktivität. In: Frankfurter Institut – Stiftung Marktwirtschaft und Politik. *Prosperität in einer alternden Gesellschaft* (S. 107-136). Bad Homburg.

Börsch-Supan, A. (2002). Kann die Finanz- und Sozialpolitik die Auswirkungen der Bevölkerungsalterung auf den Arbeitsmarkt lindern? In: Genser, B. (Hrsg), *Finanzpolitik und Arbeitsmärkte,* Schriften des Vereins für Socialpolitik, Gesellschaft für Wirtschafts- und Sozialwissenschaften, N.F. Bd. 289. (S. 9-44). Berlin: Duncker & Humblot.

Börsch-Supan, A.; Düzgün, I. & Weiss, M. (2007). Age and Productivity in Work Teams: Evidence from the Assembly Line, *MEA Discussion Paper 148-07*, MEA Mannheim.

Borman, W.C. (1991). Job behavior, performance and effectiveness. In: Dunnette, M.D. & Hough, L.M. (Eds.), *Handbook of industrial and organizational psychology* (pp. 271-326). Palo Alto: Consulting Psychologists Press.

Bowers, C.A.; Pharmer, J.A. & Salas, E. (2000). When member homogeneity is needed in work teams: A meta-analysis. *Small Group Research,* 31, 305-327.

Brandstätter, H. (1989). Problemlösen und Entscheiden in Gruppen. In: Roth, E.; Schuler, H. & Weinert, A.B. (Hrsg.), *Organisationspsychologie* (S. 505-528). Göttingen, Toronto, Zürich: Hogrefe.

Brodbeck, F.C. (1996). Criteria for the study of work group functioning. In: West, M. (Ed.), *Handbook of work group psychology* (pp. 285-315). Chichester, England: Wiley & Sons.

Brodbeck, F.C. & Greitemeyer, T. (2000a). A dynamic model of group performance: Considering the group members' capacity to learn. *Group Processes & Intergroup Relations*, 3, 159-182.

Brodbeck, F.C. & Greitemeyer, T. (2000b). Effects of individual versus mixed individual and group experience in rule induction on group member learning and group performance. *Journal of Experimental Social Psychology*, 36, 621-648.

Brodbeck, F.C. (2001). Communication and performance in software development projects. *European Journal of Work and Organizational Psychology*, 10, 73-94.

Brodbeck, F.C. (2004). Analyse von Gruppenprozessen und Gruppenleistung. In: Schuler, H. (Hrsg.), *Lehrbuch Organisationspsychologie* (S. 415-438). Bern: Hans Huber.

Buchinger, K. (2004). Gruppenarbeit und Teamarbeit in Organisationen. Ideologie und Realität. In: Velmerig, C.O.; Schattenhofer, K. & Schrapper, C. (Hrsg.), *Teamarbeit. Konzepte und Erfahrungen – eine gruppendynamische Zwischenbilanz* (S. 210-266). Weinheim, München: Juventa Verlag.

Buck, H. (2001). Öffentlichkeits- und Marketingstrategie demographischer Wandel – Ziele und Herausforderungen. In: Bullinger, H.-J. (Hrsg.), Broschürenreihe: Demographie und Erwerbsarbeit. *Zukunft der Arbeit in einer alternden Gesellschaft* (S. 11-24). Stuttgart: IRB Verlag.

Buck, H., Kistler, E. & Mendius, H.G. (2002). *Demographischer Wandel in der Arbeitswelt – Chancen für eine innovative Arbeitsgestaltung.* Broschürenreihe: Demographie und Erwerbsarbeit. Stuttgart: IRB Verlag.

Bürkle, T. (2004). Die effiziente Zusammensetzung von Arbeitsgruppen in Organisationen. *Zeitschrift für Personalforschung*, 18 (1), 39-63.

Bunderson, J.S. & Sutcliffe, K.M. (2002). Comparing alternative conceptualizations of functional diversity in management teams: Process and performance effects. *Academy of Management Journal*, 45, 875-893.

Bundesministerium für Familie, Senioren, Frauen und Jugend (2001). *Dritter Bericht zur Lage der älteren Generation. Alter und Gesellschaft – Dritter Altenbericht.* Stellungnahme der Bundesregierung – Bericht der Sachverständigenkommission.

Bungard, W. & Antoni, C.H. (1993). Gruppenorientierte Interventionstechniken. In: Schuler, H. (Hrsg.), *Organisationspsychologie* (S. 377-404). Bern: Huber.

Burningham, C. & West, M.A. (1995). Individual, climate and group interaction processes as predictors of individual innovation. *Small Group Research*, 26, 106-117.

Burr, W. (2004). *Innovationen in Organisationen.* Stuttgart: Kohlhammer.

Carron, A.V. (1980). *Social psychology of sport.* Ann Arbor, Michigan: McNaugthon Gunn.

Cattell, R.B.; Eber, H.W. & Tatsuoka, M. (1970). *Handbook for the Sixteen Personality Factor Questionnaire.* Champaign, IL: Institute for Personality and Ability Testing.

Chatman, J.A; Polzer, J.T.; Barsade, S.G. & Neale, M.A. (1998). Being different yet feeling similar: The influence of demographic composition and organizational culture and work processes and outcoms. *Administrative Science Quarterly*, 43, 749-780.

Chatman, J.A. & Flynn, F.J. (2001). The influence of demographic heterogeneity on the emergence and consequences of cooperative norms in work teams. *Academy of Management Journal,* 44, 956-974.

Clausen, G. (2004). Die Diagnose der Arbeitsfähigkeit. In: Velmerig, C.O.; Schattenhofer, K. & Schrapper, C. (Hrsg.), *Teamarbeit. Konzepte und Erfahrungen – eine gruppendynamische Zwischenbilanz* (S. 145-156). Weinheim, München: Juventa Verlag.

Clemens, W. (2001). *Ältere Arbeitnehmer im sozialen Wandel. Von der verschmähten zur gefragten Humanressource?* Opladen: Leske und Budrich.

Comelli, G. & von Rosenstiel, L. (2001). *Führung durch Motivation.* München: Verlag Franz Vahlen.

Crépon, B.; Deniau, N. & Pérez-Duarte, S. (2002). Wages, Productivity, and Workers Characteristics: A French Perspective. *mimeo*, Centre de Recherche en 'Economie et Statistique (CREST) and Institut National de la Statistique et des 'Etudes 'Economiques (INSEE), Paris, France.

Csikszentmihalyi, M. (1999). Implications of a systems perspective for the study of creativity. In: Sternberg, R.J. (Ed.), *Handbook of creativity* (pp. 313-335). New York: Cambridge University Press.

Csikszentmihalyi, M. (2003). *Good business: Leadership, flow, and the making of meaning.* New York: Penguin Group.

DaimlerChrysler AG (2007). http://werk-woerth.daimlerchrysler.com. Stand: Juli 2007.

Davis, J.H. (1969). *Group Performance.* Reading, Mass.: Addison-Wesley.

Deutscher Gewerkschaftsbund (1980). *Programm des DGB zur Verbesserung der Lebenssituation älterer Menschen.* Düsseldorf.

Deutsches Institut für Betriebswirtschaft (1995). *BVW-Statistik '95.* Frankfurt: DIB.

Dieck, M. & Naegele, G. (1993). „Neue Alte“ und alte soziale Ungleichheit – vernachlässigte Dimensionen in der Diskussion des Altersstrukturwandels. In: Naegele, G. & Tews, H.P. (Hrsg.). *Lebenslagen im Strukturwandel des Alters. Alternde Gesellschaft – Folgen für die Politik* (S. 43-60). Opladen: Westdeutscher Verlag.

Dittmann-Kohli, F. & van der Heijden, B. (1996). Leistungsfähigkeit älterer Arbeitnehmer – interne und externe Faktoren. *Zeitschrift für Gerontologie*, 29, 323-327.

Doosje, B.; Spears, R.; Ellemers, N. & Koomen, w. (1999). Perceived group variability in intergroup relations: The distinctive role of social identity. In: Stroebe, W. & Hewestone, M. (Eds.), *European review of social psychology* (Vol. 10, pp. 41-74). Chichester: Wiley.

Drever J. & Fröhlich, W.D. (1969). *Wörterbuch zur Psychologie.* München: Deutscher Taschenbuch Verlag.

Dunbar, K. (1997). How scientists think: On-line creativity and conceptual change in science. In: Ward, T.B.; Smith, S.M. & Vaid, J. (Eds.), *Creative thought: An investigation of conceptual structures and processes* (pp. 461-493). Washington, DC: American Psychological Association.

Dyer, W.G. (1987). *Team building: Issues and alternatives.* Reading: Addison Wesley.

Earley, P.C. (1989). Social loafing and collectivism: A comparison of the United States and the People's Republic of China. *Administrative Science Quarterly,* 34, 565-581.

Earley, P.C & Mosakowski, E. (2000). Creating hybrid team cultures: An empirical test of transnational team functioning. *Academy of Management Journal*, 43, 26-49.

Ekvall, G. (1996). Organizational climate for creativity and innovation. *European Journal of Work and Organizational Psychology*, 5, 105-123.

Ell, W. (1995). Arbeitszeitverkürzung zur Belastungsreduzierung älterer Arbeitnehmer im öffentlichen Personennahverkehr – 10 Jahr Erfahrungen aus den Interventionsmaßnahmen in den Verkehrsbetrieben in Nürnberg. In: Karazman, R.; Kloimüller, I. & Winker, N. (Hrsg.), *Alt erfahren und gesund. Betriebliche Gesundheitsförderung für älter werdende Arbeitnehmer* (S. 160-170). Gamburg: Conrad.

Eskelinen, L.; Kohvakka, A.; Merisalo, T.; Hurri, H. & Wagar, G. (1991). Relationship between the self-assessment and clinical assessment status and work ability. *Scandinavian Journal of Work, Environment & Health, 17* (Suppl 1), 40-47.

Eysenck, H.J. (1995). *Genius: The natural history of creativity.* New York: Cambridge University Press.

Fair, R. (1994). How Fast Do Old Men Slow Down?. *The Review of Economics and Statistics*, 76(1), 103 – 118.

Fair, R. (2005a). Estimated Age Effects in Athletic Events and Chess. *mimeo*, Cowles Foundation, Yale University, http://fairmodel.econ.yale.edu/.

Fair, R. (2005b). Estimated Age Effects in Baseball. *mimeo*, Cowles Foundation, Yale University, http://fairmodel.econ.yale.edu/.

Farr, J.L. & Ford, C.M. (1990). Individual innovation. In: West, M.A. & Farr, J.L. (Eds.), *Innovation and creativity at work* (pp. 63-80). Chichester: Wiley.

Farr, J.L.; Tesluk, P.E. & Klein, S.R. (1998). Organizational structure of the workplace and the older worker. In: Schaie, K.W. & Schooler, C. (Hrsg.), *Impact of work on older adults* (pp. 143-185). New York: Springer.

Flynn, J.F.; Chatman, J.A. & Spataro, S.E. (2001). Getting to know you: The influence of personality on impressions and performance of demographically different people in organizations. *Administrative Science Quarterly,* 46, 414-442.

Frank, R. H. & Hutchens, R. M. (1993). Wage, Seniority, and the Demand for Rising Consumption Profiles. *Journal of Economic Behavior and Organization*, 21(3), 251 – 276.

Funk, L. & Plünnecke, A. (2005). Deutschlands Innovationsfaktoren im internationalen Vergleich. *Vorabdruck aus: IW-Trends – Vierteljahresschrift zur empirischen Wirtschaftsforschung aus dem Institut der deutschen Wirtschaft Köln*, 32. Jahrgang, Heft 1/2005.

Galegher, J.; Kraut, R.E. & Egido, C. (1990). *Intellectual teamwork: Social and technological foundations of kooperative work.* Hillsdale: Erlbaum.

Galenson, D. W. & Weinberg, B. A. (2001). Creating Modern Art: The Changing Careers of Painters in France from Impressionism to Cubism. *The American Economic Review*, 91(4), 1063 – 1071.

Galenson, D. W. (2005). The Greatest Artists of the Twentieth Century, *NBER Working Paper*, 11899.

Galton, F. (1869). *Hereditary Genius.* London: McMillan.

Gebert, D. (1992). Arbeitsgruppe. In: Gaugler, E. & Weber, W. (Hrsg.), *Handwörterbuch des Personalwesens* (S. 120-128). Stuttgart: Poeschel.

Gebert, D. & Boerner, S. (1999). The open and the closed corporation as conflicting forms of organization. *Journal of Applied Behavioral Science*, 35, 341-359.

Gebert, D.; Boerner, S. & Lanwehr, R. (2001). Innovationsförderliche Öffnungsprozesse: Je mehr, desto besser? *Die Betriebswirtschaft*, 61, 204-222.

Gebert, D. (2002). *Führung und Innovation.* Stuttgart: Kohlhammer.

Gebert, D. (2004a). Durch diversity zu mehr Teaminnovativität? Ein vorläufiges Resümee der empirischen Forschung sowie Konsequenzen für das diversity Management. *Die Betriebswirtschaft,* 64, 412-430.

Gebert, D. (2004b). *Innovation durch Teamarbeit.* Stuttgart: Kohlhammer.

Gelderblom, A. (1999). Aging and Productivity. In: Lindley, R. (Ed.), *The Impact of Ageing in the Size, Structure and Behaviour of Active Age Population and Policy Implications for the Labour Market. Revisited Final Report for the Commission of the European Communities DG V*, Institute for Employment Research.

Gemünden, H.G. & Högl, M. (2000). *Management von Teams. Theoretische Konzepte und empirische Befunde.* Wiesbaden: Gabler.

Getzels, J.W. & Jackson, P.W. (1962). *Creativity and Intelligence.* London: Wiley.

Gladstein Ancona, D. & Caldwell, D.F. (1992). Demography and design: Predictors of new product team performance. *Organization Science*, 3, 321-341.

Goldsmith, R.E. & Matherly, T.A. (1987). Adaption-innovation and creativity: a replication and extension. *British Journal of Social Psychology,* 26, 79-82.

Goodman, P.S. (1986). Impact of task and technology on group performance. In: Goodman, P.S. & Associates (Eds.), *Designing effective work groups* (pp. 120-167). San Francisco: Jossey Bass.

Grund, C. & Westergård-Nielsen, N. (2005). Age Structure of the Workforce and Firm Performance. *IZA Discussion Paper*, 1816.

Guilford, J.P. (1950). Creativity. *American Psychologist*, 5, 444-454.

Guildford, J.P. (1959). *Personality.* New York: McGraw-Hill.

Guldin, A. (2006). Förderung von Innovationen. In: Schuler, H. (Hrsg.), *Lehrbuch der Personalpsychologie* (S. 305-330). Göttingen: Hogrefe.

Guzzo, R.A. & Shea, G.P. (1992). Group performance and intergroup relations in organizations. In: Dunnette, M.D. & Hough, L.M. (Eds.), *Handbook of industrial and organizational psychology* (Vol. 3, pp. 269-313). Palo Alto, CA: Consulting Psychologists Press.

Guzzo, R.A. (1996). Fundamental considerations abaout work groups. In: West, M.A. (Ed.), *Handbook of work group psychology* (pp. 3-24). Chichester: Wiley.

Guzzo, R.A. & Dickson, M.W. (1996). Teams in organizations: Recent Research on performance and effectiveness. *Annual Review of Psychology*, 47, 307-338.

Hackman, J.R. (1987). The design of work teams. In: Lorsch, J. (Ed.), *Handbook of organizational behavior* (pp. 315-342). Englewood Cliffs: Prentice-Hall.

Hackman, J.R. (2002). *Leading Teams: Setting the Stage for Great Performances.* Boston, Massachusetts: Harvard Business School Press.

Hainke, H. (1995). *Präventive Strategien des Arbeitsschutzes für leistungsgewandelte ältere Arbeitnehmer.* Bremerhaven: Wirtschaftsverlag NW.

Haltiwanger, J. C.; Lane, J.I. & Spletzer, J. R. (1999). Productivity Differences Across Employers: The Roles of Employer Size, Age, Human Capital. *American Economic Review*, 89(2), 94-98.

Haltiwanger, J. C.; Lane, J.I. & Spletzer, J. R. (2000). Wages, Productivity, and the Dynamic Interaction of Business and Workers. *NBER Working Paper*, 7994.

Harris, L. & Associates, Inc. (1981). *Aging in the Eighties: America in Transition.* Washington: The National Council on the Aging.

Haslam, S.A. (2001). *Psychology in organizations: The social identity approach.* London: Sage.

Heinrich, M. (2002). Gruppenarbeit: Theoretische Hintergründe und praktische Anwendungen. In: Kasper, H. & Mayrhofer, W. (Hrsg.), *Personalmanagement, Führung, Organisation* (S. 289-334). Wien: Linde Verlag.

Helander, J. (1967). *On age and mental test behaviour.* Dissertation in Psychology, Göteborg University. Göteborg.

Heller, K.A.; Kratzmeier, H. & Lengfelder, A. (1998). *Advanced Progressive Matrices (APM).* Göttingen: Hogrefe.

Hellerstein, J.K. & Neumark, D. (1995). Are Earnings Profiles Steeper than Productivity Profiles? Evidence from Israeli Firm-Level Data. *Journal of Human Resource* (1), 89-112.

Hellerstein, J.K., Neumark, D. & Troske, K.R. (1999). Wages, productivity and worker characteristics: evidence from plant level production function and wage equations. *Journal of Labor Economics*, 17, 409-446.

Hellerstein, J.K. & Neumark, D. (2004). Production Function and Wage Equation Estimation with Heterogeneous Labor: Evidence from a New Matched Employer-Employee Data Set. *NBER Working Paper*, 10325.

Hennessey, B.A. (1995). Social, environmental, and developmental issues and creativity. *Educational Psychology Review*, 7, 163-183.

Hennessey, B.A. (2003). Is the Social Psychology of Creativity Really Social? Moving Beyond a Focus on the Individual. In: Paulus, P.B. & Nijstad, B.A. (Eds.), *Group Creativity: Innovation Through Collaboration* (pp. 181-201). Oxford: Oxford University Press.

Hinsz, V.B.; Tindale, R.S. & Vollrath, D.A. (1997). The emerging conceptualization of groups as information processors. *Psychological Bulletin,* 121, 43-64.

Högl, M. & Gemünden, H.G. (2001). Teamwork quality and the success of innovative projects: A theoretical concept and empirical evidence. *Organization Science*, 12, 435-449.

Hogg, M.A. (1992). *The social psychology of group cohesiveness.* Hemel Hemstead: Harvester Wheatsheaf.

Holmes, M.E. & Poole, M.S. (1991). Longitudinal analysis. In: Montgomery, B.M. & Duck, S. (Eds.), *Studying interpersonal interaction* (pp.286-302). New York: Guilford.

Huber, A. (2002a). *Strategien zur alternsgerechten Gestaltung von Gruppenarbeit – Gesundheitsförderung und Qualifizierung.* Broschürenreihe: Demographie und Erwerbsarbeit. Stuttgart: IRB Verlag.

Huber, A. (2002b). Betriebliche Gesundheitsförderung im Kontext alternsgerechter Gestaltung von Gruppenarbeit. In: Morschhäuser, M. (Hrsg.), *Gesund bis zur Rente. Konzepte gesundheits- und alternsgerechter Arbeits- und Personalpolitik* (S. 63–72). Broschürenreihe: Demographie und Erwerbsarbeit. Stuttgart: IRB Verlag.

Hülskamp, N. & Koppel, O. (2005). Deutschlands Position im Innovationswettbewerb – Ergebnisse des IW-Innovationsbenchmarkings. *Vorabdruck aus: IW-Trends – Vierteljahresschrift zur empirischen Wirtschaftsforschung aus dem Institut der deutschen Wirtschaft Köln,* 32. Jahrgang, Heft 3/2005.

Hunter, J. E. & Hunter, R. F. (1984): Validity and Utilityof Alternative Predictors of Job Performance. *Psychological Bulletin*, Vol. 96, 72-98.

Ilmakunnas, P. & Maliranta, M. (2005). Technology, Labour Characteristics and Wage-Productivity Gaps. *Oxford Bulletin of Economcis and Statistics*, 67(5), 623 – 645.

Ilmarinen, J. (1992). Job design for the aged with regard to decline in their maximal aerobic capacity: Part I – Guidelines for the practitioner. *International Journal of Industrial Ergonomics,* 10, 53-63.

Ilmarinen, J. (1992). Job design for the aged with regard to decline in their maximal aerobic capacity: Part II – The scientific basis for the guide. *International Journal of Industrial Ergonomics,* 10, 65-77.

Ilmarinen, J. (1999). *Ageing workers in the European Union – Status and promotion of work ability, employability and employment.* Helsinki: Finnish Institute of Occupational Health.

Ilmarinen, J. & Tempel, J. (2002). *Arbeitsfähigkeit 2010 – Was können wir tun, damit Sie gesund bleiben?* Hamburg: VSA-Verlag.

Institut für Arbeitsmarkt- und Berufsforschung (IAB) der Bundesanstalt für Arbeit. IAB-Betriebspanel. http://www.iab.de.

Isaksen, S.G. & Lauer, K.J. (2002). The Climate for Creativity and Change in Teams. *Creativity & Innovation Management,* 11, 1, 74-86.

iwd (2007). *Informationsdienst des Instituts der deutschen Wirtschaft Köln.* Ideenmanagement. Mitdenken bringt Bares. 26. Juli 2007, Nr. 30, Seite 8.

Jackson, S.E. (1996). The consequences of diversity in multidisciplinary work teams. In: West, M.A. (Ed.), *Handbook of work group psychology* (pp.53-76). Chichester: Wiley.

Jacobs, K.; Kohli, M. & Rein, M. (1991). The evolution of early exit: A comparative analysis of labor force participation patterns. In: Kohli, M.; Rein, M.; Guillemard, A.-M. & van Gunsteren, H. (Eds.), *Time for retirement. Comparative studies of early exit from the labor force* (pp.37-66). New York: Cambridge University Press.

Jäger, A.O. (1984). Intelligenzstrukturforschung: Konkurrierende Modelle, neue Entwicklungen, Perspektiven. *Psychologische Rundschau,* 35, 21-35.

Jasper, G., Rohwedder, A. & Schletz, A. (2001). Innovieren mit alternden Belegschaften. In: Moser, J., et al. (Hrsg.), *Vom alten Eisen und anderem Ballast* (S. 60-86). München, Mehring: Rainer Hampp Verlag.

Jehn, K.A.; Northcraft, G.B. & Neale, M.A. (1999). Why differences make a difference: A field study of diversity, conflict, and performance in workgroups. *Administrative Science Quarterly*, 44, 741-763.

Jehn, K.A. & Mannix, E.A. (2001). The dynamic nature of conflict: A longitudinal study of intragroup conflict and group performance. *Academy of Management Journal*, 44, 238-251.

Johnson, D.W. & Johnson, R.T. (1998). Cooperative learning and social interdependence theory. In: Tindale, R.S.; Heath, L.; Edwards, J.; Posovac, E.J., Bryant, F.B.; Suarez-Balcazar, Y.; Henderson-King, E. & Myers, J. (Eds.), *Theory and research on small groups* (pp. 9-35). New York: Plenum.

Jones, B. F. (2005): "Age and Great Invention", *NBER Working Paper*, 11359.

Kabanoff, B. & Rossiter, J.R. (1994). Recent developments in applied creativity. *International Review of Industrial and Organizational Psychology,* 9, 283-324.

Kanazawa, S. (2003). Why productivity fades with age: The crime-genius connection. *Journal of Research in Personality*, 37, 257-272.

Kanigal, R. (1993). *Apprentice to genius: The making of a scientific dynasty.* Baltimore: John Hopkins University Press.

Katzenbach, J.R. & Smith, D.K. (1993*). The Wisdom Of Teams: Creating the High-performance Organization.* Boston: Harvard Business School Press.

Kauffeld, S.; Jonas, E.; Grote, S.; Frey, D. & Frieling, E. (2004). Innovationsklima – Konstruktion und erste psychometrische Überprüfung eines Messinstrumentes. *Diagnostica*, 50, 153-164.

Kelly, J.R. & Barsade, S.G. (2001). Mood and emotions in small groups and work teams. *Organizational Behavior and Human Decision Processes,* 86, 99-130.

Kerr, N.L. (1983). Motivation losses in small groups: A social dilemma analysis. *Journal of Personality and Social Psychology,* 45, 819-828.

Kichuk, S.L. & Wiesner, W.H. (1998). Work teams: Selecting members for optimal performance. *Canadian Psychology,* 39, 23-32.

Kieser, A. (1969). Innovation. In: Grochla, E. (Hrsg.), *Handwörterbuch der Organisation* (S. 741-750). Stuttgart: Poeschel.

King, N. (1990). Innovation at work: the research literature. In: West, M.A. & Farr, J.L. (Eds.), *Innovation and creativity at work* (pp.15-59). Chichester: Wiley.

Kirton, M.J. (1978). Have adaptors and innovators equal levels of creativity? *Psychological Reports,* 42, 695-698.

Koch, G. (1990*). Der ältere Mitarbeiter, das ungenutzte Potenzial.* Köln: VWP-Verlag, Wissen und Praxis.

Koeppen, D. (1975). *Leistung, Lernen und Verhalten in der Gruppe.* Dissertation an der Technischen Hochschule Darmstadt. Darmstadt.

Köchling, A. (2000). Betriebliche Altersstrukturen als Gestaltungsfeld der Zukunft. In: von Rothkirch, C. (Hrsg.), *Altern und Arbeit. Herausforderung für Wirtschaft und Gesellschaft.* Beiträge, Diskussionen und Ergebnisse eines Kongresses mit internationaler Beteiligung (S. 362–373). Berlin.

Kohli, M.; Gather, C.; Künemund, H.; Mücke, B.; Schürkmann, M.; Voges, W. & Wolf, J. (1989). *Je früher - desto besser? Die Verkürzung des Erwerbslebens am Beispiel des Vorruhestandes in der chemischen Industrie.* Berlin: Edition Sigma.

Koller, B.; Plath, H.-E. (2000). Qualifikation und Qualifizierung älterer Arbeitnehmer. *Mitteilungen aus der Arbeitsmarkt- und Berufsforschung*, 33, 1, 112-125.

Koller, B. (2001). Ältere Arbeitnehmer: Das Rentenalter wurde angehoben - zieht der Arbeitsmarkt mit? Eine Analyse zum Übergang in Rente, zu Erwerbsbeteiligung und Arbeitslosigkeit Älterer. *IAB-Werkstattbericht* Nr. 07/2001. Nürnberg.

Koller, B.; Gruber, H. (2001). Ältere Arbeitnehmer im Betrieb und als Stellenbewerber aus der Sicht der Personalverantwortlichen. *Mitteilungen aus der Arbeitsmarkt- und Berufsforschung*, 34, 4, 479-505.

Koller, B.; Bach, H.-U. & Brixy, U. (2003). Ältere ab 55 Jahren - Erwerbstätigkeit, Arbeitslosigkeit und Leistungen der Bundesanstalt für Arbeit. *IAB-Werkstattbericht* Nr. 05/2003. Nürnberg.

Korniotis, G. & Kumar, A. (2006). Does Investment Skill Decline due to Cognitive Aging or Improve with Experience?. *mimeo*, University of Notre Dame, Mendoza College of Business.

Kotlikoff, L. & Wise, D. (1989). Employee Retirement and a Firm's Pension Plan. In: Wise, D.A. (Ed.), *The Economics of Aging* (pp. 279-334). Chicago: University of Chicago Press.

Kotlikoff, L. J. & Gokhale, J. (1992). Estimating a Firm's Age-Productivity Profile Using the Present Value of Workers' Earnings. *Quarterly Journal of Economics*, 107(4), 1215 – 1242.

Kratzer, J.; Leenders, R.Th.A.J. & van Engelen, J.M.L. (2004). Stimulating the Potential: Creative Performance and Communication in Innovation Teams. *Creativity & Innovation Management*, 13, 1, 63-71.

Krause, R. (1996). *Unternehmensressource Kreativität.* Köln: Wirtschaftsverlag Bachem.

Kruse, A. (2000). Psychologische Beiträge zur Leistungsfähigkeit im mittleren und höheren Erwachsenenalter – eine ressourcenorientierte Perspektive. In: von Rothkirch, Ch. (Hrsg.). *Altern und Arbeit: Herausforderung für Wirtschaft und Gesellschaft* (S. 72-87). Berlin: Edition Sigma.

Kuin, Y.; Westerhof, G.J.; Dittmann-Kohli, F. & Gerritsen, D. (2001). Psychophysische Integrität und Gesundheitserleben. In: Bundesministerium für Familie, Senioren, Frauen und Jugend (Hrsg.), *Die zweite Lebenshälfte – Psychologische Perspektiven. Ergebnisse des Alters-Survey.* Stuttgart, Berlin, Köln: Kohlhammer.

Lapierre, J. & Giroux, V.-P. (2003). Creativity and Work Environment in a High-Tech Context. *Creativity & Innovation Management,* 12, 1, 11-23.

Latané, B.; Williams, K. & Harkins, S. (1979). Many hands make light the work: The causes and consequences of social loafing. *Journal of Personality and Social Psychology,* 37, 822-832.

Latané, B. (1986). Responsibility and effort in organizations. In: Goodman, P.S. & Associates (Eds.), *Designing effective work groups* (pp. 277-304). San Francisco: Jossey-Bass.

Lazear, E. P. (1979). Why is there Mandatory Retirement? *Journal of Political Economy*, Vol. 87, No. 6.

Lazear, E. P. & Moore, R.L. (1984). Incentives, Productivity, and Labor Contracts. *The Quarterly Journal of Economics*, 99(2), 275- 296.

Leber, U. (2001). IAB-Betriebspanel. Ältere - ein Schatz muss gehoben werden. In: *IAB-Materialien*, Nr. 2. S. 6-7.

Lehmann, H.C. (1953). *Age and achievement.* Princeton, NJ: Princeton University Press.

Lehr, U. (1996). *Psychologie des Alterns*. Heidelberg, Wiesbaden: Quelle & Mayer.

Lehr, U. (2000). *Psychologie des Alterns*. Wiebelsheim: Quelle & Mayer.

Levine, J.M.; Choi, H.-S. & Moreland, R.L. (2003). Newcomer Innovation in Work Teams. In: Paulus, P.B. & Nijstad, B.A. (Eds.), *Group Creativity: Innovation Through Collaboration* (pp. 202-224). Oxford: Oxford University Press.

Liang, D.W.; Moreland, R. & Argote, L. (1995). Group versus individual training and group performance: The mediating factor of transactive memory. *Personality and Social Psychology Bulletin,* 21, 384-393.

Liepmann, D.; König, F. & Stübig, J. (1995). Innovation und Innovationsmanagement als kreative Konzepte. In: Marggraf, C. (Hrsg.), *Soziale Kompetenz und Innovation* (S. 137-163). Frankfurt/Main: Peter Lang.

Linneweber, V. (2004). Was weiß die Sozialpsychologie über Gruppen und Teams?. In: Velmerig, C.O.; Schattenhofer, K. & Schrapper, C. (Hrsg.), *Teamarbeit. Konzepte und Erfahrungen – eine gruppendynamische Zwischenbilanz* (S. 19-34). Weinheim, München: Juventa Verlag.

Loewenstein G. & Sicherman, N. (1991). Do Workers Prefer Increasing Wage Profiles? *Journal of Labor Economics*, Vol. 9, No.1.

Lorge, I. & Solomon, H. (1995). Two Models of Group Behavior in the Solution of Heureke-Type Problems. *Psychometrika,* 20, 139-148.

Lovelace, K.; Shapiro, D.L. & Weingart, L.R. (2001). Maximizing cross-functional new product teams innovativeness and constraint adherence: A conflict communications perspective. *Academy of Management Journal*, 44, 779-793.

Luhmann, N. (1973). Zweckbegriffe und Systemrationalität. Über die Funktion von Zwecken in sozialen Systemen. In: *Suhrkamp-Taschenbücher Wissenschaft, Nr. 12* (S. 171-201). Tübingen: Suhrkamp.

Maercker, A. (1992). Weisheit im Alter. *Münchener Medizinische Wochenschrift*, 134, 33, 518-522.

Maier, G. (1997). *Das Erleben der Berufssituation bei älteren Arbeitnehmern.* Frankfurt/Main: Lang Verlag.

Maier, G. (1998). Formen des Erlebens der Arbeitssituation: ein Beitrag zur Innovationsfähigkeit älterer Arbeitnehmer. *Zeitschrift für Gerontologie*, 31, 127-137.

Malmberg, B., Lindh, T. & Halvarsson, M. (2005). Productivity Consequences at the Plant Level of Work-Force Ageing: Stagnation or a Horndal Effect?. *mimeo*, Institute for Future Studies, Stockholm, Sweden.

Mansfield, R.S. & Busse, T.V. (1981). *The psychology of creativity and discovery.* Chicago, IL: Nelson-Hall.

Marr, R. (1980). Innovation. In: Grochla, E. (Hrsg.), *Handwörterbuch der Organisation* (S. 947-959). Stuttgart: Poeschel.

Maslow, A.H. (1984). *Motivation und Persönlichkeit.* Reinbeck: Walter.

McEvoy, G. M. & Cascio, W. F. (1989). Cumulative Evidence of the Relationship Between Employee Age and Job Performance. *Journal of Applied Psychology*, 74, 1, 11-17.

McGrath, J.E. (1984). *Groups: Interaction and performance.* Englewood Cliffs, NJ: Prentice Hall.

Medoff, J. & Abraham, K. (1980). Experience, Performance, and Earnings. *Quarterly Journal of Economics*, Vol. 95, 703-736.

Medoff, J. & Abraham, K. (1981). Are Those Paid More Really More Productive? The Case of Experience. *Journal of Human Resources*, 16(2), 186 – 216.

Meißner, W. (1988). Innovationen in Organisationen. *Zeitschrift für Arbeits- und Organisationspsychologie*, 32, 174-183.

Menges, U. (2000). *Ältere Mitarbeiter als betriebliches Erfolgspotential.* Köln: Wirtschaftsverlag Bachem.

Milliken, F.J.; Bartel, C.A & Kurtzberg, T.R. (2003). Diversity and Creativity in Work Groups: A Dynamik Perspective on the Affective and Cognitive Processes That Link Diversity and Performance. In: Paulus, P.B. & Nijstad, B.A. (Eds.), *Group Creativity: Innovation Through Collaboration* (pp. 32-62). Oxford: Oxford University Press.

Moreland, R.L. & Levine, J.M. (1988). Group dynamics over time: Development and socialization in small groups. In: McGrath, J.E. (Ed.), *The social psychology of time: New perspectives* (pp. 151-181). Newbury Park: Sage.

Morschhäuser, M. (1999a). Grundzüge altersgerechter Arbeitsgestaltung. In: Gussone, M.; Huber, A.; Morschhäuser, M. & Petrenz, J. (Hrsg.), *Ältere Arbeitnehmer. Altern und Erwerbsarbeit in rechtlicher, arbeits- und sozialwissenschaftlicher Sicht* (S. 101-185). Frankfurt/Main: Bund Verlag.

Morschhäuser, M. (1999b). Alternsgerechte Arbeit. Gestaltungsaufgabe für die Zukunft oder Kampf gegen Windmühlen?. In: Behrens, J.; Morschhäuser, M.; Viebrok, H. & Zimmermann, E. (Hrsg.), *Länger erwerbstätig – aber wie?* (S. 19–70). Opladen: Westdeutscher Verlag.

Morschhäuser, M. (2002). Betriebliche Gesundheitsförderung angesichts des demographischen Wandels. In: Morschhäuser, M. (Hrsg.), *Gesund bis zur Rente. Konzepte gesundheits- und alternsgerechter Arbeits- und Personalpolitik* (S. 10-21). Broschürenreihe: Demographie und Erwerbsarbeit. Stuttgart: IRB Verlag.

Mullen, B. (1991). Group composition, salience, and cognitive representations: The phenomenology of being a group. *Journal of Experimental Social Psychology,* 27, 297-323.

Mullen, B. & Copper, C. (1994). The relation between group cohesiveness and performance: An Integration. *Psychological Bulletin,* 115, 210-227.

Mumford, M.D. & Gustafson, S.B. (1988). Creativity syndrome: Integration, application, and innovation. *Psychological Bulletin,* 103, 27-43.

Mutran, E.J.; Reitzes, D.J.; Bratton, K.A. & Fernandez, M.E. (1997). Self-esteem and subjective responses among mature workers: similarities and differences by gender. *Journal of Gerontology,* 52B, S. 89-96.

Naegele, G. & Tews, H.P. (1993). Theorieansätze und -kritik zur Altersentwicklung – Neue und alte sozialpolitische Orientierungen. In: Naegele, G. & Tews, H.P. (Hrsg.), *Lebenslagen im Strukturwandel des Alters. Alternde Gesellschaft – Folgen für die Politik* (S. 329-367). Opladen: Westdeutscher Verlag.

Nemeth, C.J. (1992). Minority dissent as a stimulant to group performance. In: Worchel, S.; Wood, W. & Simpson, J.A. (Eds.), *Group process and productivity* (pp. 95-111). Newburg Park, CA: Sage.

Nemeth, C.J & Nemeth-Brown, B. (2003). Better than Individuals? The Potential Benefits of Dissent and Diversity for Group Creativity. In: Paulus, P.B. & Nijstad, B.A. (Eds.), *Group Creativity: Innovation Through Collaboration* (pp. 63-84). Oxford: Oxford University Press.

Nickel, U. (2003). Ältere Beschäftigte zählen nicht zum alten Eisen. *Die BKK,* 2, 91-96.

Nijstad, B.A; Diehl, M. & Stroebe, W. (2003). Cognitive Stimulation and Interference in Idea-Generating Groups. In: Paulus, P.B. & Nijstad, B.A. (Eds.), *Group Creativity: Innovation Through Collaboration* (pp. 137-159). Oxford: Oxford University Press.

Nijstad, B.A & Paulus, P.B. (2003). Group Creativity: Common Themes and Future Directions. In: Paulus, P.B. & Nijstad, B.A. (Eds.), *Group Creativity: Innovation Through Collaboration* (pp. 326-340). Oxford: Oxford University Press.

OECD – Organisation for Economic Co-operation and Development (1997). *Oslo-Manual: Proposed Guidelines for Collecting and Interpreting Technological Innovation Data.* Paris: OECD.

Oechsler, W.A. (1977). Voraussetzungen von Innovation und Kreativität. In: Macharzina, K. & Oechsler, W.A. (Hrsg.), *Personalmanagement I. Organisations- und Mitarbeiterentwicklung* (S. 91-110). Wiesbaden: Gabler.

Oechsler, W.A. (1979). *Konfliktmanagement: Theorie und Praxis industrieller Arbeitskonflikte.* Wiesbaden: Gabler.

Oechsler, W.A. & Steinebach, N. (1983). Leistung und Leistungsbegriff im höheren Dienst. *Verantwortung und Leistung*, Heft 8, Februar 1983.

Oechsler, W.A. (2000). *Personal und Arbeit. Grundlagen des Human Resource Management und der Arbeitgeber-Arbeitnehmer-Beziehungen.* München, Wien: Oldenbourg.

Oechsler, W.A. (2006). *Personal und Arbeit. Grundlagen des Human Resource Management und der Arbeitgeber-Arbeitnehmer-Beziehungen.* München, Wien: Oldenbourg.

Oechsler, W.A. (2007). Teamorientierte Produktion. In: Knauth, P. & Wollert, A. (Hrsg.), *Digitale Fachbibliothek Human Resource Management.* Düsseldorf: symposion.

Oster, S. M. & Hamermesh, D. S. (1998). Aging and Productivity Among Economists. *Review of Economics and Statistics*, 80(1), 154 – 156.

Paulus, P.B. & Nijstad, B.A. (2003). Group Creativity: An Introduction. In: Paulus, P.B. & Nijstad, B.A. (Eds.), *Group Creativity: Innovation Through Collaboration* (pp. 3-11). Oxford: Oxford University Press.

Payne, R.L. (1990). The effectiveness of research teams: A review. In: West, M.A. & Farr, J.L. (Eds.), *Innovation and creativity at work* (pp. 101-122). Chichester: Wiley.

Pelled, L.H. (1996). Demographic diversity, conflict, and work group outcomes: An interventing process theory. *Organizational Science,* 7, 615-631.

Pelled, L.H.; Eisenhardt, K.M. & Xin, K.R. (1999). Exploring the black box: An analysis of work group diversity, conflict and prformance. *Administrative Science Quarterly,* 44, 1-28.

Peters, T. & Waterman, R.H. (1982). *In Search of Excellence.* New York, NJ: Harper Collins.

Petrenz, J. (1999). Alter und berufliches Leistungsvermögen. In: Gussone, M.; Huber, A.; Morschhäuser, M. & Petrenz, J. (Hrsg.), *Ältere Arbeitnehmer. Alter und Erwerbsarbeit in rechtlicher, arbeits- und sozialwissenschaftlicher Sicht* (S. 63-99). Frankfurt/Main: Bund Verlag.

Picot, A.; Dietl, H. & Franck, E. (2002). *Organisation: Eine ökonomische Perspektive.* Stuttgart: Schäffer-Poeschel.

Pieper, R. (1989). Zur Produktivität des Produktivitätsbegriffs in Altersfragen. Kritische Anmerkungen aus der Sicht eines Nachbarschaftsprojekts. In: Knopf, D.; Schäffter, O. & Schmidt, R. (Hrsg.), *Produktivität des Alters* (S.78-104). Berlin: Deutsches Zentrum für Altersfragen.

Pinnow, D.F. (2002). Teamarbeit in deutschen Unternehmen. *Personalwirtschaft,* 11, 52-54.

Pirola-Merlo, A. & Mann, L. (2004). The relationship between individual creativity and team creativity: Aggregating across people and time. *Journal of Organizational Behavior,* 25, 235-257.

Polzer, J.T.; Milton, L.P. & Swann, Jr. W.B. (2002). Capitalizing on diversity: Interpersonal congruence in small work groups. *Administrative Science Quarterly,* 47, 296-324.

Rahmeyer, F. (1985). Der Zusammenhang zwischen Lohn-, Produktivitäts- und Preisstruktur im verarbeitenden Gewerbe. *Arbeitspapiere zur Strukturanalyse, Beitrag Nr. 13,* Institut für Volkswirtschaftslehre, Universität Augsburg.

Reagans, R. & Zuckerman, E.W. (2001). Networks, diversity, and productivity: The social capital of corporate R&D teams. *Organization Science,* 12, 502-517.

Rindermann, H. & Neubauer, H.C. (2004). Processing speed, intelligence, creativity, and school performance: Testing of causal hypotheses using structural equation models. *Intelligence,* 32, 573-589.

Röpke, J. (1977). *Die Strategie der Innovation: Eine systemtheoretische Untersuchung der Interaktion von Individuum, Organisation und Markt im Neuerungsprozeß.* Tübingen: Mohr.

Rogers, E.M. (1983). *Diffusion of innovations.* New York: Free Press.

Ruder, M.K. & Gill, D.L. (1982). Immediate Effects of Win-Loss on Perceptions of Cohesion in Intramural and Intercollegiate Volleyball Teams. *Journal of Sport Psychology,* 4, 227-234.

Rudinger, G. (1987). Zur Stabilität der Intelligenz im höheren Alter. In: Lehr, U. & Thomae, H. (Hrsg.), *Formen seelischen Alterns* (S. 66-73). Stuttgart: Enke.

Salthouse, T. A. & Maurer, T. J. (1996). Aging, job performance, and career development. In: Birren, J. E. &. Schaie, K. W (Hrsg.), *Handbook of the psychology of aging, 4th ed.* (pp. 353-364). New York: Academic Press.

Sarel, M. (1995). Demographic Dynamics and the Empirics of Economic Growth. *IMF Staff Papers* 42, No. 2 (June), Washington, D.C.

Scharmann, T. (1972). Leistungsorientierte Gruppen. In: Graumann, C.F. (Hrsg.), *Handbuch der Psychologie (Bd. 7/II) Sozialpsychologie* (S. 1790-1864). Göttingen: Hogrefe.

Schattenhofer, K. & Velmerig, C.O. (2004). Einleitung: Arbeit im Team oder Arbeit am Team? In: Velmerig, C.O.; Schattenhofer, K. & Schrapper, C. (Hrsg.), *Teamarbeit. Konzepte und Erfahrungen – eine gruppendynamische Zwischenbilanz* (S. 7-17). Weinheim, München: Juventa Verlag.

Schein, E.H. (1985). *Organizational culture and leadership: A dynamic view.* San Francisco: Jossey-Bass.

Schneider, H. & Stein, D. (2006). Personalpolitische Strategien Deutscher Unternehmen zur Bewältigung demografisch bedingter Rekrutierungsengpässe bei Führungskräften. *Research Report* 6, *IZA*, Bonn, Germany.

Schoppe, K.J. (1975). *Verbaler Kreativitäts-Test (V-K-T).* Göttingen: Hogrefe.

Schreyögg, G. (1989). Unternehmenskultur und Innovation. *Personal*, 41, 370-73.

Schuler, H.(1994). Communication rather than inspiration and perspiration? On performance requirements in highly qualified occupations. In: Heller, K.A. & Hany, E.A. (Eds.), *Competence and responsibility* (Vol. 2., pp. 112-116). Seattle, WA: Hogrefe & Huber.

Schuler, H.; Funke, U.; Moser, K. & Donat, M. (1995). *Personalauswahl in Forschung und Entwicklung.* Göttingen: Hogrefe.

Schuler, H. & Hell, B. (2005). *Analyse des Schlussfolgernden und Kreativen Denkens.* Bern: Huber.

Schuler, H. (2006). Mythen und Möglichkeiten – Kreativität aus der Sicht der Organisationspsychologie. *Forschung & Lehre,* 12/06, 683-685.

Schuler, H. & Görlich, Y. (2007). *Kreativität.* Göttingen: Hogrefe.

Schulz-Hardt, S.; Greitemeyer, T.; Brodbeck, F.C. & Frey, D. (2002). Sozialpsychologische Theorie zu Urteilen, Entscheiden, Leistung und Lernen in Gruppen. In: Frey, D. & Irle, M. (Hrsg.), *Theorien der Sozialpsychologie.* (Bd. 2, S. 13-46). Bern: Huber.

Sencar, P. (2004). Wie innovative Teams funktionieren. Ergebnisse einer Tiefenstudie. In: Velmerig, C.O.; Schattenhofer, K. & Schrapper, C. (Hrsg.), *Teamarbeit. Konzepte und Erfahrungen – eine gruppendynamische Zwischenbilanz* (S. 94-105). Weinheim, München: Juventa Verlag.

Shea, G.P. & Guzzo, R.A. (1987a). Groups as human resource. *Research in Personnel and Human Resources Management,* 5, 323-356.

Shea, G.P. & Guzzo, R.A. (1987b). Group effectiveness: What really matters? *Sloan Management Review,* Spring, 25-31.

Sheremata, W.A. (2000). Centrifugal and centripetal forces in radical new product development under time pressure. *Academy of Management Review*, 25, 398-408.

Simons, T.L. & Peterson, R.S. (2000). Task conflict and relationship conflict in top management teams: The pivotal role of intragroup trust. *Journal of Applied Psychology,* 85, 102-111.

Skirbekk, V. (2002). *Variations in Productivity over the Life Span: A Review and Some Implications.* Interim Report 02-061/September, International Institute for Applied Systems Analysis, Austria.

Skirbekk, V. (2004). Age and Individual Productivity: A Literature Survey. In Feichtinger, G. (Ed.), *Vienna Yearbook of Population Research 2004* (pp. 133-153). Vienna: Verlag der Österreichischen Akademie der Wissenschaften, Vienna.

Snyder, C.R.; Lassegard, M.A. & Ford, C.E. (1986). Distancing after group success and failure: Basking in reflected glory and cutting off reflected failure. *Journal of Personality and Social Psychology,* 51, 382-388.

Snyder, S.H. (1989). *Brainstorming: The science and politics of opiate research.* Cambridge, MA: Harvard University Press.

Snyder, W.M. & Cummings, T.G. (1998). Organizational learning disorders: Conceptual model and intervention hypotheses. *Human Relation,* 71, 873-895.

Smith, S.M. (2003). The Constraining Effects of Initial Ideas. In: Paulus, P.B. & Nijstad, B.A. (Eds.), *Group Creativity: Innovation Through Collaboration* (pp. 15-31). Oxford: Oxford University Press.

Staudinger, U.M. & Baltes, P.B. (1996). Weisheit als Gegenstand psychologischer Forschung. *Psychologische Rundschau,* 47, 57-77.

Staudinger, U.M. (1999). Older and wiser? Integration results on the relationship between age and wisdom-related performance. *International Journal of Behavioral Development*, 23, 641-664.

Staudt, E. & Auffermann, S. (1996). *Der Innovationsprozeß im Unternehmen – Eine erste Analyse des derzeitigen Standes der Forschung.* Institut für Angewandte Innovationsforschung, Heft 151. Bochum: Institut für Angewandte Innovationsforschung.

Staudt, E.; Kreka, F. & Krause, M. (1996). Innovationsmanagement. In: Franz, O. (Hrsg.), *RKW-Handbuch, Führungstechnik und Organisation,* (Bd. 3, S. 3-28). Berlin: Erich Schmidt Verlag.

Steiner, I. (1966). Models for inferring relationship between group size and potential poroductivity. *Behavioral Science,* 11, 273-283.

Sternberg; R.J. (2003). *Wisdom, intelligence, and creativity synthesized.* Cambridge: Cambridge University Press.

Stogdill, R.M. (1972). Group productivity, drive, and cohesiveness. *Organizational Behavior and Human Performance*, 8, 26-43.

Strasser, G. (1999). The uncertain role of unshared information in collective choice. In: Thompson, L.; Levine, J. & Messick, D. (Eds.), *Shared knowledge in organizations* (pp. 49-69). Mahwah, NJ: Erlbaum.

Strasser, G. & Birchmeier, Z. (2003). Group Creativity and Collective Choice. In: Paulus, P.B. & Nijstad, B.A. (Eds.), *Group Creativity: Innovation Through Collaboration* (pp. 85-109). Oxford: Oxford University Press.

Stuber, M. (2002). Diversity als Strategie. *Personalwirtschaft*, 1, 28-33.

Stumpf, S. & Thomas, A. (2000). *Diversity and group effectiveness.* Lengerich: Pabst.

Sturman, M.C. (2003). Searching for the inverted u-shaped relationship between time and performance. *Journal of Management,* 29, 609-640.

Summers, I.; Coffelt, T. & Horton, R.E. (1988). Work-group cohesion. *Psychological Reports,* 63, 627-636.

Sundstrom, E.; McIntyre, M.; Halfhill, T. & Richards, H. (2000). Work groups: From the Hawthorne studies to work teams of the 1990s. *Group Dynamics: Theory, Research, and Practice*, 4, 44-67.

Tajfel, H. (1975). Soziales Kategorisieren. In: Moscovici, S. (Hrsg.), *Forschungsberichte der Sozialpsychologie 1* (345-380). Frankfurt: Fischer Athenäum.

Tajfel, H. (1981). *Human groups and social categories: Studies in social psychology.* Cambridge: Cambridge University Press.

Teece, D.J.; Pisano, G. & Shuen, A. (1997). Dynamic capabilities and strategic management. *Strategic Management Journal,* 18, 509-533.

Terman, L.M. (1959). *The gifted group at mid-life: Genetic studies of genius.* Stanford, CA: Stanford University Press.

Thom, N. (1980). *Grundlagen des betrieblichen Innovationsmanagements.* Königstein: Hanstein.

Tjosvold, D. (1982). Effects of approach to controversy on superiors' incorporation of suboridnates' information in decision making. *Journal of Applied Psychology*, 67, 189-193.

Tuckmann, B.W. & Jensen, M.A.C. (1977). Stages of small-group development revisited. *Group and Organization Studies,* 2, 419-427.

Tuomi, K. & Ilmarinen, J. (1999). Work, Lifestyle, Health and Work Ability among ageing Municipal Workers in 1981-1992. In Ilmarinen, J. & Louthevaara, V. (Eds.), *Finn-Age – Respect for the ageing: Action programme to promote health, work ability and well-being of aging workers in 1190-96* (26, pp. 220-232). Helsinki: Finnish Institute of Occupational Health.

Turner, J.C. (1987). A self-categorization theory. In: Turner, J.C.; Hogg, M.A.; Oakes, P.J.; Reichert, S.D. & Wetherell, M.S. (Eds.), *Rediscovering the Social Group: A Self-Categorization Theory* (pp. 42-67). Oxford: Blackwell.

Turner, J.C. (1999). Some current issues in research on social identity and self-categorization theories. In: Ellemers, N; Spears, R. & Doosje, B. (Eds.), *Social identity: context, commitment, content* (pp. 6-34). Oxford: Blackwell.

Tziner, A. (1982). Differential effects of group cohesiveness types: A clarifying overview. *Social Behavior and Personality,* 10, 227-232.

Ulich, E.; Conrad-Betschart, H. & Baitsch, C. (1989). *Arbeitsform mit Zukunft. Ganzheitlich-flexibel statt arbeitsteilig.* Bern: Lang.

Ulich, E. (2005). *Arbeitspsychologie.* Stuttgart: Schaeffer-Poeschel.

Vallacher, R.R. & Nowak, A. (1994). *Dynamical systems in social psychology.* New York: Academic Press.

van Dick, R. & West, M.A. (2005). *Teamwork, Teamdiagnose, Teamentwicklung.* Göttingen: Hogrefe.

van Knippenberg, D. (2000). Work motivation and performance: A social identity perspective. *Applied Psychology: An international Review,* 49, 357-371.

van Knippenberg, D. & Haslam, S.A. (2003). Realizing the diversity dividend: Exploring the subtle interplay between identity, ideology and reality. In: Haslam, S.A.; van Knippenberg, D.; Platow, M. & Ellemers, N. (Eds.), *Social identity at work: Developing theory for organizational practice* (pp. 61-77). New York: Taylor and Francis.

Voigt, B. (2004). Team und Teamarbeit. In: Velmerig, C.O.; Schattenhofer, K. & Schrapper, C. (Hrsg.), *Teamarbeit. Konzepte und Erfahrungen – eine gruppendynamische Zwischenbilanz* (S. 157-207). Weinheim, München: Juventa Verlag.

von Rosenstiel, L. & Ewald, G. (1979). *Marktpsychologie I und II.* Stuttgart: Kohlhammer.

von Rosenstiel, L. & Wegge, J. (2004). Führung. In: Schuler, H. (Hrsg.), *Enzyklopädie der Psychologie. Organisationspsychologie – Gruppe und Organisation* (S. 494-558). Göttingen: Hogrefe.

Wagner, P. (2000). Ältere Arbeitnehmer und Arbeitnehmerinnen. In: *Informationsmappe Ältere Arbeitnehmer und Arbeitnehmerinnen : Dokumentation 1990-2000* (S. 1-8). Dokumentationsdienst des Instituts für Arbeitsmarkt- und Berufsforschung. Nürnberg.

Waldman, D. A. & Avolio, B. J. (1986). A Meta-Analysis of Age Differences in Job Performance. *Journal of Applied Psychology*, 71(1), 33 – 38.

Wallas, G. (1926). *The art of thought.* London: Cape.

Watson, W.E.; Kumar, K. & Michaelsen, L.K. (1993). Cultural diversity impact on interaction process and performance: Comparing homogenous and diverse task groups. *Academy of Management Journal,* 36, 590-602.

Wegge, J. (2001a). Zusammensetzung von Arbeitsgruppen. In: Witte, E.H. (Hrsg.), *Leistungsverbesserung in aufgabenorientierten Kleingruppen* (S. 35-94). Lengerich: Pabst.

Wegge, J. (2001b). Gruppenarbeit. In: Schuler, H. (Hrsg.), *Lehrbuch der Personalpsychologie* (S. 483-507). Göttingen: Hogrefe.

Wegge, J. (2002). *Führung von Arbeitsgruppen.* Habilitationsschrift an der Universität Dortmund.

Wegge, J. (2003). Heterogenität und Homogenität in Gruppen als Chance und Risiko für die Gruppeneffektivität. In: Stumpf, S. & Thomas, A. (Hrsg.), *Teamarbeit und Teamentwicklung* (S. 119-141). Göttingen, Bern, Toronto, Seattle: Hogrefe.

Wegge, J. (2004). *Führung von Arbeitsgruppen.* Göttingen: Hogrefe.

Weinberg, B. A. & Galenson, D. W. (2005). Creative Careers: The Life Cycles of Nobel Laureates in Economics. *NBER Working Paper*, 11799.

Weinert, F.E. (1992). Altern in psychologischer Perspektive. In: Baltes, P.B. & Mittelstrass, J. (Hrsg.), *Zukunft des Alterns und gesellschaftliche Entwicklung* (S. 180-203). Berlin, New York: de Gruyter.

Weiss, M. (2007). Are Age-Diverse Work Teams Better?, *MEA Discussion Paper 150-07*, MEA Mannheim.

Weldon, E. & Gargano, G.M. (1998). Cognitive loafing: The effects of accountability and shared responsibility on cognitive effort. *Personality and Social Psychology Bulletin*, 14, 159-171.

West, M.A. & Farr, J.L. (1990). *Innovation and creativity at work. Psychological and organizational strategies*. Chichester, England: John Wiley & Sons.

West, M.A. (1996). Reflexivity and work group effectiveness: A conceptual integration. In: West, M. (Ed.), *Handbook of Work Group Psychology* (pp. 555-579). Chichester, England: John Wiley & Sons.

West, M.A. & Anderson, N.R. (1996). Innovation in top management teams. *Journal of Applied Psychology*, 81, 680-693.

West, M.A. (2002). Sparkling fountains or stagnant ponds: An integrative model of creativity and innovation implementation in work groups. *Applied Psychology: An International Review*, 51, 355-387.

West, M.A. (2003). Innovation Implementation in Work Teams. In: Paulus, P.B. & Nijstad, B.A. (Eds.), *Group Creativity: Innovation Through Collaboration* (pp. 245-276). Oxford: Oxford University Press.

Widmeyer, W.N. & Williams, J.N. (1991). Predicting cohesion in a coaching sport. *Small Group Research*, 22, 548-570.

Williams, K.Y. & O'Reilly, C.A. (1998). Demography and diversity in organizations: A review of 40 years of research. In: Staw, B.M. & Cummings, L.L. (Eds.), *Research in organizational Behavior* (Vol. 20, pp. 77-140). Greenwich, CT: JAI Press.

Williams, W.M. & Sternberg, R.J. (1988). Group intelligence: Why some groups are better than others. *Intelligence*, 12, 351-377.

Wimmer, P. & Neuberger, O. (1998). *Personalwesen, Band 2: Personalplanung – Beschäftigungssysteme – Personalkosten – Personalcontrolling.* Stuttgart: Enke.

Witte, E. (1989). Köhler rediscovered: The anti-Ringelman effect. *European Journal of Social Psychology,* 19, 147-154.

Wolfe Morrison, E. & Milliken, F.J. (2000). Organizational silence: A barrier of change and development in a pluralistic world. *Academy of Management Review*, 25, 706-725.

Woodman, R.W.; Sawyer, J.E. & Griffin, R.W. (1993). Toward a theory of organizational creativity. *Academy of Management Review,* 18, 293-321.

Wurm, B. (1990). *Arbeitsproduktivität und Einkommensverteilung in der Automobilindustrie: Analyse und Kritik.* Frankfurt/Main, Bern, New York, Paris: Peter Lang.

Zaccaro, S.J. & McCoy, C. (1988). The effects of task and interpersonal cohesiveness on performance of a disjunctive group task. *Journal of Applied Social Psychology,* 18, 837-851.

Zajonc, R.B. (1965). Social facilitation. *Science,* 149, 269-274.

Zink, K.J. (Hrsg.). (1995). *Erfolgreiche Konzepte zur Gruppenarbeit. Aus Erfahrungen lernen.* Neuwied: Luchterhand.

Band 25
Lars Renner
Flexibilität durch individualisierte Arbeitsinhalte und Arbeitszeiten
Lohmar – Köln 2002 ◆ 326 S. ◆ € 49,- (D) ◆ ISBN 3-89012-988-9

Band 26
Lars Reichmann
Entgeltflexibilisierung – Betriebswirtschaftliche und rechtliche Möglichkeiten an Beispielen der IT-Branche
Lohmar – Köln 2002 ◆ 362 S. ◆ € 53,- (D) ◆ ISBN 3-89012-989-7

Band 27
Frank Bau
Anreizsysteme in jungen Unternehmen – Eine empirische Untersuchung
Lohmar – Köln 2003 ◆ 282 S. ◆ € 47,- (D) ◆ ISBN 3-89936-081-8

Band 28
Maike Gattermann-Kasper
Gestaltungsperspektiven von Telearbeit
Lohmar – Köln 2003 ◆ 292 S. ◆ € 48,- (D) ◆ ISBN 3-89936-085-0

Band 29
Christian Rafflenbeul-Schaub
Die Wahl der Lohnform für Verkäufer im Einzelhandel – Eine empirische Untersuchung
Lohmar – Köln 2003 ◆ 254 S. ◆ € 46,- (D) ◆ ISBN 3-89936-151-2

Band 30
Katja Hüfner
Anreizsysteme für Führungskräfte in multinationalen Unternehmungen – Eine Konzeptualisierung unter Berücksichtigung multinational-relevanter Einflussfaktoren
Lohmar – Köln 2003 ◆ 322 S. ◆ € 52,- (D) ◆ ISBN 3-89936-152-0

Band 31
Dirk Quermann
Führungsorganisation in Familienunternehmungen – Eine explorative Studie
Lohmar – Köln 2004 ◆ 298 S. ◆ € 48,- (D) ◆ ISBN 3-89936-199-7

Band 32
Frank Schlein
Die marktorientierte Organisation einer virtuellen Unternehmung
Lohmar – Köln 2004 ◆ 362 S. ◆ € 54,- (D) ◆ ISBN 3-89936-207-1

Band 33
Karsten Huffstadt
Personal und Arbeit im CRM-Geschäftsmodell
Lohmar – Köln 2004 ◆ 286 S. ◆ € 48,- (D) ◆ ISBN 3-89936-262-4

Band 34
Lars W. Mitlacher
Zeitarbeit in Deutschland und den USA – Eine vergleichende Analyse von Einflussfaktoren auf die Nutzung von Zeitarbeit
Lohmar – Köln 2004 ◆ 456 S. ◆ € 59,- (D) ◆ ISBN 3-89936-298-5

Band 35
Hilmar F. Henselek
Gestaltung von Personalkosten und Personalinvestitionen in Unternehmungen
Lohmar – Köln 2005 • 436 S. • € 58,- (D) • ISBN 3-89936-334-5

Band 36
Anke Pankoke
Organisation der strategischen Führung von Energiekonzernen – Fallstudien zu Führungsanspruch, Organisation und Restriktionen
Lohmar – Köln 2005 • 332 S. • € 53,- (D) • ISBN 3-89936-350-7

Band 37
Andreas Schmidt
Strategisch-aktienorientiertes Anreizsystem für Führungskräfte
Lohmar – Köln 2005 • 310 S. • € 52,- (D) • ISBN 3-89936-361-2

Band 38
Michael Gebauer
Unternehmensbewertung auf der Basis von Humankapital
Lohmar – Köln 2005 • 290 S. • € 49,- (D) • ISBN 3-89936-381-7

Band 39
Anja Karlshaus
Weiche HR-Kennzahlen im strategischen Personalmanagement
Lohmar – Köln 2005 • 370 S. • € 55,- (D) • ISBN 3-89936-391-4

Band 40
Markus Faller
Strategieorientierte HR Due Diligence
Lohmar – Köln 2006 • 324 S. • € 52,- (D) • ISBN 3-89936-421-X

Band 41
Mathias Friedrich Masberg
Implementierung der betrieblichen Altersversorgung in mittelständischen Unternehmen
Lohmar – Köln 2006 • 442 S. • € 58,- (D) • ISBN 3-89936-440-6

Band 42
Michael K. Ruppel
Vorstandsorganisation – Eine Betrachtung aus gruppenpsychologischer Perspektive
Lohmar – Köln 2006 • 276 S. • € 48,- (D) • ISBN 3-89936-471-6

Band 43
Nicole Richter
Interne Kommunikation im Krisenmanagement
Lohmar – Köln 2007 • 286 S. • € 48,- (D) • ISBN 978-3-89936-584-9

Band 44
Ismail Düzgün
Alter, Erfolg und Innovation in Arbeitsgruppen – Eine empirische Untersuchung in der Fließbandproduktion
Lohmar – Köln 2008 • 268 S. • € 47,- (D) • ISBN 978-3-89936-661-7

PLANUNG, ORGANISATION UND UNTERNEHMUNGSFÜHRUNG

Herausgegeben von Prof. Dr. Dr. h. c. Norbert Szyperski, Köln, Prof. Dr. Winfried Matthes, Wuppertal, Prof. Dr. Udo Winand, Kassel, Prof. (em.) Dr. Joachim Griese, Bern, PD Dr. Harald F. O. von Kortzfleisch, Kassel, Prof. Dr. Ludwig Theuvsen, Göttingen, und Prof. Dr. Andreas Al-Laham, Stuttgart

Band 114
Andreas Roß
Wertsteigerung durch Netzwerkkompetenz – Konzeption und praktisches Vorgehen
Lohmar – Köln 2006 • 300 S. • € 49,- (D)
ISBN-13: 978-3-89936-522-1 • ISBN-10: 3-89936-522-4

Band 115
Klaus-Philipp Koepff
Institutionelles Krisenmanagement – Ein empirischer Vergleich von Inhouse- und Interim-Management
Lohmar – Köln 2007 • 274 S. • € 48,- (D) • ISBN 978-3-89936-574-0

Band 116
Karl Langenstein
Post Merger Integration Management
Lohmar – Köln 2007 • 260 S. • € 47,- (D) • ISBN 978-3-89936-627-3

Band 117
Dirk Nonnenmacher
Organisation von Dienstleistungsprozessen – Rollen als Grundlage der Organisationsgestaltung
Lohmar – Köln 2007 • 338 S. • € 53,- (D) • ISBN 978-3-89936-649-5

Band 118
Annette Boms
Unternehmensverantwortung und Nachhaltigkeit – Umsetzung durch das Sustainability Performance Measurement
Lohmar – Köln 2008 • 452 S. • € 59,- (D) • ISBN 978-3-89936-655-6

WIRTSCHAFTSINFORMATIK

Herausgegeben von Prof. Dr. Dietrich Seibt, Köln, Prof. Dr. Hans-Georg Kemper, Stuttgart, Prof. Dr. Georg Herzwurm, Dresden, Prof. Dr. Dirk Stelzer, Ilmenau, und Prof. Dr. Detlef Schoder, Köln

Band 52
Konrad Walser
Auswirkungen des CRM auf die IT-Integration
Lohmar – Köln 2006 • 532 S. • € 65,- (D) • ISBN 3-89936-474-0

Band 53
Florian Kupsch
Framework zur dezentralen Integration systemübergreifender Geschäftsprozesse
Lohmar – Köln 2006 • 296 S. • € 49,- (D)
ISBN-13: 978-3-89936-518-4 • ISBN-10: 3-89936-518-6

Band 54
Mathias Petsch
Offenheit von Multiagentensystemen – Eine integrative Betrachtung unter Berücksichtigung technischer, systemischer, sozialer und organisatorischer Aspekte
Lohmar – Köln 2007 • 306 S. • € 49,- (D) • ISBN 978-3-89936-582-5

Band 55
Jörn von Lucke
Hochleistungsportale für die öffentliche Verwaltung
Lohmar – Köln 2008 • 662 S. • € 74,- (D) • ISBN 978-3-89936-645-7

Band 56
Goetz Viering und Benjamin Müller
Economic Potential of Service-Oriented Architecture – Analyzing the Value Creation of SOA
Lohmar – Köln 2007 • 118 S. • € 36,- (D) • ISBN 978-3-89936-653-2

ELECTRONIC COMMERCE

Herausgegeben von Prof. Dr. Dr. h. c. Norbert Szyperski, Köln, Prof. Dr. Beat F. Schmid, St. Gallen, Prof. Dr. Dr. h. c. mult. August-Wilhelm Scheer, Saarbrücken, Prof. Dr. Günther Pernul, Regensburg, Prof. Dr. Stefan Klein, Münster, Prof. Dr. Detlef Schoder, Köln, und Prof. Dr. Tobias Kollmann, Kiel

Band 32
Nils Madeja
Corporate Success in Electronic Business – Results from an Empirical Investigation
Lohmar – Köln 2005 • 292 S. • € 49,- (D) • ISBN 3-89936-385-X

Band 33
Stefan Grasmugg
Mass Customization als strategische Anwendung des Electronic Business – Eine empirische Untersuchung zu Status, Determinanten und Erfolgswirksamkeit
Lohmar – Köln 2006 • 360 S. • € 54,- (D)
ISBN-13: 978-3-89936-482-8 • ISBN-10: 3-89936-482-1

Band 34
Claas Müller-Lankenau
Multikanalstrategien im stationären Einzelhandel – Eine empirische Untersuchung in der Konsumelektronikbranche
Lohmar – Köln 2007 • 368 S. • € 54,- (D) • ISBN 978-3-89936-575-7

Weitere Schriftenreihen:

UNIVERSITÄTS-SCHRIFTENREIHEN

- Reihe: Steuer, Wirtschaft und Recht
Herausgegeben von vBP StB Prof. Dr. Johannes Georg Bischoff, Wuppertal, Dr. Alfred Kellermann, Vorsitzender Richter (a. D.) am BGH, Karlsruhe, Prof. (em.) Dr. Günter Sieben, Köln, und WP StB Prof. Dr. Norbert Herzig, Köln

- Reihe: Rechnungslegung und Wirtschaftsprüfung
Herausgegeben von Prof. (em.) Dr. Dr. h. c. Jörg Baetge, Münster, Prof. Dr. Hans-Jürgen Kirsch, Münster, und Prof. Dr. Stefan Thiele, Wuppertal

- Reihe: Informationsmanagement und Unternehmensführung – Schriften des IMU, Universität Osnabrück
Herausgegeben von Prof. Dr. Uwe Hoppe, Prof. Dr. Bodo Rieger, Prof. Dr. Frank Teuteberg und Prof. Dr. Thomas Witte

- Reihe: Controlling
Herausgegeben von Prof. Dr. Volker Lingnau, Kaiserslautern, und Prof. Dr. Albrecht Becker, Innsbruck

- Reihe: Planung, Organisation und Unternehmungsführung
Herausgegeben von Prof. Dr. Dr. h. c. Norbert Szyperski, Köln, Prof. Dr. Winfried Matthes, Wuppertal, Prof. Dr. Udo Winand, Kassel, Prof. (em.) Dr. Joachim Griese, Bern, Prof. Dr. Harald von Kortzfleisch, Koblenz, Prof. Dr. Ludwig Theuvsen, Göttingen, und Prof. Dr. Andreas Al-Laham, Kaiserslautern

- Reihe: Wirtschaftsinformatik
Herausgegeben von Prof. Dr. Dietrich Seibt, Köln, Prof. Dr. Hans-Georg Kemper, Stuttgart, Prof. Dr. Georg Herzwurm, Stuttgart, Prof. Dr. Dirk Stelzer, Ilmenau, und Prof. Dr. Detlef Schoder, Köln

- Reihe: Schriften zu Kooperations- und Mediensystemen
Herausgegeben von Prof. Dr. Volker Wulf, Siegen, Prof. Dr. Jörg Haake, Hagen, Prof. Dr. Thomas Herrmann, Bochum, Prof. Dr. Helmut Krcmar, München, Prof. Dr. Johann Schlichter, München, Prof. Dr. Gerhard Schwabe, Zürich, und Prof. Dr.-Ing. Jürgen Ziegler, Duisburg

- Reihe: Telekommunikation @ Medienwirtschaft
Herausgegeben von Prof. Dr. Dr. h. c. Norbert Szyperski, Köln, Prof. Dr. Udo Winand, Kassel, Prof. Dr. Dietrich Seibt, Köln, Prof. Dr. Rainer Kuhlen, Konstanz, Dr. Rudolf Pospischil, Bonn, Prof. Dr. Claudia Löbbecke, Köln, und Prof. Dr. Christoph Zacharias, Köln

- Reihe: Electronic Commerce
Herausgegeben von Prof. Dr. Dr. h. c. Norbert Szyperski, Köln, Prof. Dr. Beat F. Schmid, St. Gallen, Prof. Dr. Dr. h. c. August-Wilhelm Scheer, Saarbrücken, Prof. Dr. Günther Pernul, Regensburg, Prof. Dr. Stefan Klein, Münster, Prof. Dr. Detlef Schoder, Köln, und Prof. Dr. Tobias Kollmann, Essen

- Reihe: E-Learning
Herausgegeben von Prof. Dr. Dietrich Seibt, Köln, Prof. Dr. Freimut Bodendorf, Nürnberg, Prof. Dr. Dieter Euler, St. Gallen, und Prof. Dr. Udo Winand, Kassel

- Reihe: InterScience Reports
Herausgegeben von Prof. Dr. Dr. h. c. Norbert Szyperski, Köln, Prof. Dr. Harald F. O. von Kortzfleisch, Koblenz, und Prof. Dr. Dietrich Seibt, Köln

- Reihe: FGF Entrepreneurship-Research Monographien
Herausgegeben von Prof. Dr. Heinz Klandt, Oestrich-Winkel, Prof. Dr. Dr. h. c. Norbert Szyperski, Köln, Prof. Dr. Michael Frese, Gießen, Prof. Dr. Josef Brüderl, Mannheim, Prof. Dr. Rolf Sternberg, Hannover, Prof. Dr. Ulrich Braukmann, Wuppertal, und Prof. Dr. Lambert T. Koch, Wuppertal

- Reihe: Venture Capital und Investment Banking, Neue Folge
Herausgegeben von Prof. Dr. Klaus Nathusius

- Reihe: Technologiemanagement, Innovation und Beratung
Herausgegeben von Prof. Dr. Dr. h. c. Norbert Szyperski, Köln, vBP StB Prof. Dr. Johannes Georg Bischoff, Wuppertal, und Prof. Dr. Heinz Klandt, Oestrich-Winkel

- **Reihe: Kleine und mittlere Unternehmen**
  Herausgegeben von Prof. Dr. Jörn-Axel Meyer, Flensburg
- **Reihe: Wissenschafts- und Hochschulmanagement**
  Herausgegeben von Prof. Dr. Detlef Müller-Böling, Gütersloh, und Prof. Dr. Reinhard Schulte, Lüneburg
- **Reihe: Personal, Organisation und Arbeitsbeziehungen**
  Herausgegeben von Prof. Dr. Fred G. Becker, Bielefeld, und Prof. Dr. Walter A. Oechsler, Mannheim
- **Reihe: Forum Finanzwissenschaft und Public Management**
  Herausgegeben von Prof. Dr. Kurt Reding, Kassel, und PD Dr. Walter Müller, Kassel
- **Reihe: Finanzierung, Kapitalmarkt und Banken**
  Herausgegeben von Prof. Dr. Hermann Locarek-Junge, Dresden, Prof. Dr. Klaus Röder, Regensburg, und Prof. Dr. Mark Wahrenburg, Frankfurt
- **Reihe: Marketing**
  Herausgegeben von Prof. Dr. Heribert Gierl, Augsburg, Prof. Dr. Roland Helm, Jena, Prof. Dr. Frank Huber, Mainz, und Prof. Dr. Henrik Sattler, Hamburg
- **Reihe: Marketing, Handel und Management**
  Herausgegeben von Prof. Dr. Rainer Olbrich, Hagen
- **Reihe: Kundenorientierte Unternehmensführung**
  Herausgegeben von Prof. Dr. Hendrik Schröder, Essen
- **Reihe: Agrarökonomie**
  Herausgegeben von Prof. Dr. Achim Spiller, Göttingen, und Prof. Dr. Ludwig Theuvsen, Göttingen
- **Reihe: Produktionswirtschaft und Industriebetriebslehre**
  Herausgegeben von Prof. Dr. Jörg Schlüchtermann, Bayreuth
- **Reihe: Europäische Wirtschaft**
  Herausgegeben von Prof. Dr. Winfried Matthes, Wuppertal
- **Reihe: Katallaktik – Quantitative Modellierung menschlicher Interaktionen auf Märkten**
  Herausgegeben von Prof. Dr. Otto Loistl, Wien, und Prof. Dr. Markus Rudolf, Koblenz
- **Reihe: Quantitative Ökonomie**
  Herausgegeben von Prof. Dr. Eckart Bomsdorf, Köln, Prof. Dr. Wim Kösters, Bochum, und Prof. Dr. Winfried Matthes, Wuppertal
- **Reihe: Internationale Wirtschaft**
  Herausgegeben von Prof. Dr. Manfred Borchert, Münster, Prof. Dr. Gustav Dieckheuer, Münster, und Prof. Dr. Paul J. J. Welfens, Wuppertal
- **Schriftenreihe des Europäischen Instituts für Internationale Wirtschaftsbeziehungen**
  Herausgegeben von Prof. Dr. Wilfried Fuhrmann, Potsdam, und Prof. Dr. Paul J. J. Welfens, Wuppertal
- **Reihe: Industrieökonomik**
  Herausgegeben von Prof. Dr. Frank C. Englmann, Stuttgart, Prof. Dr. Mathias Erlei, Clausthal, Prof. Dr. Ulrich Schwalbe, Hohenheim, und Prof. Dr. Bernd Woeckener, Stuttgart
- **Reihe: Studien zur Dynamik der Wirtschaftsstruktur**
  Herausgegeben von Prof. Dr. Heinz Grossekettler, Münster
- **Reihe: Versicherungswirtschaft**
  Herausgegeben von Prof. (em.) Dr. Dieter Farny, Köln, und Prof. Dr. Heinrich R. Schradin, Köln
- **Reihe: Wirtschaftsgeographie und Wirtschaftsgeschichte**
  Herausgegeben von Prof. Dr. Ewald Gläßer, Köln, Prof. Dr. Josef Nipper, Köln, Dr. Martin W. Schmied, Köln, und Prof. Dr. Günther Schulz, Bonn

- Reihe: Wirtschafts- und Sozialordnung: FRANZ-BÖHM-KOLLEG – Vorträge und Essays
Herausgegeben von Prof. Dr. Dr. Bodo Gemper, Siegen

- Reihe: WISO-Studientexte
Herausgegeben von Prof. Dr. Eckart Bomsdorf, Köln, und Prof. (em.) Dr. Dr. h. c. Dr. h. c. Josef Kloock, Köln

- Reihe: Europäisches Wirtschaftsrecht – Jean-Monnet-Schriftenreihe
Herausgegeben von Prof. Dr. Dieter Krimphove, Paderborn

- Reihe: Rechtswissenschaft

FACHHOCHSCHUL-SCHRIFTENREIHEN

- Reihe: Institut für betriebliche Datenverarbeitung (IBD) e. V. im Forschungsschwerpunkt Informationsmanagement für KMU
Herausgegeben von Prof. Dr. Felicitas Albers, Düsseldorf

- Reihe: FH-Schriften zu Marketing und IT
Herausgegeben von Prof. Dr. Doris Kortus-Schultes, Mönchengladbach, und Prof. Dr. Frank Victor, Gummersbach

- Reihe: Marketing-Praxis – Schriften des Instituts für kreatives Marketing
Herausgegeben von Prof. Dr. Jochem Müller, FH Ansbach

- Reihe: Medienmanagement
Herausgegeben von Prof. Dr. Thomas Breyer-Mayländer, Offenburg

- Reihe: FuturE-Business
Herausgegeben von Prof. Dr. Michael Müßig, Würzburg-Schweinfurt

- Reihe: Controlling-Forum – Wege zum Erfolg
Herausgegeben von Prof. Dr. Jochem Müller, Ansbach

- Reihe: Unternehmensführung und Controlling in der Praxis
Herausgegeben von Prof. Dr. Thomas Rautenstrauch, Bielefeld

- Reihe: Economy and Labour
Herausgegeben von EUR ING Prof. Dr.-Ing. Hans-Georg Nollau MBCS, Regensburg

- Reihe: Institut für Regionale Innovationsforschung (IRI)
Herausgegeben von Prof. Dr. Rainer Voß, Wildau

- Reihe: Interkulturelles Medienmanagement
Herausgegeben von Prof. Dr. Edda Pulst, Gelsenkirchen

PRAKTIKER-SCHRIFTENREIHEN

- Reihe: Transparenz im Versicherungsmarkt
Herausgegeben von *ASSEKURATA* GmbH, Köln

- Reihe: Betriebliche Praxis
Herausgegeben von vBP StB Prof. Dr. Johannes Georg Bischoff, Wuppertal

- Reihe: Regulierungsrecht und Regulierungsökonomie
Herausgegeben von Juconomy Consulting AG, Düsseldorf